유럽
테마
여행

김지선 지음

낭만판다

Prologue

유럽 테마 여행을 떠나다...

유럽이라는 단어만 들어도 설렘이 가득할 정도로 유럽은 다양한 매력을 가지고 있다. 게다가 유럽은 한꺼번에 여러 나라를 여행할 수 있고, 자신의 스타일에 맞는 테마를 선택해 여행할 수도 있으니 더욱 매력이 넘친다.

그래서 유럽으로의 여행은 보통 한두 번에 끝나지 않는다. 한 번 유럽을 찾았던 사람들은 계속해서 유럽으로 떠날 준비를 한다. 나 역시 유럽에서 6년여를 살았지만 지금도 1년에 두세 번은 유럽으로 여행을 떠난다. 주변에서는 왜 유럽만 가느냐고 묻지만, 나는 유럽이 좋다.

언제, 어디로, 얼마 동안 가는지에 따라 다양한 테마로 여행할

수 있어서 유럽은 매번 다른 느낌을 준다. 그래서 매번 새로운 곳으로 여행하는 기분을 느낄 수 있다.

어떤 '테마'를 가지고 유럽을 여행하는지에 따라 가야할 곳과 해야 할 것들이 달라진다. 그런 특별한 유럽 여행을 꿈꾸는 사람들을 위해 《유럽 테마 여행》을 집필하게 되었다. 하나의 테마, 혹은 여러 테마를 묶어서 유럽으로 여행을 떠나 보자!

책이 나오기까지 많은 도움을 준 나의 반쪽 이진수 신랑님에게 무한 사랑과 감사를 전하며, 책을 예쁘게 만들어 주신 낭만판다의 양정희 실장님께도 감사를 전합니다!

- 김지선

Contents

Theme 1
베스트 오브 유럽 10

018 에펠탑 파리
019 노트르담 대성당 파리
020 콜로세움 로마
021 산 피에트로 대성당 바티칸
022 빅벤 / 엘리자베스 타워 런던
023 천문 시계 프라하
024 사그라다 파밀리아 바르셀로나
025 브란덴부르크 문 베를린
026 융프라우 산 인터라켄
027 아야소피아 성당 이스탄불

Theme 2
도시별 명소 베스트 3

런던
031 빅벤 / 엘리자베스 타워
032 타워 브리지
033 세인트 폴 대성당

파리
035 에펠 탑
038 노트르담 대성당
039 상젤리제 거리

로마
041 콜로세움
042 판테온
043 트레비 분수

빈
045 슈테판 성당
046 벨베데레 궁

047 시립 공원

프라하
049 천문 시계
050 프라하 성
051 카를교

베를린
053 브란덴 부르크 문
054 베를린 장벽
055 베를리너 돔 교회

바르셀로나
057 사그라다 파밀리아
058 구엘 공원
059 몬주익 언덕

Theme 3
세계에서 가장 작은 나라들

바티칸 시국
063 산 피에트로 대성당
064 바티칸 박물관

모나코 공국
066 모나코 대공 궁
067 모나코 대성당
069 그랑 카지노

산마리노 공화국
071 괴이타 & 체스타 & 몬탈레
072 공화국 궁전

리히텐슈타인
075 우편 박물관
076 파두츠 성

안도라 공국

Theme 4
유럽의 광장과 공원

런던
084 그린 파크 & 세인트 제임스 파크
086 하이드 파크
088 리젠트 파크
090 트라팔가 스퀘어
092 피카딜리 서커스
094 레스터 스퀘어

파리
096 샹드 마르스 공원
098 트로카데로 정원
100 튈르리 정원
102 뤽상부르 공원
104 에투알 광장
106 콩코르드 광장
108 방돔 광장
110 보주 광장
112 테르트르 광장

숨어 있는 작은 공원과 광장들
115 베르갈랑 광장
116 도핀 광장
117 루아얄 정원
118 뤼튀스 광장

베네룩스
120 그랑 플라스 브뤼셀
122 담 광장 암스테르담
124 잔세스칸스 암스테르담 근교

독일
베를린
127 포츠담 광장
128 파리저 광장
129 티어가르텐 공원

프랑크푸르트
131 뢰머 광장

빈
135 시청 광장
136 마리아 테레지아 광장
138 시립 공원
139 벨베데레 정원
140 쇤브룬 궁전의 정원

프라하
143 구시가지 광장
146 바츨라프 광장
147 페트르진 공원
148 레트나 공원

이탈리아
로마
150 나보나 광장
152 베네치아 광장
153 캄피돌리오 광장
154 스페인 광장
155 포폴로 광장

피렌체
156 시뇨리아 광장
158 미켈란젤로 광장

시에나
159 캄포 광장

베네치아
161 산 마르코 광장

스페인

마드리드

164 마요르 광장
166 푸에르타 델 솔 광장

바르셀로나

167 카탈루냐 광장
168 에스파냐 광장
169 구엘 공원

Theme 5
유럽의 맛집 & 카페

런던

런던의 레스토랑

173 제이미 올리버의 피프틴
174 포트넘 앤 메이슨

런던의 펍

176 램 앤 플래그
177 독 앤 덕
178 셜록 홈즈

파리

파리의 레스토랑

181 라 프티 셰즈
182 폴리도르
183 레 코코트

파리의 디저트 & 카페

185 스토레
186 라뒤레
188 앙젤리나

190 니나스
192 자크 제낭 쇼콜라트리
194 마리아주 프레르

베네룩스

베네룩스의 맥주

197 하이네켄 체험관 암스테르담
198 람빅 양조장 칸티용 브뤼셀

벨기에의 간식들

200 프리트
201 와플
202 초콜릿
203 홍합 요리

스위스

205 퐁듀 하우스 루체른

독일

뮌헨

210 호프브로이 하우스
212 뢰벤브로이
213 아우구스티너 브로이

오스트리아

빈

빈의 3대 카페

217 카페 첸트랄
220 카페 자허
222 카페 데멜

오스트리아의 슈니첼과 립

225 피크뮐러
227 스트란트 카페
228 호이리게

부다페스트

231 뉴욕 카페
234 카페 루즈부름

이탈리아

로마

피자 & 파스타

238 바페토 피자
240 파스티피초

로마의 카페들

243 안티코 카페 그레코
244 카페 드 파리
245 타짜 도로

젤라토

247 지올리티
248 지오반니 파시

나폴리

마르게리타 피자로 유명한 3대 피자집

251 다 미켈레
252 디 마테오
253 브란디

피렌체

255 일 라티니
256 트라토리아 자자

베네치아

260 카페 플로리안

Theme 6
유럽에서의 쇼핑

런던

영국의 대표 브랜드

268 버버리
270 폴 스미스

선물하기 좋은 브랜드들

273 캐스 키드슨
274 조 말론
275 닐스야드 레미디스
276 포트넘 앤 메이슨

런던의 백화점

278 해로즈
279 존 루이스
280 햄리스

런던의 마켓들

282 포토벨로 로드 마켓
283 캠든 타운
284 레든홀 마켓
285 버러 마켓

파리

프랑스의 대표 브랜드

289 루이비통
290 샤넬
292 에르메스

파리의 식품, 약품, 먹거리

295 파마시(약국)
296 파미유 마리
298 포숑

299 피에르 에르메
300 장폴 에방

파리의 백화점 & 편집 숍
302 갤러리 라파예트
303 프렝탕 백화점
304 봉 마르셰 백화점
305 BHV
306 메르시
307 오 투르 뒤 몽드

파리의 쇼핑 거리
309 몽테뉴 대로
310 포부르 생 토노레 거리
311 프랑 부르주아 거리

이탈리아

로마
314 크루치아니

피렌체
317 구찌
318 살바토레 페라가모

피렌체에 본점을 두고 있는 브랜드들
321 산타마리아 노벨라 약국
322 비알레티

피렌체에 위치한 아웃렛
324 더 몰
325 프라다 스페이스

밀라노
326 프라다
329 조르지오 아르마니
331 돌체 앤 가바나
333 베르사체

Theme 7
유럽의 골목 산책

런던
337 닐스야드
338 차이나타운
340 서더크 & 사우스 뱅크
342 잭 더 리퍼 투어

파리
345 마레 지구
347 생 미셸 & 오데옹
349 몽마르트르

스위스

베른
353 슈피탈 거리 & 마르크트 거리
355 곰 공원 & 장미 공원
356 루체른 구시가지
358 로잔 구시가지

오스트리아

빈
362 게르트너 거리
364 그라벤 거리
366 콜마르크트 거리
368 게트라이데 거리 잘츠부르크

프라하
372 구시가지
376 네루도바 거리

이탈리아
로마

379   코르소 거리
381   베네토 거리
384   트라스테베레
386   스파카 나폴리 나폴리
387   두오모 주변 골목 피렌체

Theme 8
영화 속 유럽 찾기

런던
391   러브 액추얼리
392   셜록 홈즈
394   노팅힐
396   해리 포터
398   이프온리
400   브리짓 존스의 일기

파리
404   미드나잇 인 파리
406   비포 선셋
408   다빈치 코드
410   아멜리에

오스트리아
413   비포 선라이즈 빈
414   장미의 이름 멜크 수도원
416   사운드 오브 뮤직 잘츠부르크

이탈리아
419   로마의 휴일 로마
422   냉정과 열정 사이 피렌체
424   베니스의 상인 베네치아
426   로미오와 줄리엣 베로나

Theme 9
유럽 미술관 박물관 산책

런던
430   대영 박물관
434   내셔널 갤러리

암스테르담
438   국립 미술관
442   반 고흐 미술관

브뤼셀
446   왕립 미술관

파리
450   루브르 박물관
454   오르세 미술관

독일
458   국립 회화관 베를린
462   알테 피나코테크 뮌헨
466   노이에 피나코테크 뮌헨

빈
470   미술사 박물관
474   벨베데레 궁전

피렌체
478   우피치 미술관

마드리드
482   프라도 미술관

Theme 10
유럽의 건축

런던

489 런던 탑
491 런던 시청
492 카나리 워프

파리

496 개선문
498 에펠 탑
500 퐁피두 센터
502 케 브랑리
504 라 데팡스

로마

508 판테온
510 콜로세움

베르니니 vs 보르미니

513 나보나 광장
514 산 카를로 알레 콰트로 폰타네 성당
515 산 탄드레아 알 퀴리날레 성당

바르셀로나

518 레이알 광장의 가로등
519 구엘 저택
520 까사 바트요
522 까사 밀라
524 구엘 공원
526 사그라다 파밀리아

건축 양식으로 살펴보는 유럽의 성당들

531 피사 대성당 피사
532 산타 마리아 마지오레 대성당 로마
533 아야소피아 성당 이스탄불
535 노트르담 대성당 파리

536 두오모 피렌체
537 성 미쿨라셰 성당 프라하
538 마들렌 성당 파리
539 사그라다 파밀리아 바르셀로나

유럽의 다리들

541 카펠교 루체른
542 카를교 프라하
543 베키오 다리 피렌체
544 리알토 다리 베네치아
545 퐁네프 다리 파리
546 세체니 다리 부다페스트
547 타워 브리지 런던

Theme 11
유럽의 전망대

파리

551 에펠 탑
552 노트르담 대성당
554 몽파르나스 타워

프라하

556 화약탑
557 구시청사
558 카를교 탑
559 성 비트 대성당

이탈리아

561 두오모 피렌체
562 조토의 종탑 피렌체
563 미켈란젤로 광장 피렌체
564 피사의 사탑 피사
565 산 마르코 광장의 종루 베네치아

Theme 12
유럽의 자연 풍경

스위스
569　레만 호
570　인터라켄
571　융프라요흐 전망대
572　쉴트 호른 전망대
573　툰 호수와 브리엔츠 호수
574　루체른의 리기

오스트리아
577　인스부르크 제그루베
578　할슈타트

베네치아
580　베네치아 즐기기

슬로베니아
583　피란
586　블레드 호수

크로아티아
589　플리트비체 호수 공원
592　자다르
593　스플리트
594　두브로브니크

몬테네그로
596　코토르

Theme 13
유럽의 동화 마을

스페인
톨레도
601　톨레도 대성당

세고비아
602　알카자르
603　로마 수도교

체코
605　체스키 크롬로프

루마니아
607　시기쇼아라
609　브란 성

독일
611　브레멘
614　검은숲
615　퓌센
616　노이슈반슈타인 성

프랑스
618　스트라스부르
620　위세 성

벨기에
621　안트베르펜

Theme 14
유럽 그리스도교 성지 순례

터키
627 노아의 방주 터 아라랏 산
629 아브라함 탄생지 산르우르파
631 욥의 동굴과 우물 산르우르파
632 베드로의 동굴 교회 안타키아
633 메리예마나 성모 마리아의 집 셀축
635 성 필립보 순교 기념 교회 파묵칼레

이탈리아
로마
로마에서 만나는 베드로의 흔적
639 도미네 쿼바디스
640 마메르티노 감옥
641 산 피에트로 인 빈콜리 성당
643 산 피에트로 인 몬토리오 성당
644 산 피에트로 대성당

로마에서 만나는 사도 바오로의 흔적
647 산 파올로 알레 트레 폰타네 성당
    (사도 바오로의 순교 터)
648 산 파올로 푸오리 레 무라 성당
    (성벽 밖의 성 바오로 성당)

아시시
651 산 프란체스코 성당
652 산타 키아라 성당(성녀 클라라 성당)

프랑스
655 기적의 메달 성당 파리
657 소화 테레사 생가와 기념 성당 리지외
659 성모 발현 성지 루르드

스페인 & 포르투갈
663 아빌라 산타 테레사 수도원 스페인
666 산티아고 데 콤포스텔라 대성당 스페인
669 파티마 성모 발현 성지 포르투갈

Theme 15
유럽에서 소원 빌기

674 트레비 분수 로마
675 비토리오 에마누엘레 2세 갤러리
    밀라노
677 단테 기념관 피렌체
678 줄리엣의 집 베로나
679 포앙 제로 파리
680 노트르담 대성당 디종
681 카를교 프라하
683 에베라르트 세르클래스 동상 브뤼셀
684 아야소피아 성당 이스탄불
686 그레고리우스 닌의 동상 스플리트
687 성모 마리아 승천 교회 블레드 섬

Theme 16
유럽 여행 사진 찍기

690 유럽 여행을 위한 카메라 준비
691 여행 사진을 잘 찍으려면
692 유럽의 멋진 야경 촬영하기
694 유럽의 풍경 사진 촬영하기
696 나만의 테마를 가지고 촬영하기

Theme 17
유럽 크리스마스 여행

702 뉘른베르크 독일
704 스트라스부르 & 콜마르 프랑스
706 빈 오스트리아
707 잘츠부르크 오스트리아
708 인스부르크 오스트리아
709 프라하 체코

Theme 18
유럽 기차 여행

714 유레일 패스란
716 유레일 패스 종류와 가격
720 유레일 패스 사용 방법
722 스위스 기차 여행

Theme 19
유럽 자동차 여행

732 자동차 여행 준비하기
734 자동차 렌트하기
736 프랑스 남부 프로방스 소도시들

Theme 20
유럽 도보 여행

유럽 도보 여행을 위한 준비
746 친퀘테레 이탈리아
750 알프스 산 트레킹 스위스
754 산티아고 순례길 스페인
760 산티아고 순례길을 완주한
     이들과의 인터뷰

Theme 1

베스트 오브
유럽 10

유럽에는 꼭 한 번쯤 가 봐야 할
여행지가 수없이 많다. 그중에서도 유럽을 대표하
는 관광지 중의 관광지가 있다. 이곳은 유럽을 대
표하는 곳인 만큼 오랜 역사는 물론 그에 얽힌 유
래나 이야기도 간직하고 있다. 또한 이곳만 제대로
둘러보아도 유럽 여행을 잘 다녀왔다고 할 수 있을
정도로 유럽의 각 나라나 도시를 대표한다. 유럽의
대표 장소 10을 살펴보면서 유럽 테마 여행을
시작해 보자.

01

에펠 탑
Eiffel Tower, 파리

Best of Europe

에펠 탑은 프랑스 혁명 100주년을 기념하기 위해 1889년에 열린 파리 만국 박람회의 상징물로 건축되었다. 구스타브 에펠이 건축하였으며, 만국 박람회 이후 철거될 계획이었지만 송신탑의 필요성으로 철거 위기에서 벗어나 파리의 상징이 되었다.

02
노트르담 대성당
Cathédrale Notre Dame de Paris, 파리

노트르담 대성당은 '성모 마리아 성당'이라는 뜻을 가지고 있는 프랑스 가톨릭의 총본산으로, 2013년에 건축 850주년을 맞았다. 성당 내부에 '장미창'이라고 불리는 아름다운 스테인드 글라스가 있으며, 미사 시간에는 멋진 오르간 연주를 들을 수 있다. 종탑에 오르면 파리 시내와 에펠 탑까지 한눈에 내려다보인다.

03

콜로세움 Colosseum, 로마

콜로세움은 네로 황제의 연못 터에 세워진 대규모 원형 경기장으로, 72년에 공사를 시작해 80년에 완공되었다. 총 4층 높이에 5만 명을 수용할 수 있는 규모로, 유럽에서는 유일하게 신 7대 세계 불가사의 중 하나로 선정되었다.

04

산 피에트로 대성당

San Pietro Basilica, 바티칸

로마 가톨릭의 총본산으로, 성 베드로의 무덤 위에 세워진 성당
이다. 성당의 건축에는 당대의 거장인 브라만테, 미켈란젤로, 베
르니니 등이 참여했으며 십자가 모양으로 세워졌다. 위에서 내려
다보면 광장과 더불어 베드로의 상징인 열쇠 모양을 하고 있다.

05

빅벤
Big Ben

엘리자베스 타워
Elizabeth Tower
런던

빅벤은 1859년 만들어진 높이 106m의 탑시계로, 원래는 종을 가리켰지만 지금은 시계의 이름이 되었다. 2012년 엘리자베스 2세의 즉위 60주년을 기념해 엘리자베스 타워라는 이름으로 개명되었지만, 사람들은 여전히 빅벤이라 부른다.

06
천문 시계
Orloj, 프라하

프라하 구시가지 중심에는 1410년에 만들어진 천문 시계가 있다. 이 시계는 천동설에 기초해서 연·월·시를 나타내고 있으며, 매시 정각이 되면 인형극이 펼쳐진다. 이 인형극을 보러 매시 정각마다 많은 관광객들이 천문 시계 아래에 모여 든다.

07

사그라다 파밀리아

Sagrada Familia, 바르셀로나

사그라다 파밀리아 성당은 가우디가 일생을 바쳐 자신의 모든 열
정을 쏟아낸 작품으로, 1882년에 공사가 시작되어 아직도 공사
중이다. 이 성당은 가우디 사망 100주년이 되는 2023년 완공을
목표로 공사를 계속하고 있다.

08
브란덴부르크 문
Brandenburger Tor, 베를린

브란덴부르크 문은 베를린의 중심인 파리저 광장에 위치한 건축
물로, 독일 분단 시대에 동베를린과 서베를린의 경계선이었으며,
독일의 분단을 나타내는 상징이었다. 하지만 지금은 독일 통일의
상징으로 평화와 화합을 나타내고 있다.

09
융프라우 산
Jungfrau, 인터라켄

알프스를 오르는 방법으로는 융프라우 산의 전망대가 가장 유명하다. 융프라우 산에는 유럽에서 가장 높은 기차역이자 전망대인 융프라요흐(3,454m)가 있어 많은 사람들이 이곳을 찾는다. 또는 융프라우 산이 잘 보이는 쉴트 호른 전망대에 오르는 것도 좋다.

10
아야소피아 성당
Ayasofya, 이스탄불

이스탄불은 4세기에 동로마 제국의 수도인 콘스탄티노플이었으며, 15세기에 오스만 제국의 수도 이스탄불이 되었다. 이러한 역사와 함께 아야소피아 성당은 360년 비잔틴 제국의 콘스탄티누스 2세 때 가톨릭 성당으로 세워져, 오스만 제국 시대에 이슬람 사원으로 개조되었으며, 현재는 박물관으로 사용되고 있다.

도시별 명소
베스트 3

유럽은 어느 도시나 오랜 역사 만큼이나
많은 볼거리를 가지고 있다. 그중에서도 유럽 여행
에서 빼놓을 수 없는 유럽의 대도시 런던, 파리, 로
마, 빈, 프라하, 베를린, 바르셀로나 등 7개 도시에
서 꼭 봐야 할 장소 3곳씩을 뽑았다. 유럽 여행 일
정이 짧다면 이 도시별 명소 베스트 3만큼은
반드시 보고, 느끼고, 돌아오도록 하자.

런던 London 🇬🇧

유럽 여행의 시작과 끝, 그 관문과도 같은 도시가 바로 런던이다. 런던은 세계적인 대도시이면서 복잡함 속에서 느림을 엿볼 수 있고, 유럽이지만 유럽 같지 않은 매력에 빠져들게 만드는 곳이다. 그래서 대부분의 유럽 여행은 런던에서 시작되거나 런던에서 끝이 난다.

01

빅벤 /
엘리자베스
타워

Big Ben /
Elizabeth Tower

빅벤은 1859년 만들어진 높이 106m의 탑시계로 런던을 대표하는 명물이다. 동화 《피터팬》에서 피터팬이 네버랜드로 떠나다 잠시 쉬어 갔던 곳이 바로 이곳 빅벤이다.

빅벤이라는 이름은 공사를 담당했던 벤저민 홀의 이름에서 붙여진 명칭으로, 원래는 종을 가리켰지만 지금은 시계를 지칭하고 있다.

빅벤은 2012년 엘리자베스 2세의 즉위 60주년을 기념해 엘리자베스 타워라는 이름으로 개명되었지만 사람들은 여전히 이 시계탑을 빅벤이라는 이름으로 기억하고 있다.

02

타워
브리지

Tower Bridge

빅벤과 함께 런던을 대표하는 곳으로, 다리 양옆으로 고딕 양식의 첨탑이 솟아 있는 개폐교다.

두 개의 탑을 잇는 통로에는 전망대가 있어 템스 강변의 전망을 아름답게 내려다볼 수 있다. 대형 선박이 지나갈 때면 다리 가운데가 열리는 장관을 볼 수 있는데, 요즘은 대형 선박이 지나다니는 일이 거의 없어 보기 힘든 모습이 되었다.

타워 브리지 건너편에는 런던 왕실의 역사를 간직한 런던 탑이 있어 함께 방문하기에 좋다.

03

세인트 폴
대성당

Saint Paul's
Cathedral

런던을 대표하는 성당으로 세계에서 두 번째로
큰 돔을 가졌다. 중세 시대에 지어졌으나 1666년
런던 대화재로 모두 불타버려 35년에 걸쳐 재건
되었다. 성당 내 530여 개의 계단을 통해 돔까지
올라가면 런던 시내를 한눈에 조망할 수 있다.
1965년 윈스턴 처칠의 장례식, 1981년 찰스 왕
세자와 다이애나 왕세자비의 결혼식이 거행된 장
소로도 유명하다. 성당 내에는 성당을 재건축한
크리스토퍼 렌경과 윈스턴 처칠, 넬슨 장군, 나
이팅게일,《피터팬》의 작가 제임스 매튜 배리 등
200여 명의 유명 인사들이 안치되어 있다.

파리 Paris

런던과 더불어 유럽의 대표적인 대도시 중 한 곳인 파리는 유럽의 로맨틱한 도시로 손꼽힌다. 굳이 관광지를 찾아가지 않고 골목 여행을 해도 좋다. 그저 센 강변에서 유람선을 타거나 산책을 하는 것만으로도 충분히 파리의 매력을 느낄 수 있다.

파리는 한국인뿐만 아니라 전 세계인들이 가장 가고 싶어 하는 여행지 1순위로, 유럽에서 가장 인기 있는 곳이다.

01

에펠 탑

Eiffel Tower

유럽의 대표적인 관광지 1순위로 손꼽히는 에펠 탑은 파리는 물론 프랑스에서도 가장 많은 관광객이 찾는 곳이다. 에펠 탑은 원래 1889년에 열린 파리 만국 박람회 때 박람회를 보러 오는 사람들이 박람회장 위치를 한눈에 볼 수 있도록 하기 위해 만든 구조물이었다. 구스타브 에펠이 건축하여 에펠 탑이라 불린다.

에펠 탑이 처음 세워졌을 때는 흉측한 구조물이라는 이유로 철거 위기에 놓이기도 했는데, 무선통신이 발달하면서 송전탑으로 적당하다는 이유로 다행히 철거되지 않았다.

덕분에 우리는 아름다운 에펠 탑을 여전히 만날 수 있게 되었다. 파리에서 길을 잃는다면 에펠 탑의 위치가 어디인지를 확인하면 된다. 그만큼 에펠 탑은 파리 곳곳에서 볼 수 있는 구조물이기 때문이다.

에펠 탑에는 파리에서 가장 높은 전망대가 있어 아름다운 파리의 모습을 한눈에 내려다볼 수 있다. 반면 에펠 탑을 가장 아름답게 볼 수 있는 곳은 샤요 궁으로, 이곳에서 에펠 탑과 함께 센 강을 조망할 수 있어 여행자들에게 가장 인기 있는 장소다. 더불어 샹드 마르스 공원에서 바라보는 에펠 탑도 아름답다.

02

노트르담 대성당

Cathédrale
Notre Dame
de Paris

노트르담 대성당은 프랑스 초기 고딕 양식의 대표적인 건물로, 영화 〈노트르담의 곱추〉로 유명하다. 노트르담 대성당은 '성모 마리아 성당'이라는 뜻을 가지고 있는 프랑스 가톨릭의 총본산으로, 2013년에 건축 850주년을 맞았다.

성당 내부에 '장미창'이라고 불리는 아름다운 스테인드 글라스가 있으며, 미사 시간에는 멋진 오르간 연주를 들을 수 있다. 대성당 뒤편에는 요한 23세 광장이 있는데, 이곳에서 바라보는 노트르담 대성당의 모습이 아름답다. 종탑에 오르면 파리 시내와 에펠 탑까지 한눈에 내려다볼 수 있다.

03

샹젤리제 거리

Avenue des
Champs Élysées

샹젤리제 거리는 루브르 박물관에서 이어진 튈르리 공원이 끝나는 지점인 콩코르드 광장에서 시작해, 개선문까지 이어지는 직선 3km 정도의 대로다. 〈오 샹젤리제〉 노래에서처럼 있는 거 다 있고, 없는 거 없을 정도로 다양한 매력이 넘치는 곳이다. 공원에서부터 카페, 영화관, 상점, 레스토랑, 대사관 등등 정말 없는 게 없다.

샹젤리제 거리 끝에 있는 개선문은 나폴레옹이 승전을 기념하기 위해 세운 것으로, 개선문에 오르면 샹젤리제 대로를 한눈에 내려다볼 수 있다.

로마 Rome

런던, 파리와 더불어 유럽의 대표적인 도시로 손꼽히는 로마는, 인류 역사상 가장 오랜 역사를 가지고 있는 왕국의 중심지로서, 고대부터 현대에 이르기까지 역대의 건축과 미술이 현존하고 있다. 현재 바티칸 시국이 위치해 있는 로마는 로마 가톨릭의 중심지로서 전 세계 가톨릭 인구를 다스리는 중심지 역할을 하고 있으니, 여전히 세계를 지배하는 왕국의 중심지라고 해도 손색이 없을 것이다.

01

콜로세움

Colosseum

콜로세움은 네로 황제의 연못 터에 세워진 타원형 경기장으로, 검투사들의 싸움이나 맹수들과의 싸움을 관람하는 곳이었다. 규모는 높이 48m, 둘레 527m로 대규모 건축물이다.

콜로세움은 72년에 공사를 시작해 80년에 완공되었는데, 완공까지 8년밖에 걸리지 않았다. 총 4층 높이에, 5만여 명을 수용할 수 있을 정도의 규모가 이처럼 짧은 시간 내에 건축되었다는 것은 당시의 건축 기술을 생각하면 대단한 일이었다. 유럽에서는 유일하게 신 7대 세계 불가사의 중 하나로 선정되었다.

02

판테온
Pantheon

120년경 로마의 모든 신들을 위해 지어진 신전으로, 미켈란젤로는 판테온을 그 자체로 완벽한 건축물이라고 극찬했다. 판테온의 내부는 기둥 없이 만들어졌으며, 천장에는 지름 9m의 둥근 창이 있어서 건물이 무너지지 않게 지탱해 준다.

건축된 지 2천 년이 되어 가는 판테온은 원래 신을 모시는 신전에서 가톨릭 성당으로 사용되다가 지금은 무덤으로 사용되고 있다. 라파엘로와 이탈리아의 초대 국왕 비토리오 에마누엘레 2세의 무덤이 이곳에 있다.

03

트레비
분수
Fontana di Trevi

트레비 분수는 바로크 시대의 상징물로, 영화 〈로마의 휴일〉에 등장하면서 로마에서 가장 유명한 장소가 되었다. 트레비라는 말은 '삼거리'라는 뜻으로, 세 갈래 길이 모이는 곳에 세워졌기 때문에 불리게 된 이름이다. 분수 중앙에는 바다의 신 넵툰이 있고, 두 마리의 말이 넵툰의 마차를 이끄는 모습을 하고 있다.

트레비 분수는 동전 던지기로도 유명한데, 분수에 동전을 하나 던지면 로마에 다시 돌아오고, 두 개 던지면 사랑이 이루어지고, 세 개 던지면 지금의 사랑과 헤어진다는 속설이 있다.

빈 Wien

유럽에서 가장 살기 좋은 도시로 늘 손꼽히는 곳이 바로 오스트리아의 빈이다. 1440년 합스부르크 왕가가 들어서면서 정치, 문화, 예술, 과학과 음악의 중심지가 되었다. 빈은 유럽의 다른 도시들보다 음악이 있고, 예술이 있는 도시로 더욱 유명한데, 모차르트, 베토벤, 슈베르트, 요한 스트라우스 등 수많은 음악가들이 이곳에 머물며 활동했기 때문이다.

01

슈테판 성당

Stephansdom

슈테판 성당은 14세기에 지어진 오스트리아 최대의 고딕 양식 건물로, 곳곳에 바로크, 로마네스크, 르네상스 양식이 섞여 있어 더욱 아름답게 느껴진다. 화려한 모자이크 지붕이 눈에 띄며 남측 탑에 오르면 빈 시내를 한눈에 내려다볼 수 있다.

성당 이름인 슈테판은 그리스도교 역사상 최초의 순교자인 스테파노 성인의 이름을 따온 것이다. 이곳에서 모차르트의 결혼식과 장례식이 모두 치러졌으며, 지하에는 유골 안치소인 카타콤이 있다. 구시가지 중심에 있는 성당은 근처의 게른트너 거리와 함께 빈 최대의 관광 명소로 자리하고 있다.

02

벨베데레
궁
Belvedere Palace

클림트의 〈키스〉

18세기 초에 사보이 왕가의 여름 궁전으로 지어진 벨베데레 궁은 상궁과 하궁으로 나뉘어 있다. 현재 하궁은 오스트리아 미술관으로, 상궁은 19~20세기 회화관으로 사용되어 클림트의 〈키스〉, 〈유디트〉 등의 작품을 만날 수 있다.

이곳은 클림트의 작품과 유명한 궁전을 동시에 볼 수 있다는 것만으로도 빈 여행에서 놓치지 말아야 할 관광지라고 할 수 있다.

벨베데레 궁은 빈의 중심지라고 할 수 있는 링 트램 밖에 위치하고 있지만, 중심가에서 멀지 않기 때문에 쉽게 찾아갈 수 있다.

03

시립 공원
Stadt Park

빈 시립 공원은 빈의 대표적인 관광지이면서 빈 시민들의 휴식 공간이 되어 주는 곳이다. 공원은 도심 속에 있는 것으로 느껴지지 않을 정도로 분수와 연못, 그리고 꽃으로 아름답게 장식되어 있어 잠시 쉬어 가기에 좋다.

또한, 빈을 이야기할 때 빼놓을 수 없는 대표적인 인물 요한 스트라우스 2세의 황금 동상이 세워져 있으며, 이 외에도 여러 음악가들의 동상을 만날 수 있다.

프라하 Praha

동유럽의 대표적인 도시이면서, 유럽에서 가장 낭만적인 도시로 불리는 프라하는 파리, 부다페스트와 더불어 유럽의 3대 야경으로 손꼽히는 아름다운 도시다. 서유럽 여행 시에 프라하 한 곳을 추가하면 서유럽과 동유럽의 매력을 모두 느낄 수 있기 때문에, 최근에는 많은 여행자들이 프라하를 찾고 있다. 모차르트와 스메타나, 드보르자크 등이 활동한 음악 도시이며, 알폰스 무하의 아르누보 양식을 만날 수 있는 매력적인 곳이다.

01

천문 시계

Orloj

프라하 구시가지 광장에 있는 천문 시계는 프라하를 대표하는 장소다. 이 시계는 구시청사 건물에 붙어 있는데 천동설에 기초해서 연·월·시를 모두 나타내고 있으며, 매시 정각이 되면 시계에서 인형극이 펼쳐진다.

이 인형극을 보러 많은 관광객들이 천문 시계 아래로 모여드는데, 소박하고 짧은 인형극이지만 1400년대에 만들어진 시계인 것을 생각하고 본다면 그 대단함에 박수가 절로 나온다. 천문 시계는 아래에서 올려다보는 것도 좋지만, 시계탑 전망대에 올라 내려다보는 것도 아름답다.

02

프라하 성

Pražský Hrad

프라하 성은 체코를 대표하는 상질물로, 유럽에서도 규모가 크기로 손꼽히는 성이다. 구시가지에서 블타바 강 맞은편 언덕에 자리하고 있으며, 9세기 말부터 건설되어 14세기 카를 4세 때 현재와 비슷한 모습이 되었다. 1918년부터는 대통령 관저로 사용되며, 매일 정오에 정문에서 위병 교대식이 열려 관광객들의 눈길을 사로잡는다. 성 내부에 있는 비투스 대성당 역시 프라하를 대표하는 건축물로, 성당 내부에는 얀 네포무츠키 성인의 유해가 모셔져 있고, 알폰스 무하의 아름다운 스테인드 글라스를 만나볼 수 있다.

03

카를교
Karlův most

프라하의 블타바 강에 있는 다리 중 가장 오래된 다리로, 프라하에서 가장 낭만적인 장소로 손꼽힌다. 새벽의 한적한 모습부터 사람들이 북적이는 대낮에도, 그리고 반짝이는 야경의 모습까지 카를교는 언제나 아름다운 모습을 보여 준다.

다리에는 그리스도교 성인들의 석상이 세워져 있는데, 가장 눈에 띄는 것이 유일하게 청동으로 제작된 얀 네포무츠키 성인의 동상이다.

이 동상은 소원을 비는 장소로도 유명하다. 얀 네포무츠키 성인이 순교한 자리에 있는 십자가의 별을 만진 후, 말을 하지 않고 얀 네포무츠키 성인의 동상까지 와서 오른쪽 아래 동판에 새겨진 성인의 모습을 같은 손으로 만지면서 소원을 빌면 된다.

베를린 Berlin

최근 들어 독일의 수도 베를린이 유럽의 주요 관광지로 주목을 받으며 많은 관광객들이 방문하고 있다. 예전에는 뮌헨이나 프랑크푸르트에 비해 베를린을 방문하는 관광객 비중이 적었지만, 최근에는 교통수단이 발달하고 베를린에서 과거 동서로 분단되었던 독일의 흔적을 찾아볼 수 있게 되면서, 베를린만의 매력이 생겨나기 시작했다. 이제 베를린은 유럽 여행 중 놓치지 말아야 할 대표적인 관광지로 손꼽힌다.

01

브란덴 부르크 문

Brandenburger
Tor

브란덴부르크 문은 베를린의 중심인 파리저 광장에 있는 건축물로, 상단에는 네 마리의 말이 이끄는 승리의 여신 빅토리아가 조각되어 있다. 독일 분단 시대에 베를린 장벽이 세워지고 허가받은 사람들만이 이 문으로 왕래할 수 있었기 때문에, 브란덴부르크 문은 독일의 분단을 나타내는 상징이었다.

그러나 독일의 통일과 함께 이 문은 베를린의 상징, 더 나아가 독일 통일의 상징이 되었다. 이곳에서는 동·서독의 군복을 입은 사람들과 기념사진을 촬영할 수 있어 그 모습이 흥미롭다.

![Berlin Wall mural image]

02

베를린
장벽

Die Berliner
Mauer

베를린 장벽은 과거 동독과 서독의 경계선으로,
45.1km에 걸쳐 있던 이 콘크리트 벽은 독일의 통
일과 함께 철거되었다. 당시 동·서독의 시민들은
해머와 곡괭이를 들고 나와 직접 벽을 부수기도
했다. 1989년에는 대부분 철거되고 브란덴부르크
문을 중심으로 한 일부분만 기념물로 남았다.
최근에는 남아 있는 베를린 장벽에 여러 나라의
예술가들이 평화를 상징하는 다양한 그림을 그려
넣어 많은 관광객들의 발길을 이끌고 있다.
그중 이스트 사이드 갤러리가 가장 대표적인 곳으로,
1.3km의 긴 장벽 위에 그려진 그림을 볼 수 있다.

03

베를리너
돔 교회

Berliner Dom

베를린의 주요 박물관들이 모여 있는 박물관 섬의 중심에 있는 베를리너 돔 교회는 베를린을 대표하는 루터교 교회당으로, 호엔촐레른 왕가의 묘지로 1750년에 지어졌다.

19세기에 높이 98m의 푸른 돔이 완성되었지만 제2차 세계대전을 거치면서 폭격으로 무너져 재건되었으며, 내부의 무덤 또한 유실되고 일부만 남아 있다. 검게 그을린 성당의 외관에서 제2차 세계대전이 가져온 전쟁의 아픔이 고스란히 전해진다.

교회당 파사드 앞 양쪽에는 16세기 유럽 사회에 일대 변혁을 몰고 온 종교 개혁가 마르틴 루터의 청동 동상이 있으며, 그의 모습이 청동 부조로도 조각되어 있다.

270개의 계단을 오르면 돔의 꼭대기에 닿을 수 있으며, 내부에는 7,269개의 관으로 이루어진 웅장한 모습의 파이프 오르간이 있다.

바르셀로나 Barcelona

바르셀로나는 스페인의 수도는 아니지만, 스페인 여행에서 가장 중심이 되는 도시다. 연중 온화한 날씨에 여행을 하기에 적당하고, 지중해를 끼고 있기에 바닷가도 함께 둘러볼 수 있다. 축구를 좋아하는 사람들에게는 축구의 도시로도 기억된다. 또한 바르셀로나는 '가우디'라는 건축가의 이름 하나만으로도 스페인에서 꼭 가 봐야 하는 도시라고 말할 수 있다.

01

사그라다
파밀리아

Sagrada Familia

사그라다 파밀리아는 '성 가족'이라는 뜻으로 예수와 마리아, 그리고 요셉을 뜻한다. 사그라다 파밀리아 성당은 바르셀로나 최고의 건축물이자 가우디 건축의 최고봉으로 손꼽는다.

1882년부터 공사가 시작된 이 성당은 기부금만으로 건축이 진행되고 있으며, 가우디 사망 100주년이 되는 2023년 완공을 목표로 하고 있다.

말년에 오직 이 성당의 건축에만 몰두했던 가우디의 묘가 성당 내부에 있으며, 가우디의 혼이 담긴 웅장하고 아름다운 성당의 모습에 많은 이들의 발길이 이어지고 있다.

02

구엘 공원

Park Guell

사그라다 파밀리아와 함께 가우디의 최대 걸작으로 손꼽히는 곳이다. 공원 전체에 가우디의 흔적이 남아 있어 마치 가우디 건축의 종합 선물 세트와도 같다. 가우디의 후원자였던 구엘은 이곳에 부유층을 위한 전원 주택을 지을 예정이었지만, 1900년부터 14년의 작업 기간을 거치는 동안 자금난이 겹쳐 몇 개의 건물과 광장, 벤치만을 만들고 미완성으로 남았으며, 이후 시의회에서 사들여 공원으로 변경되었다.

알록달록한 타일 모자이크 조각들로 뒤덮인 구조물과 곡선이 어우러지는 건물들이 마치 동화 마을 같은 느낌을 준다. 공원 내에는 가우디가 20년 동안 살았던 집이 있어, 가우디 박물관으로 꾸며져 공개되고 있다.

03

몬주익 언덕

Montjuic Hill

몬주익 언덕은 마라토너 황영조 선수가 1992년 바르셀로나 올림픽에서 짜릿한 금메달을 결정 지었던 곳으로 한국인들은 대부분 기억하고 있다.

몬주익 언덕에서는 바르셀로나 시내를 한눈에 내려다볼 수 있다. 바르셀로나 시내뿐 아니라 바르셀로나 항구도 함께 내려다보여 풍경이 시원하게 펼쳐진다.

주변에 카탈루냐 미술관, 호안 미로 미술관 등이 있어 예술을 사랑하는 사람들에게도 인기가 높은 지역이다.

세계에서 가장 작은 나라들

유럽에는 많은 나라들이 속해 있고, 그 나라들 속에는 또 많은 도시들이 모여 있다. 그리고 그 도시 속, 혹은 그 나라에 속해 있는 작은 나라들 또한 쉽게 만날 수 있다. 이 '세계에서 가장 작은 나라'들은 한때 작은 왕국이었거나 귀족들에 의해 통치되었던 곳이 하나의 국가로 자리 잡은 곳이다. 유럽 내의 '세계에서 가장 작은 나라들'로는 바티칸 시국, 모나코 공국, 산마리노 공화국, 리히텐슈타인, 안도라 공국 등이 있다.

바티칸 시국
State della citta del vaticano

찾아가기 바티칸 시국은 이탈리아 로마에 위치하고 있으며, 로마 메트로나 버스, 혹은 도보로 쉽게 갈 수 있다. 로마 메트로 A선 Ottaviano 역에서 가깝고, Termini 역에서 40번, 64번 버스로 '천사의 성'까지 간후 도보로 갈 수 있다.

세계에서 가장 작은 나라는 바로 바티칸이다. 바티칸 시국은 경복궁의 약 1.3배 정도의 크기밖에 되지 않는 0.44km²의 면적을 가지고 있는 나라다. 게다가 인구도 1,000여 명밖에 되지 않는다. 하지만 바티칸은 규모가 작다고 해서 결코 작은 나라는 아니다. 바티칸은 전 세계 8억 인구에 달하는 신도가 있는 가톨릭의 중심지이기 때문에 전 세계에 끼치는 영향력은 그 어떤 나라보다 막강하다. 더불어 바티칸은 르네상스와 바로크 예술의 중심에 있기도 하다.

바티칸은 이탈리아 로마 속의 한 부분을 형성하고 있는데, 한때 로마를 중심으로 교황령으로 있던 영토 대부분이 1860년대부터 이탈리아에 합병되면서, 교황은 바티칸의 교황궁에 갇혀 있다가 1929년 무솔리니와의 '라테란 협약'을 통해 바티칸 시티로 승격되어 독립 국가가 되었다. 바티칸은 독자적인 통신과 방송국을 가지고 있고, 화폐나 금융 기관도 독립되어 있으며, 군대도 보유하고 있다.

01

산 피에트로
대성당
San Pietro Basilica

산 피에트로 대성당(성 베드로 대성당)은 예수의 제자이자 그리스도교의 초대 교황인 성 베드로의 무덤 위에 세워진 성당이다. 성당 건축에만 1506년부터 1626년까지 공사가 계속되었으며 브라만테, 미켈란젤로, 라파엘로, 베르니니 등 당대 유명한 예술가들이 총 동원되어 만들어졌다.

산 피에트로 대성당의 쿠폴라에 오르면, 대성당과 성당 앞 광장이 어우러져 나타나는 베드로의 상징인 열쇠 모양을 볼 수 있다.

주소 Piazza San Pietro, 00120 Vatican City 전화 +39 06 6988 3731 위치 Ottaviano 역에서 도보 약 10분 시간 4~9월 7시~19시, 10~3월 7시~18시 홈페이지 www.stpetersbasilica.org

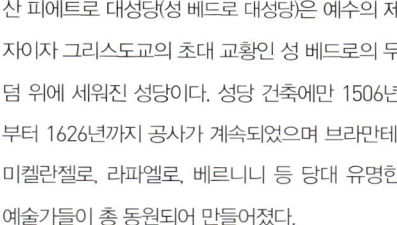

02

바티칸
박물관

Musei Vaticani

주소 Viale Vaticano, 00165 Roma 전화 +39 06 6988 3333 위치 Ottaviano 역에서 도보 약 15분, Termini 역에서 버스 64번 이용 시간 3월 중순~10월 중순 8시 45분~16시 30분, 10월 중순~3월 중순 8시 45분~13시 45분(홈페이지에서 확인할 것) 휴무 일요일, 종교 휴일 요금 일반 14유로, 학생 8유로 홈페이지 mv.vatican.va

세계에서 가장 작은 나라인 바티칸으로 많은 관광객들이 모이는 이유는 바로 바티칸 박물관 때문이다. 바티칸 박물관은 역대 교황들이 수집한 방대한 미술품들을 바탕으로 구성된 세계에서도 손꼽히는 미술관이다.

특히 시스티나 예배당에 있는 미켈란젤로의 〈천지창조〉와 〈최후의 심판〉, 그리고 〈라파엘로의 방〉 등 르네상스 최고 예술가들의 작품을 만날 수 있다.

또한 고대 조각부터 바로크 시대에 이르기까지 광범위한 조각, 회화 등의 작품을 만날 수 있다. 뿐만 아니라 미술관 건물 자체로도 충분히 예술적 가치가 있다.

✚ Plus Tip 바티칸 우체국에서 엽서 보내기

바티칸은 다른 공화국들과 마찬가지로 우표 발행 등으로 나라를 유지하고 있는데, 바티칸 우체국에서 부치는 우편물의 소인은 바티칸 시국의 소인이 찍히기 때문에, 여행지에서 만나는 다른 기념품보다 더 기념이 된다. 지인이나 사랑하는 사람, 가족들에게 엽서를 써서 보내 보자.

모나코 공국
Principality of Monaco

찾아가기 모나코는 프랑스 니스에서 기차를 이용해 쉽게 갈 수 있다. 니스에서 모나코까지는 열차로 30분 정도 소요된다. 혹은 조금 더 저렴하게 가기 위해서는 니스에서 버스를 이용해 갈 수 있는데, 버스를 이용할 경우 1시간 정도 소요된다.

세계에서 두 번째로 작은 나라는 바로 모나코 공국이다. 면적이 고작 1.98km²밖에 되지 않는 작은 나라이지만, 프랑스 니스 근처에 있는 모나코는 우리나라에도 꽤 유명한 관광 도시 중 하나다.

대부분의 니스 여행객들이 모나코 공국을 찾으며, 세계 각국의 부유층이 휴양과 도박을 위해 모나코 공국을 찾고 있다. 더불어 유명한 F1의 도시로 인식되기도 한다. 그래서 모나코의 항구에는 늘 호화로운 요트들이 머물고 있으며, 거리에서는 온갖 고가의 자동차들을 쉽게 만날 수 있다.

차를 좋아하는 사람들에게는 관광지를 찾아가는 것보다 거리에서 자동차를 구경하는 것만으로도 충분히 멋진 여행을 즐길 수 있는 곳이기도 하다. 모나코는 프랑스어를 공용어로 사용하지만 영어, 이탈리아어, 모네가스크어도 통용된다.

01

모나코
대공 궁

Palace of the
Princes

주소 Place du Palais
Monaco-Ville, 98000
Monaco 전화 +377 93 25
18 31 위치 Monte carlo
역에서 도보 약 10분 휴무
1월~3월, 11월~12월

궁이라고는 해도 외관만 보면 한 나라의 왕궁이라
고 하기에는 수수한 매력이 있다. 특히 화려한 모
나코의 거리와 비교하면 더 수수하게 느껴지기도
한다. 하지만 내부는 다른 궁전들과 비교해도 손
색이 없을 만큼 화려하다. 궁전 옆에는 역사 박물
관이 있는데 나폴레옹의 유품이 보관되어 있다.
모나코 궁의 건물은 1215년 제노바인들이 세운
것으로 16세기에 모나코 궁전으로 개축되었다.
모나코 궁전은 모나코가 내려다보이는 언덕 위에
있어 궁에서 바라보는 전경이 아름답다.

모나코
대성당

Monaco
Cathedral

하얀색의 아름다운 모나코 대성당은 로마네스크 양식과 비잔틴 양식이 조화를 이룬 건축물로 1875년에 세워졌다. 이 성당은 세인트 니콜라스 대성당이라고 불리기도 한다.

모나코 대성당은 할리우드 스타였던 그레이스 켈리와 모나코 왕자 레니에 3세가 결혼한 장소로도 유명한데, 세기의 결혼식을 올렸던 그들을 비롯해 모나코 왕족들의 무덤이 내부에 있다.

그레이스 켈리는 원래도 부유한 집안에서 자랐으며, 20세 때 배우로 데뷔한 이래 영화배우로 성장하면서 아카데미 여우 주연상을 받는 등 톱 여배우

주소 4 rue Colonel Bellando de Castro, 98000 Monaco 전화 +377 93 30 87 70 위치 모나코 대공 궁에서 도보약 3분

로 올라섰다. 그런 그녀가 1955년 칸 영화제에 초청 받아 프
랑스에 갔을 때, 모나코 왕궁에서 사진을 촬영하던 중 레니에
3세를 처음 만나게 되었고, 레니에 3세의 꾸준한 구애 끝에 톱
여배우의 생활을 접고 모나코의 왕비가 되었다.

그녀는 모나코의 왕비로 살며 1남 2녀의 자녀를 낳고 왕비로
서의 생활을 이어 나갔지만, 1982년 그녀의 막내딸인 스테파
니 공주가 몰던 자동차에 함께 타고 있다가 사고로 자동차가
절벽에서 떨어지면서 53세의 나이로 안타깝게 사망했다.

하지만 그녀의 사망 이후에도 신데렐라와 같은 그녀의 이야기
와 세기의 미녀인 그녀를 기리기 위해 많은 사람들이 이곳에
있는 그녀의 무덤을 찾는다.

✚ Plus Tip 행운의 2달러

행운의 의미로 2달러 지폐를 주고 받는 경우를 볼 수 있는데, 이런 유래가 생긴 것이
바로 그레이스 켈리 때문이다. 그레이스 켈리가 1960년대 〈상류 사회〉라는 영화에
같이 출연했던 프랭크 시나트라로부터 2달러 지폐를 받고 난 후 모나코 왕비가 되었
고, 그런 이유로 2달러가 행운을 가져다주는 상징으로 사랑을 받게 되었다.

03

그랑
카지노
Grand Casino

주소 Place du Casino, 98000 Monaco 전화 +377 98 06 21 21 위치 Monte carlo 역에서 도보 약 10분 시간 14시~4시 홈페이지 www.casino montecarlo.com

모나코 하면 가장 먼저 떠오르는 것이 바로 카지노다. 카지노는 모나코의 그 어떤 관광지보다도 유명하며, 세계에서 두 번째로 작은 나라 모나코 공국이 지금의 강국으로 발전한 데에는 바로 카지노가 있기 때문이었다.

그랑 카지노는 모나코 공국의 중심에 있으며, 아름다운 건물과 더불어 주변에는 분수와 정원이 조성되어 있어 더욱 인기가 높다. 그랑 카지노는 누구나 입장이 가능하지만, 반바지 차림이나 슬리퍼를 착용하고는 입장이 불가능하다. 정장 차림으로 입장할 것을 권하며, 여행객은 정장까지는 아니어도 깔끔한 복장으로 가는 것이 좋다.

산마리노 공화국
Republic of San Marino

찾아가기 이탈리아 로마의 Rimini 역에서 산마리노행 버스를 이용하면 된다. Rimini 역에서 버스로는 오래 걸리지 않지만, 버스가 하루에 몇 편 운행하지 않아 버스 시간을 미리 확인하는 것이 좋다. 산 마리노 공화국 자체를 둘러보는 데는 시간이 오래 걸리지 않기 때문에, 조금 빠듯하지만 피렌체나 볼로냐 등 이탈리아 다른 도시에서의 당일치기도 충분히 가능하다.

이탈리아에 있는 또 하나의 작은 나라인 산마리노 공화국은 유럽에서 세 번째로, 세계에서는 다섯 번째로 작은 나라다. 산마리노 공화국은 면적이 약 61km²이며, 인구는 3만 명이 넘지 않는다.

원래 산마리노 공화국은 4세기 무렵 종교적 박해를 피해 도망 온 성 마리누스가 건국한 왕국이다. 이후 1862년 이탈리아와의 조약을 통해 이탈리아 영토 내에서 독립된 공화국을 계속 이어 나갈 수 있게 되었고, 현재까지도 공화국으로 유지하는 조약을 갱신하면서 독립된 나라로 인정 받고 있다. 물론 이탈리아 영토 내에 위치하고 있기 때문에 이탈리아의 영향력에서 완전히 벗어날 수는 없지만, 엄연히 독립된 나라로서 유엔에도 가입하고, 유네스코 등 각종 국제 사회 활동도 활발하게 이어 나가고 있다.

대부분의 국민이 가톨릭교도이고, 언어는 이탈리아어를 사용하며, 통화는 유로화를 사용한다. 또한 다른 소국과 마찬가지로 우표와 면세 제품들로 유명하다.

01

괴이타 &
체스타 &
몬탈레

Guaita & Cesta &
Montale

산마리노 공화국은 언덕 위에 세워져 있다. 특히 티타노 산의 절벽 위에는 3개의 요새가 세워져 있는데, 세 곳의 요새 위에서 바라보는 전망이 특히 아름답다. 마치 중세 시대의 기사가 등장할 것처럼 높고 정교하게 지어진 요새는 산마리노 공화국을 찾은 이라면 누구나 들르는 곳이다.

11세기에 만들어진 이 요새에는 각각 괴이타, 체스타, 몬탈레 3개의 탑이 세워져 있다. 세 탑 위에서 바라보는 풍경이 각기 다르기 때문에 세 탑에 모두 들어가 보는 것이 좋다.

02

공화국
궁전

Public Palace

리베르타 광장 뒤에 있는 산마리노 궁전이 산마리노 공화국의 정부 청사로 쓰이는 곳으로, 이 궁전의 현관 앞에서는 1시간마다 위병 교대식이 열린다. 위병 교대식이라고 해도 큰 행사가 열리는 것은 아니지만, 위병들과 기념 촬영도 할 수 있으니, 시간에 맞춰 위병 교대식을 구경하자. 산마리노 공화국의 치안은 이탈리아가 담당하지만 궁전의 수비는 근위병이 담당한다.

주소 Contrada del Pianello 전화 +378 (0549) 883152 위치 버스정류장에서 도보 약 5~10분

리히텐슈타인
Liechtenstein

찾아가기 취리히에서 자르간츠까지 기차로 간 다음, 자르간츠에서 리히텐슈타인의 Post Bus를 타고 수도인 파두츠까지 이동한다. 버스 티켓은 운전기사에게 직접 구매할 수 있으며 유효한 유레일패스 혹은 스위스 패스가 있다면 버스는 무료로 이용할 수 있다.

취리히에서 당일치기로 다녀올 수 있는 리히텐슈타인은 세계에서 여섯 번째로 작은 나라이고, 유럽에서는 네 번째로 작은 나라다. 면적이 약 160km², 인구 약 3만 5천 명으로 작은 나라다.

1806년에 독립하여 독립 국가가 되었다. 이후 1852년 오스트리아 헝가리 제국과 관세 동맹을 맺기도 했지만 1866년 다시 독립했고, 1867년에 영세 중립국이 되었다. 하지만 제1차 세계대전까지는 오스트리아와 관세 · 통화 동맹을 맺었고, 제1차 세계대전 이후에는 스위스의 보호 하에 들어갔다.

그렇게 여러 번 스위스와 오스트리아와의 관계를 유지하다 1924년 스위스와 관세 동맹을 체결하면서 지금까지 스위스 프랑을 공식 화폐로 사용하고 있다. 그래서 완벽히 독립한 국가라고 하기에는 부족한 점이 많지만 공식적으로 인정 받고 있는 독립 국가인 것은 확실하다.

오래 전부터 꾸준하게 올림픽에 독립 국가로 참여하고 있고, 벤쿠버 동계 올림픽, 런던 올림픽, 최근의 소치 올림픽까지도 리히텐슈타인의 출전은 이어지고 있다. 리히텐슈타인의 수도는 파두츠이며, 언어는 독일어를 사용한다.

✚ Plus Tip **리히텐슈타인 입국 스탬프 받기**

세계에서 여섯 번째로 작은 나라 중 하나인 리히텐슈타인으로의 입국에는 입국 확인 도장이나 입국을 위한 심사가 전혀 없다. 그저 스위스 여행 중 여행하게 되는 도시 중 하나로 여겨진다. 하지만 유럽 여행 중 여권 도장을 받고 싶어 하는 여행객들이나, 리히텐슈타인과 같은 작은 나라에 방문했다는 것을 기념하기를 원하는 사람들을 위해 파두츠의 관광 안내소에서는 여권에 입국 기념 스탬프를 찍어 준다. 물론 유료로 찍어 주는 것이긴 하지만, 리히텐슈타인의 도장을 받을 수 있기 때문에 재미 삼아 한번 찍어 보자.

스탬프 비용 : 3프랑

01

우편
박물관

Briefmarken
museum

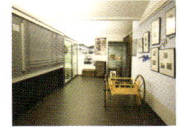

리히텐슈타인의 주요 수입원은 우표다. 리히텐슈타인의 관광 안내소 옆에는 우편 박물관이 있는데, 무료로 박물관을 둘러보며 리히텐슈타인의 우편에 대한 이야기를 들어 볼 수 있다.

다양한 우표와 우편물에 관련된 소품들이 전시되어 있으며, 우표도 판매하고 있으니 이곳에서 리히텐슈타인의 기념 우표를 구입해 보자.

주소 Städtle 37 Vaduz 전화 +423 236 61 05 위치 버스정류장에서 도보약 2분 시간 10시~12시, 13시~17시 홈페이지 www.post.li

02

파두츠 성
Vaduz Castle

전화 +423 238 12 00 위치
우편 박물관에서 도보 약
15분

리히텐슈타인의 수도인 파두츠에 위치하고 있는 파두츠 성은 현재 리히텐슈타인의 국왕인 한스 아담 2세를 비롯해 리히텐슈타인의 왕족들이 거주하고 있다. 그래서 일반에 공개되고 있지는 않지만, 성 근처에서 바라보는 리히텐슈타인의 전망이 아름답기 때문에 파두츠 성 부근의 전망대까지 한번 걸어 올라가 보자. 파두츠 성은 파두츠 우편 박물관에서 도보로 15분 정도 걸린다.

안도라 공국
Principality of Andorra

찾아가기 안도라 공국으로 가려면 스페인의 바르셀로나나 프랑스의 툴루즈 등에서 버스를 이용해 갈 수 있다. 버스는 3시간 30분 정도 소요되며, 바르셀로나에서 안도라 공국까지는 하루에 6편, 툴루즈까지는 하루에 3편 정도 운행한다. www.andorrabybus.com

스페인과 프랑스를 연결하고 있는 피레네 산맥 남쪽에 위치한 안도라 공국은 유럽에서 여섯 번째, 세계에서는 열세 번째로 작은 나라다. 면적은 약 464km²이며, 인구는 약 7만 명이다.

1993년 공식적으로 독립하게 된 안도라 공국은 독특하게 프랑스와 스페인이 공동으로 통치하고 있는 나라다. 그래서 프랑스 대통령과 스페인의 주교가 국가 원수 역할을 공동으로 하고 있다. 언어도 스페인어와 프랑스어 그리고 카탈란어를 사용한다.

안도라 공국은 비교적 온화한 산악 기후 아래 뛰어난 자연 경관을 바탕으로 관광과 농업이 발달된 나라다. 면세권이 있어서 주변 유럽 국가의 관광객들이 쇼핑을 하기 위해 안도라 공국을 많이 찾는다.

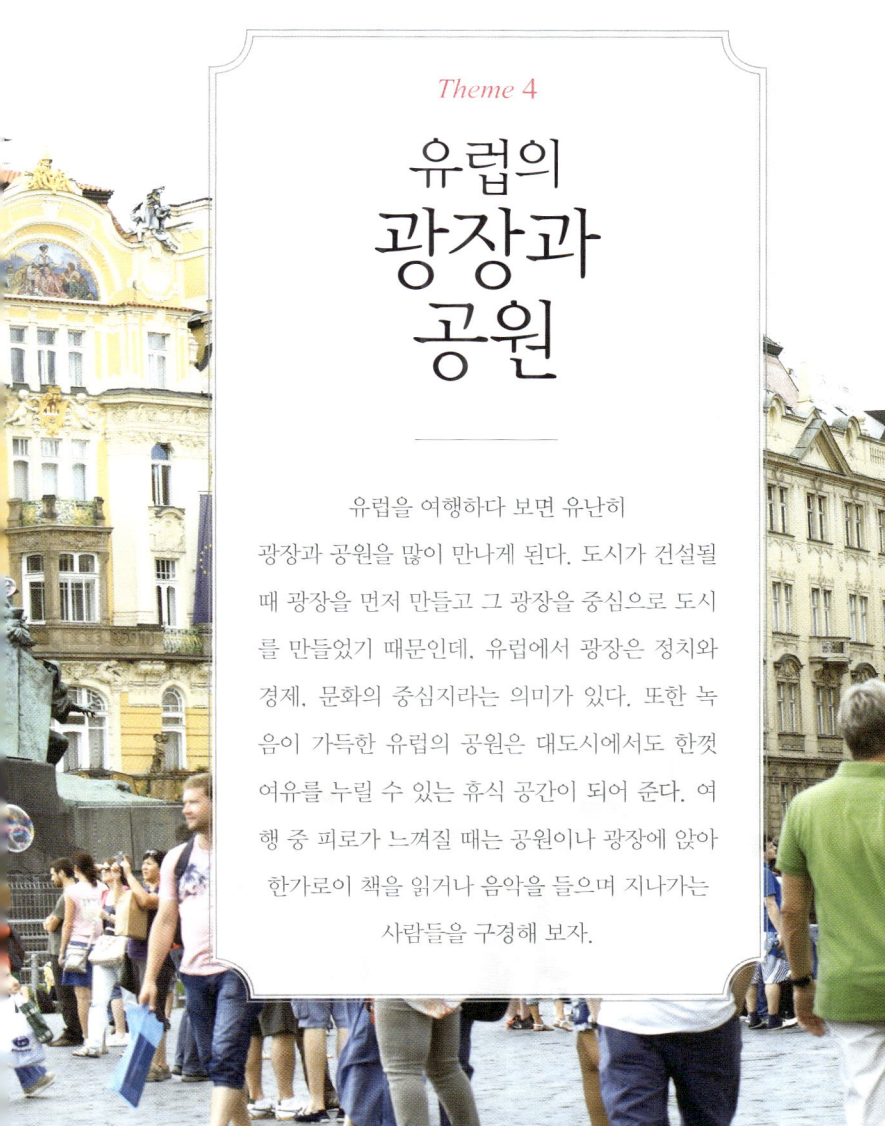

Theme 4

유럽의
광장과
공원

유럽을 여행하다 보면 유난히
광장과 공원을 많이 만나게 된다. 도시가 건설될
때 광장을 먼저 만들고 그 광장을 중심으로 도시
를 만들었기 때문인데, 유럽에서 광장은 정치와
경제, 문화의 중심지라는 의미가 있다. 또한 녹
음이 가득한 유럽의 공원은 대도시에서도 한껏
여유를 누릴 수 있는 휴식 공간이 되어 준다. 여
행 중 피로가 느껴질 때는 공원이나 광장에 앉아
한가로이 책을 읽거나 음악을 들으며 지나가는
사람들을 구경해 보자.

광장에는 주로 젊은이들이 모여 일광욕을 하면서 이야기를 주고 받는다. 광장 주변으로는 수많은 카페와 레스토랑, 그리고 숍들이 모여 있어 자연스럽게 많은 사람들이 광장으로 모여들게 된다.

또한 시청사나 법원 등 주요 관공서들도 광장 주변에 자리를 잡고 있다. 유럽의 광장은 때로는 무명 예술가들의 공연장이 되고, 때로는 커다란 무대가 되어 축제의 장이 펼쳐지기도 한다.

공원은 광장과는 또 다른 느낌이다. 아무리 현대화된 대도시라고 해도 유럽의 도시에는 넓은 공원이 반드시 하나쯤은 있다.

공원은 대도시의 허파 역할을 하고, 편안한 안식처가 되어 준다. 점심 시간이면 근처 직장인들이 공원에 나와 간단히 점심을 먹고 산책을 즐기거나 일광욕을 하는 모습을 흔히 볼 수 있다.

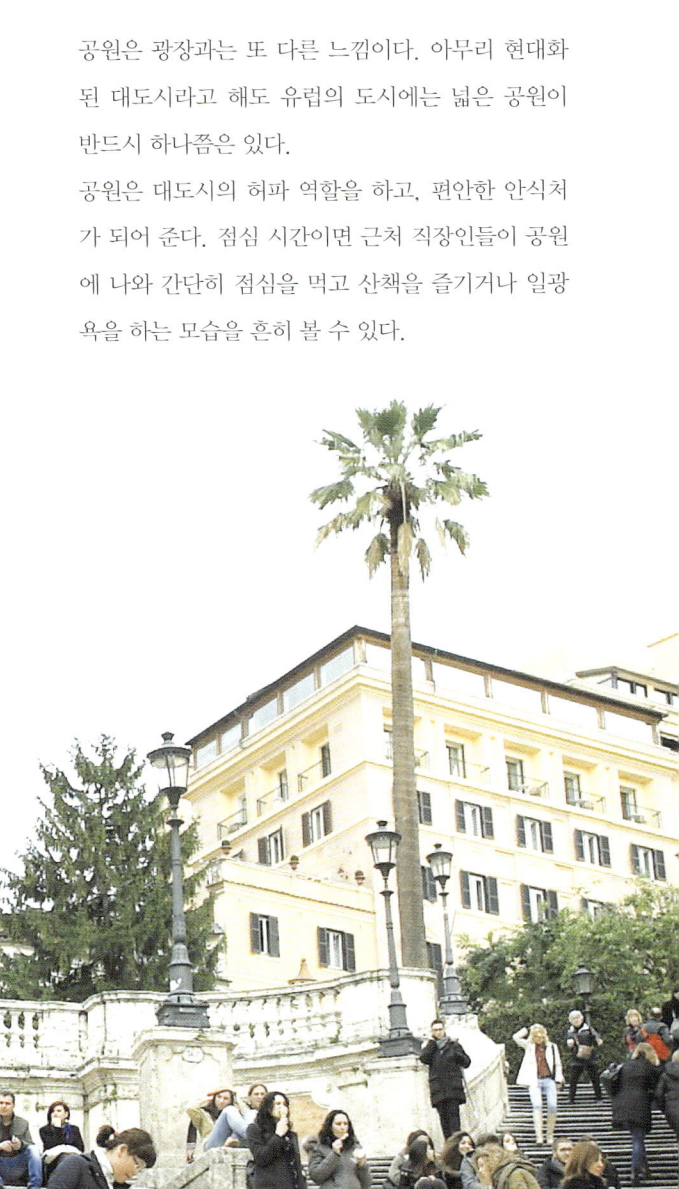

런던 London

런던은 복잡한 대도시인데도 불구하고 공기가 맑고 상쾌하다. 런던의 1/4이 녹지로 조성되어 있기 때문인데, 실제로 런던을 여행하다 보면 도심 곳곳에서 크고 작은 공원들을 종종 만나게 된다.

유럽을 여행할 때 흔히 '영국식 정원', '프랑스식 정원'이라는 표현을 듣게 되는데, '영국식 정원'의 대표적인 예를 런던에서 만날 수 있다. 영국에서 만나는 영국식 정원과 다른 도시들에서 만나는 영국식 정원을 비교

해 보는 재미도 찾아보자. 런더너처럼 공원에서 샌드위
치를 즐기며 여유를 가져 보는 것도 런던 여행 중 누릴
수 있는 좋은 휴식이 될 것이다.

또한 런던은 다른 유럽 도시들과 마찬가지로 광장을 중
심으로 도시가 형성되었는데, 광장의 분위기가 활발하고
생동감이 넘치기 때문에 젊은 런던의 매력과 활기를 느
낄 수 있다. 일부러 찾아가지 않아도 런던을 여행하다 보
면 자연스럽게 광장을 만나게 된다.

01

그린 파크 &
세인트
제임스 파크

Green Park &
St. James's Park

그린 파크와 세인트 제임스 파크는 바로 옆에 붙어 있기 때문에 함께 둘러볼 수 있다.

그린 파크는 영국의 3대 공원 중 하나로, 푸른 잔디와 울창한 나무로 조성되어 있어 조용하게 휴식을 취하기에 좋은 곳이다. 공원 곳곳에는 일광욕을 즐기기 위한 간이 의자들이 놓여 있어 낮잠을 즐기기에도 좋다. 16세기 초 헨리 8세 때 왕실의 사냥터로 조성되어, 17세기 중반 찰스 2세에 의해 시민들의 휴식 공간으로 바뀌었다. 그리고 지금은 런던을 대표하는 공원이 되었다.

그린 파크 옆에 있는 세인트 제임스 파크는 버킹

엄 궁전 근처에 위치하고 있으며, 런던에서 가장 오래된 공원으로 알려져 있다. 이 공원 역시 헨리 8세 때 조성되었다.

그린 파크와 세인트 제임스 파크는 현재 런던 시민들과 여행객들의 많은 사랑을 받는 공원으로, 이 두 공원을 산책하다 보면 런던이 대도시가 아니라 조용한 어느 시골 마을 같다는 생각도 잠시 하게 된다.

그린 파크 위치 Green Park 역에서 도보 약 1분 시간 24시간
세인트 제임스 파크 위치 St James's Park 역에서 도보 약 1분 시간
5시~24시 / 왕립공원홈페이지 www.royalparks.org.uk/parks

02

하이드 파크

Hyde Park

위치 Hyde Park Corner 역에서 도보 약 1분 시간 5시~24시 홈페이지 www.royalparks.org.uk/parks

하이드 파크 역시 헨리 8세 때 조성된 것으로, 원래는 웨스트 민스터 사원의 소유였던 것을 몰수해 왕실의 사냥터나 군사 훈련 장소로 사용했다. 17세기 초 찰스 1세에 의해 시민을 위한 공원으로 탈바꿈되었으며, 현재 런던 시민들이 가장 사랑하는 공원이 되었다.

하이드 파크는 총 면적이 약 140만m²에 달할 정도로 넓은 공원으로, 큰 호수가 있어 뱃놀이를 즐길 수 있으며 공원 내에는 앨버타 기념비와 웰링턴 기념비 등이 있고 작은 놀이동산도 있어 주말이면 많은 시민들이 이곳을 찾는다.

2004년 7월에는 다이애나비의 추모 분수가 조성되었는데, 물길의 깊이와 넓이가 변화하며 끊임없이 원을 그리는 이 분수대는 평소 대중에게 친근하고 생기가 넘쳤던 그녀의 모습을 대변하는 듯하다. 작은 연못 같은 이 분수는 따뜻한 날이면 아이들이 발을 담그고 엄마 아빠와 함께 주변을 걷는 따뜻한 모습을 만들어 낸다.

03
리젠트
파크
Regent Park

위치 Regent's Park 역에
서 도보 약 2분 시간 5시
~21시 홈페이지 www.
royal parks.org.uk/
parks

런던에서 규모가 가장 큰 공원이 바로 리젠트 파
크다. 다른 공원들과 마찬가지로 왕실의 사냥터
였던 것을 시민들을 위해 공원으로 개방하였으
며, 면적이 약 200만m²에 달한다.

런던의 다른 공원들과는 조금 다른 분위기를 띄
는데, 작은 호수와 다양한 종류의 꽃들이 아름답
게 어우러져 아기자기한 느낌마저 준다.

만약 5~6월경 런던을 여행하게 된다면, 다른 곳
은 몰라도 리젠트 파크는 반드시 들러 보길 바란
다. 공원 내에 있는 퀸 메리 가든 때문인데, 장미
꽃이 만발하는 5~6월경에 가장 아름다운 모습

을 볼 수 있다. 복잡한 런던을 여행하다가 잠시 들른 공원에서 만나는 장미꽃 만발한 작은 정원은 런던을 사랑하게 만들어 주는 충분한 이유가 되기도 한다.

공원의 북동쪽에 있는 런던 동물원은 세계에서 가장 오래된 동물원으로, 아이들과 함께하는 가족 단위의 여행객들이 주로 많이 찾는다.

또한 여름에는 공원 내에 야외 극장이 마련되어 잔디에 누워 셰익스피어 공연을 볼 수 있다.

04

트라팔가
스퀘어

Trafalgar
Square

위치 Charing Cross 역에
서 도보 약 1분

런던에 있는 광장 중에서 가장 넓은 광장 중 한
곳으로, 한쪽에는 내셔널 갤러리가 자리하고 있
어 런던의 어느 광장보다도 많은 여행객을 맞이
하고 있다.

광장 중앙에는 넬슨 장군의 동상이 세워져 있는
데, 넬슨 장군은 1805년 세계 3대 해전 중 하나
인 트라팔가 해전에서 나폴레옹의 연합군을 물
리쳤다. 광장 중앙에 세워진 네 마리의 거대한
사자상은 트라팔가 해전에서 노획한 프랑스의
대포를 녹여서 만든 것이라고 한다. 이 광장의
이름은 바로 이러한 배경에서 붙여졌다.

내셔널 갤러리

하지만 여행객들에게 트라팔가 스퀘어는 트라팔
가 해전에 대한 이야기보다도 런던 최고의 미술
관인 내셔널 갤러리 앞의 광장, 시원한 분수대가
있는 광장, 혹은 많은 행사가 열리는 광장으로
더 많이 기억될 것이다.
런던을 여행하다 보면 트라팔가 스퀘어는 적어
도 2~3번 이상은 지나가게 되니 일부러 찾아가
지 않아도 여행 중 자연스럽게 만나게 된다.

넬슨 장군 동상

05

피카딜리
서커스

Piccadilly Circus

위치 Piccadilly Circus 역
에서 도보 약 1분

런던에서 가장 화려한 광장으로 피카딜리 서커
스를 손꼽을 수 있다. 마치 뉴욕의 리틀 타임스
스퀘어를 보는 것과 같이 반짝이는 전광판과 광
장 주변으로 수많은 관광객과 젊은이들이 어우
러져 밤낮 없이 늘 활기가 넘친다.

원래 이곳은 채소와 꽃을 팔던 시장이었는데, 도
시를 조성하면서 지금과 같은 광장으로 변모하
게 되었다. '피카딜리 서커스'라는 이름의 '서커
스'는 '원형 극장'이라는 뜻으로, 이곳은 주요 거
리가 교차하는 지점이기 때문에 늘 많은 사람들
로 북적인다. 하지만 '서커스'라는 이름 덕분에

가끔 '서커스장'이라는 오해를 받기도 한다.
피카딜리 서커스 광장 중앙에는 동그란 계단 위
로 에로스 동상이 세워져 있는데, 에로스 동상을
중심으로 광장의 북쪽은 소호 거리로 이어지며,
남쪽으로는 트라팔가 광장으로 이어진다.
주변으로 영화관, 레스토랑, 쇼핑몰 등이 집중적
으로 위치해 있어 젊은이들이 주로 찾는다.

06

레스터
스퀘어

Leicester
Square

위치 Leicester square 역

런던에서 가장 복잡한 광장 중 한 곳인 레스터 스퀘어 주변으로는 많은 시설들이 모여 있다. 우선 극장과 패스트푸드점, 레스토랑과 카페가 즐비하고, 광장 한쪽에는 뮤지컬 티켓을 구입할 수 있는 티켓 부스들도 몰려 있다.

또한 광장 곳곳에서는 행위 예술가나 무명 음악가들의 공연이 다양하게 펼쳐지고, 한쪽으로는 여유롭게 휴식을 취하는 사람들의 모습도 볼 수 있다. 레스터 스퀘어에서는 다양한 런던의 모습을 한꺼번에 만날 수 있다.

파리 Paris

파리는 주요 관광지마다 곳곳에 공원이나 정원, 광장이 있다. 파리의 공원은 런던의 내추럴한 느낌보다는 조금 더 정갈한 느낌이 든다. 대표적인 프랑스식 정원으로 베르사유 궁전의 정원을 예로 들 수 있다.

또한 파리는 다른 도시들과는 느낌이 사뭇 다른 매력을 지닌 광장들도 여럿 있는데, 역사와 굴곡을 함께해 온 파리의 광장 역시 빼놓을 수 없는 명소다. 평범해 보이지만 특별한 매력이 넘쳐나는 파리의 광장을 만나 보자.

01

샹드
마르스
공원
Champs de Mars

주소 2 Allée Adrienne
Lecouvreur, 75007 Paris
위치 Champ de Mars -
Tour Eiffel 역에서 도보 약
5분, Ecole Militaire 역에
서 도보 약 3분, La Motte
Picquet 역에서 도보 약 3분

파리의 상징인 에펠 탑에서부터 시작해 육군 사
관 학교까지 이어지는 샹드 마르스 공원은 파리
의 가장 대표적인 공원으로, 원래는 육군 사관
학교의 운동장으로 사용되었다.

공원은 넓은 잔디밭으로 이루어져 있어, 햇빛이
좋은 날이면 사람들이 잔디밭에 모여 앉아 수다
를 떨거나 피크닉을 즐기는 모습을 쉽게 볼 수
있다. 잔디밭에 누워 에펠 탑을 바라보며 피크닉
을 즐긴다는 상상만으로도 행복한 파리 여행을
상상하게 되는 곳이다.

따뜻한 계절에 유럽을 여행한다면, 파리 여행 일

정을 조금 여유롭게 잡고 이곳 샹드 마르스 공원
에서 여유로운 파리의 오후를 즐겨 보자.
프랑스 국경일 중 하나인 7월 14일 승전 기념일
에는 에펠 탑 근처에서 불꽃놀이가 펼쳐지는데,
샹드 마르스는 불꽃놀이를 관람하기에 가장 좋
은 장소다. 이곳에서 불꽃놀이를 보고 싶다면 미
리 자리를 잡고 관람을 준비하는 것이 좋다.

02

트로카데로
정원

Jardin de Trocadéro

위치 Trocadéro 역에서도
보악2분

에펠 탑이 있는 샹드 마르스 공원에서 센 강을
건너면 만날 수 있는 트로카데로 정원은, 에펠
탑을 보기 위해 가장 많은 관광객들이 찾는 샤요
궁 바로 아래에 있다.

일정상 파리에 짧게 들렀다 가는 여행객들은 샹
드 마르스 공원보다 이곳 트로카데로 정원을 더
많이 찾는다. 트로카데로 정원에서는 에펠 탑을
한눈에 담을 수 있으며, 시원한 분수대와 동상,
조각상들이 있어 샹드 마르스와는 또 다른 풍경
을 선사한다.

03

튈르리
정원

Jardin de Tuilerie

주소 113 Rue de Rivoli,
75001 Paris
위치 Tuileries 역

파리 여행자들에게 가장 사랑 받는 정원은 아마
도 튈르리 정원일 것이다. 튈르리 정원은 루브르
박물관에서부터 시작해 콩코르드 광장까지 이어
지는 정원으로, 정원 내에 분수대와 조각상, 그
리고 오랑주리 미술관 등이 있다. 특히 둥근 분
수대 주변으로 앉아서 쉴 수 있는 의자들이 놓여
있어, 지친 몸을 쉬어 갈 수 있다.

대개 루브르 박물관을 보고 나오면 자연스럽게
이곳 튈르리 정원을 둘러보게 되고, 또 자연스럽
게 분수대 주변 의자에 앉아 휴식을 취하게 된다.

튈르리 정원은 사람들을 자연스럽게 의자로 이끄는 무언가가 있는 것 같다. 물론 여행 중반 몸도 지치고 가장 쉬고 싶을 때에 이곳을 지나가게 되기 때문이기도 할 것이다.

이 정원이 특히 인기가 높은 이유는, 정원 근처에 샹젤리제 거리, 루브르 박물관, 오페라, 팔레 루아얄 등 다양한 관광지들이 있기 때문이다. 그래서 다음 행선지가 어디든 잠시 들러 휴식을 취할 수 있는 사랑스러운 정원이다.

04

뤽상부르 공원

Jardin du
Luxembourg

주소 6e Arrondissement,
75006 Paris 전화 +33
1 42 34 23 62 위치
Luxembourg 역

파리에서 가장 큰 공원이자 뤽상부르 궁전을 중심으로 조성된 프랑스식 정원으로, 화단과 연못이 무척 아름답다. 생 미셸 지역에 위치해 있으며, 근처에 소르본 대학이나 오데옹 지역 등이 있어서 파리 시민들이 즐겨 찾는 곳이기도 하다.

커다란 팔각형 분수대를 중심으로 쉬어 갈 수 있는 의자들이 놓여 있으니, 하루쯤 파리지앵처럼 의자에 앉아 책을 읽거나 샌드위치를 먹으며 여유를 부려 보자.

뤽상부르 공원 내에 있는 뤽상부르 궁전은 앙리 4세의 왕비였던 마리 드 메디시스를 위해 지어

진 것으로, 그녀의 고향인 피렌체에 있는 피티
궁전을 본 따서 지었다고 한다. 궁전은 현재 프
랑스의 상원의사당으로 사용되고 있다.

공원 곳곳에 유명 작가들의 조각 작품이 있으며,
공원 안쪽에는 자유의 여신상의 원조라고 할 수
있는 여신상이 있다. 이 여신상은 오귀스트 바르
톨디가 프랑스에서 미국에 선물로 보내는 자유
의 여신상을 만들기 위해 미리 1/4 크기로 만들
어 본 모델이라고 한다. 공원 내에는 미술관과 테
니스 코트 등 다양한 볼거리와 놀거리가 있어 하
루 종일 머문다고 해도 지루함이 없다.

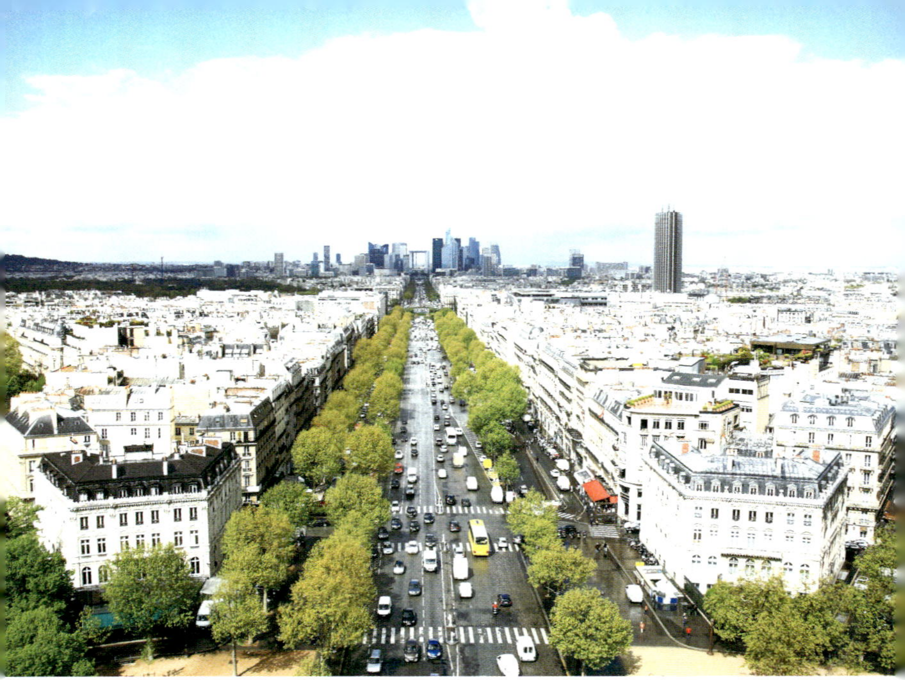

05

에투알 광장

Place de la Etoile

위치 Charles de Gaulle - Etoile 역

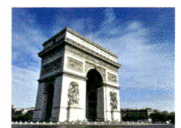

파리의 가장 대표적인 관광지 중 하나인 개선문을 둘러싸고 있는 이 광장은, 개선문을 중심으로 12개의 도로가 부채꼴 모양으로 뻗어 있다. 그 모양이 마치 별을 연상시킨다고 해서 별을 의미하는 프랑스어인 '에투알'이라는 이름이 이 광장에 붙여졌다.

에투알 광장의 모습을 제대로 보고 싶다면 개선문 전망대에 올라 보는 것이 좋다. 이 개선문은 나폴레옹이 1805년 아우스터리츠 전투에서 승리한 것을 기념하기 위한 전승 기념탑으로 세워졌다.

하지만 정작 나폴레옹은 개선문이 완공되기 전에 사망하는 바람에 살아 있을 때는 이 문을 통과하지 못했다. 나폴레옹 사망 후, 그의 시신이 이 문을 통과해 샹젤리제 거리를 지나 돔 성당으로 향했다.

개선문은 샹젤리제 거리가 끝나는 곳에 위치해 있다. 그 너머로는 라데팡스의 신 개선문까지 일직선으로 뻗은 길이 이어진다.

06

콩코르드
광장

Place de la
Concorde

위치 Concorde 역

일명 '피의 광장'이라고 불렸던 콩코르드 광장은, 튈르리 정원과 샹젤리제 거리를 이어 주는 곳에 위치하고 있다. 이 광장은 파리에서도 가장 넓은 광장으로 사방이 환하게 트여 있어 이곳에서 파리 시내의 주요 볼거리들을 감상할 수 있다.

18세기 중반에 만들어진 광장의 중심에는 루이 15세의 동상이 세워져 있었으나 프랑스 대혁명 때 파괴되었으며, 이곳에 단두대가 세워져 1973년 루이 16세와 왕비 마리 앙투아네트 등 1,300여 명에 이르는 사람들이 형장의 이슬로 사라졌다. 이후 '화합'이라는 의미를 가진 '콩코르드'라는 이름으로 개칭되었다.

아름다운 분수대와 조각 등이 세워져 있고 근처에는 미국 대사관과 각종 호텔, 그리고 부티크들이 들어서 있는 이곳이 한때 '피의 광장'이라고 불렸다는 것이 상상이 되지 않는다.

광장의 중심에는 3,200년 된 룩소르의 신전에서 옮겨 온 오벨리스크가 세워져 있는데, 1829년 이집트의 총독이 프랑스에 선물한 것이다.

07

방돔 광장
Place Vendome

파리에서 가장 럭셔리한 장소인 방돔 광장은 앙리 방돔을 위해 만들어진 광장이다. 이 광장 중앙에는 커다란 기둥이 세워져 있는데, 이 기둥은 나폴레옹이 참여했던 전투를 나선형으로 조각해놓은 것으로, '나폴레옹 기둥'이라고 불린다.

기둥의 꼭대기에는 나폴레옹의 동상이 세워져 있으며, 이 기둥은 나폴레옹이 아우스터리츠 전투에서 노획한 대포를 녹여 청동 주물과 혼합해서 만들었다고 한다.

기둥을 중심으로 방돔 광장에는 누구나 알 만한 유명 패션 브랜드 상점들이 즐비해 있는데, 무엇

위치 Opéra 역, Tuilerie 역, Pyramide 역에서 도보 약 10분

보다 눈에 띄는 것은 리츠 호텔이다. 이 호텔은 영국의 다이애나비가 생애 마지막 날 밤을 보낸 곳으로 알려져 있다. 또한 1940년대에는 헤밍웨이와 스콧 피츠제럴드가 리츠 호텔의 단골이었다. 광장의 동쪽 12번지에는 쇼팽이 영국 연주회를 마치고 돌아와 지병인 결핵으로 몸이 쇠약해져 죽음을 맞이한 집도 있다.

하지만 이곳을 찾는 여행객들 대부분은 이곳에 머물렀던 어느 유명인들보다 주변의 화려한 숍과 레스토랑에 더욱 매력을 느낀다.

리츠 호텔

08

보주 광장
Place des Vosges

파리에서 가장 걷고 싶은 골목들이 모여 있는 마레 지구에 위치한 보주 광장은, 파리에서 가장 오래된 광장으로 유명하다. 광장을 둘러싸고 있는 대칭 구조의 4개의 건물들이 광장을 감싸고 있어, 마치 어느 집의 뒤뜰 같은 아늑한 느낌이 든다. 광장 역시 완벽한 대칭 구조를 하고 있는데, 4개의 분수대와 잔디밭, 그리고 아름다운 중세식 건물들이 어우러져 보주 광장만의 볼거리를 만들어 낸다.

보주 광장 주변으로는 유명인들도 많이 거주했는데, 그들 중 가장 유명한 사람은 《레 미제라

위치 Saint-Paul 역에서 도보 약 5분, Chemin Vert 역에서 도보 약 5분

블》로 유명한 '빅토르 위고'다. 빅토르 위고의 집은 보주 광장 6번지에 있는데, 그는 이곳에서 18년 동안 살면서 《레 미제라블》을 비롯한 많은 걸작을 집필했다. 그의 집은 현재 빅토르 위고 기념관으로 꾸며져 있으며, 그의 흔적을 보기 위해 수많은 관람객들이 방문하고 있다.

2012년 개봉된 뮤지컬 영화 〈레 미제라블〉의 인기와 더불어 보주 광장에 있는 빅토르 위고의 집은 더욱 인기가 높아져 이제는 파리의 명소가 되었다. 보주 광장과 함께 꼭 들러 보기 바란다.

빅토르 위고 기념관 내부

09

테르트르
광장

Place du Tertre

위치 Abbesses 역에서 도
보약 5분

파리의 많은 광장 중에서도 가장 인기가 높은 광
장으로 단연 테르트르 광장을 꼽을 수 있다.
이 광장은 몽마르트르 언덕 위에 위치하고 있는
데, 광장 주변으로는 카페와 레스토랑이 즐비하
고, 광장 중앙에는 거리의 화가들이 모여 있어 파
리가 예술의 도시라는 것을 다시 한번 실감하게
해 준다.
광장의 화가들에게 초상화를 의뢰해 보거나 광
장의 화가들이 만들어 놓은 예술 작품들을 감상
하며 과거 몽마르트르를 찾았던 예술가들의 모
습을 떠올려 보는 것도 좋다.

혹은 광장 주변에 있는 노천카페에 앉아 커피나 와인을 한잔 마시며 이곳을 오고가는 수많은 관광객과 예술인들의 모습을 바라보는 것도 운치 있다.

지금의 테르트르 광장은 예전의 몽마르트르를 대표했던 모습을 잃고 상업적인 면만 남았다는 이야기도 있지만 수많은 예술 작품들이 탄생한 예술 거리로서의 면모는 여전히 남아 있어 몽마르트르를 방문한 여행객들에게는 예술의 흥취를 불러일으킨다.

숨어 있는 작은 공원과 광장들

파리에서 키스할 장소를 찾는다면, 편안하지만 남들 눈에 쉽게 띄지 않는 시크릿 공원들을 찾아보자. 물론 파리에서는 굳이 장소를 찾지 않아도 어디에서나 키스를 할 수 있겠지만, 시크릿한 공간에서 둘만의 시간을 보내기를 원한다면 숨어 있는 작은 공원과 광장을 찾아가 보자.

01

베르갈랑 광장

Square du
Ver Galaant

파리의 중심인 시테 섬의 끝자락에 있는 아주 작
은 광장이다. 이 광장은 퐁네프 다리나 예술의
다리 등에서는 보이는데, 막상 시테 섬에 들어가
면 보이지 않기 때문에 생각보다 여행객들의 발
길이 뜸한 곳이다.

베르갈랑 광장으로 가려면 퐁네프 다리 중간에
있는 기마상 바로 뒤쪽 계단을 따라 내려가면 된
다. 시테 섬의 끝자락에 앉아 연인과의 로맨틱한
시간을 보내 보자.

위치 Pont Neuf 역에서 도보 약 2분

02

도핀 광장

La place
Dauphine

퐁네프 다리 중간의 기마상에서 베르갈랑 광장 쪽이 아닌 반대편의 작은 골목으로 들어가면 삼각형 모양의 조그마한 광장이 나온다. 이 광장도 의외로 많은 사람들이 찾지 않는 한적한 곳이다. 관광객들은 의외로 이 길을 잘 지나가지 않는다. 뻥 뚫려 있는 광장에서 시크릿한 느낌으로 로맨틱한 시간을 보낼 수 있다.

위치 Pont Neuf 역에서 도보 약 2분

03

루아얄
정원
Palais Royal

루브르 근처에 위치한 루아얄 정원은 루이 14세가 어린 시절을 보낸 루아얄 궁전의 정원으로, 회랑이 정원을 두르고 있어 겉에서 보면 정원이 있다는 것을 눈치채지 못한다. 그래서 파리 시내에 위치해 있고 관광지와 인접한 곳에 있지만 의외로 한적한 느낌을 주는 곳이다.

정원의 한쪽에는 짧은 260개의 줄무늬 기둥을 진열한 다니엘 뷔랑의 설치 작품이 있어 아이들을 위한 놀이터가 되어 주며, 분수대와 벤치들이 로맨틱한 풍경을 만들어 준다.

위치 Palais Royal Musée du Louvre 역에서 도보 약 1분

04

뤽튀스
광장

Square Jehan
Rictus

위치 Abbesses 역

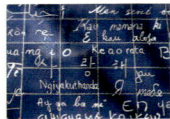

몽마르트르의 아베쎄 역 바로 뒤에 있는 뤽튀스
광장은 파리에서도 특히 로맨틱한 장소로 알려
져 있다. 바로 '사랑해 벽'이 광장 한 켠을 채우고
있기 때문이다. '사랑해 벽'은 프레데릭 바롱에
의해 만들어진 것인데 전 세계 300개국의 언어
로 1,000가지의 '사랑해'라는 말이 쓰여 있다.
연인과 함께 여행을 한다면 이곳 '사랑해 벽' 앞
에서 멋진 사진을 담아 보자. 이 광장은 아베쎄
역에서 나와 바로 뒤로 이어져 있지만 의외로 바
로 찾지 못하는 사람들이 많다.

베네룩스 Benelux

벨기에

네덜란드

룩셈부르크

플랑드르 화가들의 풍경화를 보면 고요하고 평안해 보이는 정원이나 공원이 많이 등장하는데, 이 그림들의 배경이 되는 곳이 바로 베네룩스의 벨기에, 네덜란드, 룩셈부르크 지역이다. 아름다운 전원 마을과 고요한 풍경이 생각나는 곳, 베네룩스로 평안한 공원과 정원 여행을 떠나 보자.

01

그랑
플라스

Grand Place
브뤼셀

위치 브뤼셀 중앙역에서
도보 약 5분

'세계에서 가장 아름다운 광장' 1순위로 손꼽히는 곳이 바로 브뤼셀의 그랑 플라스다. 이러한 수식이 붙은 이유는 아마도 빅토르 위고가 이 광장을 세상에서 가장 아름다운 광장이라고 이야기하면서부터일 것이다.

그랑 플라스는 1998년 유네스코 세계문화유산으로 지정되었다. 광장은 17세기 후반의 고딕과 바로크 양식의 건물들로 둘러싸여 있으며, 지극히 유럽적인 분위기를 느낄 수 있다.

이곳을 방문하는 사람들은 이곳이 유럽에서 가장 아름다운 광장, 혹은 세계에서 가장 아름다운 광장이라고 누구나 생각하게 된다.

그랑 플라스는 브뤼셀 여행의 중심이 되는 곳으로, 이 광장을 중심으로 시청, 왕궁, 길드 하우스 등의 건물들이 둘러서 있고, 브뤼셀을 대표하는 대부분의 관광지가 주변에 모여 있다.

그래서 그랑 플라스는 브뤼셀 여행의 시작 지점이 되고, 브뤼셀 여행을 마무리하는 장소가 되기도 한다.

02

담 광장

Dam

암스테르담

위치 암스테르담 중앙역에
서 도보 약 7분

브뤼셀을 대표하는 광장이 그랑 플라스라면, 암
스테르담을 대표하는 광장은 담 광장이다. 그랑
플라스와 담 광장은 베네룩스 지역을 대표하는
광장이지만 그 느낌은 매우 다르다.

그랑 플라스가 사방으로 둘러싸인 건물들이 있
어 더욱 아름다운 광장이라면, 담 광장은 뻥 뚫
려 있는 시원한 느낌을 준다. 광장 옆으로 트램
이 지나가고, 광장 주변으로는 시청이나 성당 등
암스테르담의 주요 관광지가 모여 있으며, 바로
근처에 암스텔 강이 흐르고 있어 더욱 낭만적으
로 느껴진다.

원래 이 광장은 암스텔 강의 범람을 방지하기 위해 지어진 댐 건설에서 시작되었다. 아마도 담 광장이라는 이름으로 불리는 것도 그 유래에서 찾을 수 있을 것이다.

크리스마스나 새해가 되면 광장은 많은 인파로 북적거린다. 많은 연인들이 이 광장에서 새해를 맞는 카운트다운과 함께 키스를 나누어 '키스 광장'이라는 별명으로 불릴 정도다.

03

잔세스칸스

Zaanse Schans
암스테르담 근교

위치 koog-Zaandijk 역에
서도보약 15분

암스테르담에서 약 15km 떨어진 곳에 잔세스
칸스 마을이 있다. 이 마을은 흔히 우리가 말하
는 네덜란드 풍차 마을이다. 네덜란드의 전통 풍
차를 그대로 보존하고 있는 마을이기 때문에 붙
은 별명이다.

원래 이곳에는 한때 500개가 넘는 풍차가 있었
다고 한다. 하지만 지금은 4개의 풍차만 남아 있
고, 그 주변으로 네덜란드 전통 방식의 치즈나
나막신을 만드는 박물관이 함께 있어, 네덜란드
역사 마을로 자리하고 있다.

풍차가 있고, 바다가 있고, 역사가 있는 잔세스칸

스는 산책하는 마음으로 둘러볼 수 있는 커다란 정원과도 같다. 네덜란드만의 독특한 문화와 풍경을 느껴 볼 수 있으니 암스테르담을 여행할 때 반나절 정도 시간을 내어 다녀올 것을 추천한다.

독일 Germany

유럽에서도 독일은 특히 더 광장을 중심으로 발전된 곳이다. 그래서 독일의 도시 대부분이 가장 중심이 되는 곳이 광장이며, 그 광장을 중심으로 여행이 시작되거나 끝이 난다. 정치·경제·문화의 중심지로서 그 역할을 톡톡히 실행했던 광장이 있는 나라, 독일로 여행을 떠나 보자.

베를린 Berlin

독일의 수도인 베를린에서는 독일의 다른 도시들과는 또 다른 모습을 만나게 된다. 동독과 서독으로 나뉘어져 있던 분단 국가의 모습을 엿볼 수 있으며, 다른 도시들보다 발전이 늦었기 때문에 새롭게 태어나는 신생 도시의 모습을 하고 있기도 하다. 그리고 역시 많은 광장과 공원을 만날 수 있다.

01

포츠담 광장
Potsdamer Platz

제2차 세계대전 이전에도 포츠담 광장은 베를린에서 가장 번화한 광장이었고, 제2차 세계대전 때 폭격을 당해 파괴된 이후 새롭게 건설되어서도 지금까지 베를린에서 가장 번화한 광장으로 자리 잡고 있다.

특히 이탈리아의 건축가 렌조 피아노가 건설한 건축물로 콘서트홀과 영화관, 쇼핑몰 등이 들어서면서 복합 문화 지구로서 새롭게 탄생했다.

위치 S반 Potsdamer Platz 역

02

파리저
광장
Pariser Platz

위치 S반 Brandenburger Tor 역

베를린을 대표하는 관광지 브란덴부르크 문이 있는 광장이 바로 파리저 광장이다. 이 광장의 이름은 프로이센 군대가 나폴레옹을 폐위시킨 기념으로 파리의 이름을 따서 붙여졌다.

브란덴부르크 문은 베를린 장벽이 세워지면서 동독과 서독의 관문 역할을 했다. 통일 후에는 자유의 상징으로 바뀌어 문 앞 광장에서 독일 분단에 관해 재현된 모습들을 만날 수 있다. 동독과 서독의 서로 다른 비자 스탬프를 찍을 수 있고, 동독과 서독의 군복을 입은 사람들과의 기념 촬영 등을 할 수 있다.

03

티어가르텐
공원
Tiergarten

베를린에는 광장 이외에도 독일 최대 규모의 공원이 있는데, 바로 티어가르텐 공원이다. 한때 선제후들의 사냥터였던 이곳은 18세기부터 서서히 공원으로 모습이 바뀌어, 지금은 시민들에게 가장 사랑 받는 도심 속의 공원으로 자리하고 있다.

공원 내에는 대통령 관저나 구 제국 의회 의사당이 있고, 동물원과 같은 공간도 있어 시민들을 위한 즐거운 놀이터가 되어 준다. 공원 가장 중심에는 전승 기념탑이 있는데, 이 탑은 프랑스와 덴마크, 오스트리아 – 헝가리 제국과 프로이센

위치 U반 Hans platz 역에서 도보약 5분

제국이 1864년부터 1870년까지 벌였던 프로이센 전쟁에서 승리한 것을 기념하기 위해 세워졌다. 〈베를린 천사의 시〉 영화 속에 등장하는 천사 동상으로 더욱 기억에 남는 곳이기도 하다. 전승 기념탑에 오르면 베를린 시내를 한눈에 내려다 볼 수 있다.

프랑크푸르트 Frankfurt

베를린은 독일의 수도이지만, 독일을 여행하는 사람들 대부분은 베를린보다 프랑크푸르트를 더 쉽게 만나게 된다. 프랑크푸르트가 독일의 경제와 문화 수도로서 자리하고 있기 때문이기도 하며, 유럽에서 가장 크고 활기찬 프랑크푸르트 공항으로 운항하는 항공편들이 많아 독일로의 여행을 시작하게 되는 곳이기 때문이다.

뢰머 광장

Römer

위치 U반 Dom/Römer 역

뢰머 광장은 독일식 광장의 가장 대표적인 광장이며 프랑크푸르트의 중심이기도 하다. '뢰머'라는 말은 '로마인'이라는 의미를 가지고 있는 데, 원래 이곳이 고대 로마인들이 정착했던 땅이라는 의미에서 붙여진 이름이다.

광장이 만들어진 것은 15세기 초 프랑크푸르트가 도시로서의 모습을 갖추기 시작하면서 시에서 주변의 저택을 사들여 청사로 바꾸면서부터다. 저택 3개를 개조해서 만든 시청사에서는 신성 로마 제국의 대관식이 거행되는 등 광장은 오래 전부터 프랑크푸르트의 중심지 역할을 해 왔다.

광장 중앙에는 정의의 여신 유스티나의 동상이
있는 분수대가 있다.

빈 Wien

오스트리아는 유럽의 중심부에 위치해 있어, 서유럽과 동유럽의 다양한 매력들이 한데 어우러져 매력적인 모습으로 다가온다. 특히, 빈은 오스트리아의 수도답게 다양한 광장과 공원, 그리고 정원 등이 있다. 빈은 링(트램)이 도심을 둘러싸고 있는데 이 링을 중심으로 많은 광장과 공원이 있어 링을 따라 둘러보기만 해도 빈 대부분의 관광지를 만나게 된다. 복잡한 것 같으면서도 여유롭고, 여유로운 것 같으면서도 북적거리는 빈만의 독특한 광장과 공원을 만나 보자.

01

시청 광장
Rathaus Platz

유럽 대부분 도시의 시청 앞에는 넓은 광장이 있고, 이 광장에서 수많은 행사들이 열린다. 빈 역시 시청 앞 광장은 사시사철 많은 행사로 늘 북적이는 분위기를 이루는데, 가장 큰 행사로 여름에는 뮤직 필름 페스티벌이 열리고, 겨울에는 크리스마스 마켓이 열려 관광객과 시민들의 발걸음을 이끈다.

더불어 시청사는 뮤직 필름 페스티벌에서는 거대한 스크린으로 변하고, 크리스마스 마켓 때는 아름다운 조명으로 화려하게 변신한다. 그래서 시청 광장은 낮보다 밤이 더 아름답다.

위치 U반 Rathaus역

02

마리아 테레지아 광장

Maria Theresien Platz

위치 U반 Museumsquar tier 역

시청사에서 링(트램)을 따라 조금 내려오면 빈의 미술사 박물관과 자연사 박물관을 만나게 되는 데, 이 박물관들로 둘러싸인 광장이 바로 마리아 테레지아 광장이다.

마리아 테레지아는 오스트리아에서 자주 듣게 되는 이름이다. 그녀는 오스트리아 합스부르크 왕가의 여인으로, 유일한 상속녀였지만 여자라 는 이유로 왕권을 이어 받지 못하고, 그녀의 남 편인 로트링겐 공 프란츠 슈테판이 황제 자리에 올랐다. 하지만 그는 정치에 관심이 없었고, 마 리아 테레지아가 정치와 외교 등을 도맡았다.

미술사 박물관

자연사 박물관

그녀의 자녀들 중 10명은 합스부르크 왕가의 영
토 확장을 위해 정략 결혼을 하게 되는데, 그중
가장 유명한 인물이 바로 프랑스 루이 16세의
왕비 마리 앙투아네트다. 그만큼 마리아 테레지
아는 오스트리아뿐 아니라 유럽 전역에 영향력
을 뻗쳤던 인물이다.

광장 중앙에는 마리아 테레지아의 조각상이 세
워져 있다. 조각상의 오른편에 자연사 박물관이
있고, 왼편에 미술사 박물관이 있다. 미술사 박
물관은 유럽의 3대 미술관으로도 유명하다.

03

시립 공원
Stadtpark

위치 | U반 Stadtpark 역

빈 시립 공원은 빈을 소개하는 사진에 가장 많이 등장하는 요한 스트라우스 2세의 황금 동상이 있는 공원이다. 이 공원에는 요한 스트라우스 2세 외에도 빈을 대표하는 12명의 음악가의 동상이 세워져 있다.

그래서인지 이 공원에서는 음악가들의 연주회가 많이 열린다. 요한 스트라우스와 베토벤도 이 공원에서 자주 연주회를 열었다고 한다.

빈 도심에서 가까워 쉽게 찾아갈 수 있으며, 시립 공원에서의 여유로운 시간은 빈 여행이 가져다주는 달콤한 휴식이 될 것이다.

04

벨베데레 정원
Belvedere

빈에는 많은 궁전들이 있는데, 빈 구시가지에서 비교적 가까운 곳에 벨베데레 궁전이 있다. 이 궁전은 18세기 초에 사보이 왕가의 여름 별장으로 지어졌다.

궁전을 중심으로 넓은 정원이 조성되어 있는데, 광활하게 넓은 정원을 바라보고 있자면 가슴까지 시원해진다. 여름이면 아름다운 꽃들이 만발해 넓은 정원을 더욱 아름답게 만들어 준다.

프랑스식 정원으로 구성된 벨베데레 정원과 바로크 양식의 궁전이 조화를 이루며, 궁전의 상궁은 현재 19~20세기 회화관으로 사용되고 있어 이곳에서 클림트의 작품 〈키스〉를 만날 수 있다. 보기만 해도 달콤해지는 클림트의 작품과 아름다운 정원이 어우러져 빈을 더욱 사랑스럽게 만들어 준다.

위치 D, 18번 트램으로 벨베데레 궁전앞에서하차

05

쇤브룬
궁전의
정원

Schönbrunn
Palace

구시가지와 링에서 조금 벗어나면, 유럽에서 베
르사유 궁전과 더불어 가장 화려한 궁전이라고
일컫는 쇤브룬 궁전을 만날 수 있다. 이 궁전은
합스부르크 왕가의 여름 별장인데, 화려한 로코
코 양식으로 만들어졌다. 이 궁전의 정원은 당시
라이벌 관계였던 프랑스 부르봉 왕조의 왕궁이
었던 베르사유 궁전의 정원을 본 떠 프랑스식 정
원으로 만들어졌다.

잘 정돈된 프랑스식 정원을 산책하노라면, 마치
왕가의 일원이 된 것처럼 여유로움이 느껴진다.
산책하듯 쇤브룬 궁전의 정원을 여유롭게 걸어

보자. 쇤브룬 궁전을 방문하려면 시간적 여유를
갖고 가는 것이 좋다. 정원 구석구석은 물론, 궁전
내부도 화려한 볼거리들이 가득하기 때문이다.

쇤브룬 궁전의 거울홀은 당시 6살이었던 모차르
트가 마리아 테레지아 앞에서 첫 연주를 했던 곳
으로도 유명하다.

프라하 Praha

동유럽의 수도라고 불릴 정도로 동유럽을 대표하는 도
시가 바로 프라하다. 낭만이 있고, 문화가 있고, 음악이
있어 아름다운 프라하를 더욱 사랑하게 만드는 요인은
바로 광장과 공원이 아닐까 싶다.
동유럽의 중심지에서 만나는 광장과 공원은 어떤 모습
인지 찾아가 보자.

01

구시가지 광장

Staroměstské
Náměstí

프라하 구시가지의 중심에는 구시가지 광장이 있다. 이 광장은 프라하에서 가장 아름다운 건물들이 모여 있는 곳으로 르네상스, 바로크 등 다양한 건축 양식을 한 구시청사와 성 미쿨라셰 성당, 틴 성모 성당 등이 하나의 광장에 어우러져 있다.

광장의 중앙에는 얀 후스 동상이 세워져 있는데, 얀 후스는 가톨릭의 부패를 비판하다가 독일의 콘스탄츠에서 화형 당한 인물이다.

구시가지 광장은 프라하의 대표적인 중심 광장인 만큼 늘 다양한 행사들이 열린다. 음악 축제

위치 | Staroměstská 역에서 도보약 7분

를 비롯해, 크리스마스 마켓, 그리고 다양한 공연들이 끊이지 않아 이 광장에서 하루 종일 시간을 보낸다고 해도 지루할 틈이 없다. 아침부터 밤까지 시시각각 변화하는 광장의 모습을 보는 것도 프라하 여행의 또 하나의 재미가 될 것이다.

광장의 한쪽 시청사 건물에 있는 천문 시계는 매 시각 정각을 알려 주며, 인형극을 보여 준다. 그 인형극을 보기 위해 수많은 관광객들이 광장으로 모여든다. 비록 1분도 안 되는 짧은 인형극이지만, 이 시계가 1490년부터 이곳에서 시간을 알려 주고 있다는 생각을 한다면 그냥 지나치기에는 아쉬운 곳이다.

인형극이 펼쳐지는 매시 정각에는 모든 사람들이 상단을 쳐다보고 있기 때문에 특히 소매치기에 주의해야 한다.

02

바츨라프
광장

Václavské
Námestí

위치 Můstek 역에서 도보
약 1분

프라하의 신시가지를 대표하는 광장이다. 이 광장은 체코 국립 박물관에서부터 무즈텍 광장까지 이어지는 긴 대로를 말하는데, 한때 이 대로를 따라 체코인들이 자유·인권·민주를 향한 운동을 일으켰으며, 공산 독재 체재를 무너뜨린 벨벳 혁명을 일으켰다. 민주화를 향한 체코 시민들의 염원이 늘 이어졌던 곳인 만큼 이 광장은 체코의 미래를 대표하는 광장이기도 하다.

광장 주변으로는 레스토랑과 호텔, 쇼핑센터들이 들어서 있어, 프라하 여행객들의 즐거운 발걸음이 늘 이어진다.

03

페트르진
공원
Petrínská sady

위치 트램 12, 20, 22, 23번
Ujezd에서 페트르진 전망
대까지 도보 약 30분 또는
푸니쿨라로 약 10분

프라하는 광장 외에도 많은 공원들이 어우러져 있다. 프라하 성 근처에 있는 많은 공원 중에서 특히 사랑 받고 있는 페트르진 공원은, 페트르진 언덕 위에 세워진 정원으로 페트르진 전망대를 비롯해 페트르진의 미로 등 다양한 시설들이 함께 있다.

또한 전망 좋은 곳에는 카페나 레스토랑도 자리하고 있어 프라하에서의 낭만적인 시간을 보낼 수 있으며, 등산 열차인 푸니쿨라가 운행하고 있기 때문에 멋진 전망을 보기 위해 페트르진 언덕 위까지 쉽게 올라갈 수도 있다.

페트르진 언덕 위에 있는 페르트진 전망대는 1891년 국제 박람회를 개최하기 위한 기념으로 지어진 것으로, 파리의 에펠 탑을 모델로 만들어졌다. 이 전망대에 오르면 프라하 시내가 한눈에 내려다보인다.

04

레트나 공원

Letenské Sady

하나브스키 파빌온

위치 구시가지 광장에서 유대인 지구를 지나 Čechův most를 건넌 후 계단을 따라 올라간다.

프라하 성을 중심으로 오른편에 위치하고 있는 레트나 공원은 프라하의 블타바 강을 가장 아름답게 바라볼 수 있는 곳이다. 특히 해가 지는 시간에는 블타바 강의 노을을 바라보기 위해 많은 사람들이 공원으로 모여든다. 공원 내에는 거대한 메트로놈 조형물이 있어 한눈에 찾기 쉽다.

공원 내에 있는 하나브스키 파빌온 레스토랑은 노을 지는 블타바 강의 풍경을 바라보며 로맨틱한 식사를 즐길 수 있는 곳으로, 프라하를 소개하는 각종 영상에 빠지지 않고 등장한다. 예약은 필수다.

이탈리아 Italy 🇮🇹

이탈리아가 아름다운 것은 광장이 있기 때문이라는 말이 있을 정도로 이탈리아에서는 아름다운 광장과 아름다운 정원, 공원을 많이 만나게 된다. 이탈리아는 유럽의 다른 도시들과 같은 것 같으면서도 무언가 다른 이탈리아만의 매력이 있다. 이탈리아는 도시별로도 각기 다른 특색이 있기 때문에 봐도 봐도 지루하지 않다. 이탈리아의 번영과 함께 수 세기 동안 꾸준하게 사랑 받았을 광장과 공원을 살펴보자.

로마 Rome

이탈리아의 수도인 로마에는 특히 많은 광장과 공원이 있다. 이탈리아에서 특히 아름답고 유명한 광장이 이곳 로마에 대부분 모여 있기 때문에 로마에서는 광장을 꼭 둘러보아야 한다. 도심 속에 넓은 공원이 있고 크고 작은 정원들도 있어, 볼 것 많고 할 것 많은 로마에서 작은 휴식을 누려 볼 수 있다.

01

나보나 광장
Piazza Navona

위치 베네치아 광장에서 도보약 15분

로마에서 가장 아름다운 광장을 이야기할 때면 누구나 주저하지 않고 바로 나보나 광장을 손꼽는다. 원래 이 광장은 도미티아누스 황제에 의해 만들어진 전차 경기장이 있던 곳인데, 이 경기장이 없어지고 바로크 시대에 들어 경기장 모양이었던 긴 타원형을 그대로 유지한 상태로 분수대와 성당 등이 들어서면서 아름다운 광장으로 변하였다.

이 광장 안에 있는 세 개의 분수 중 가장 유명한 것은 광장 중앙에 있는 '4대 강의 분수'로, 베르니니에 의해 만들어진 이 분수는 겐지스 강, 나

일 강, 다뉴브 강, 라플라타 강 등 4대륙의 4대 강을 표현한 것이다. '4대 강의 분수'는 중앙에 세워진 오벨리스크와 함께 나보나 광장을 더욱 남성적인 매력이 넘치게 만들어 준다.

분수대 주변으로는 화가나 예술가들이 모여들어 광장의 분위기를 더욱 활기차고 아름답게 만들어 준다. 밤이 되면 더욱 아름다워지는 나보나 광장의 야경도 빼놓지 말자.

02

베네치아
광장
Piazza Venezia

왼쪽 건물이 베네치아 궁전

위치 Termini 역에서 도보
약 30분, 버스로 약 15분

로마의 중심에 위치한 광장이지만 베네치아 광
장이라 불리는 것은 이 광장이 베네치아 대사들
이 거주하던 궁전 앞에 만들어졌기 때문이다. 광
장의 중심에 보이는 하얗고 큰 건물은 이탈리아
를 통일하고 이탈리아의 제1대 국왕이 된 비토
리오 에마누엘레 2세의 기념관이다.

비토리오 에마누엘레 2세 기념관을 등지고 왼편
으로 보이는 갈색 건물이 베네치아 궁전으로, 이
궁전은 무솔리니의 집무실로도 사용되었는데,
제2차 세계대전 때 무솔리니가 궁중을 상대로
연설을 하던 베란다가 있어 더욱 유명하다.

03

캄피돌리오 광장

Piazza del
Campidoglio

베네치아 광장에서 비토리오 에마누엘레 2세 기념관 옆 계단을 따라 언덕을 올라가면 독특한 분위기의 광장을 만나게 된다. 바로 캄피돌리오 광장인데, 이 광장은 로마의 역사가 시작된 7개의 언덕 중 가장 좁고 높은 언덕에 만들어졌다.

광장은 시청사를 중심으로 양쪽으로 콘세르바토리 궁전과 누오보 궁전이 대칭을 이루며 둘러서 있다. 그리고 광장 중앙에는 마르크스 아우렐리우스 황제의 기마상이 세워져 있다.

1547년에 건설된 캄피돌리오 광장은 미켈란젤로가 설계한 것으로, 미켈란젤로의 건축물 중에서도 가장 아름다운 광장으로 손꼽힌다. 광장으로 오르는 코르도나타 계단은 위쪽이 넓게 설계되어 있어 실제보다 넓어 보이는 착시 현상을 일으킨다. 또한 광장 바닥의 기하학적 무늬는 위에서 보면 마치 하나의 큰 꽃과 같다. 시청사 우측으로는 포로 로마노가 한눈에 내려다보이는 전망대가 있다.

위치 베네치아 광장에서 도보 약 1분

04

스페인
광장
Piazza di Spagna

위치 Spagna 역

로마의 여러 광장들 중에서도 가장 유명한 곳은 스페인 광장이다. 이 광장에는 트리니티 성당까지 이어지는 137개의 계단이 있는데. 이 계단은 영화 〈로마의 휴일〉에서 오드리 햅번이 아이스크림을 먹는 장면 하나로 전 세계적으로 유명해졌다. 그래서 이 계단에는 항상 많은 사람들이 모여든다.

계단에서 정면으로 보이는 거리는 명품 브랜드가 즐비한 쇼핑 골목이다. 광장 중앙에는 베르니니의 아버지 피에르트 베르니니가 제작한 바르카치아 분수도 있어 광장을 더욱 아름답게 만든다.

05

포폴로
광장
Piazza del Popolo

위치 Flaminia 역에서 도
보약 3분

로마로 들어오는 관문이었던 포폴로 문과 로마의 오래된 거리인 코르소 거리 중간에 위치한 포폴로 광장은, 상당히 넓은 광장으로 '민중의 광장'이라는 뜻을 가지고 있다.

광장 가운데에는 황제 아우구스투스가 기원전 1세기에 이집트 정복을 기념해 가져온 36m 높이의 오벨리스크가 세워져 있고, 그 주변으로 사자 분수가 세워져 있어 시원한 물줄기를 뿜어낸다.

포폴로 광장은 쌍둥이 성당, 포폴로 문, 핀초 언덕 등에 둘러싸여 더욱 아름답게 보이며, 특히 핀초 언덕에서 바라보는 모습이 아름답다.

피렌체 Firenze

피렌체 역시 로마와 더불어 아름다운 광장이 많기로 유명하다. 골목 골목에서 만나게 되는 아름다운 광장들과 아르노 강변, 피렌체 시내를 내려다볼 수 있는 언덕 위의 광장 등. 피렌체만의 독특한 매력이 넘치는 광장을 둘러보다 보면, 왜 광장이 피렌체에 없어서는 안 되는 공간인지를 느낄 수 있다.

01

시뇨리아 광장

Piazza della Signoria

위치 피렌체 산타마리아 노벨라 기차역에서 도보 약 20분

피렌체에서 가장 대표적인 광장은 시뇨리아 광장이다. 이 광장은 수 세기 동안 피렌체의 정치적·사회적 중심지 역할을 해 온 곳으로, 지금도 피렌체의 시청사가 이 광장 한 켠에 들어서 있어 여전히 중심지로서의 역할을 이어 가고 있다.

피렌체의 시청사는 이 광장에 위치한 베키오 궁이다. 궁전 앞에는 넵튠의 분수와 미켈란젤로의 다비드상이 세워져 있고, 로지아 데이 란치 회랑에는 여러 조각상이 세워져 있어 광장이지만 마치 미술관과 같은 느낌을 준다.

광장 주변으로는 레스토랑이나 카페가 들어서

있어 더욱 아름다운 광장의 모습을 보여 준다.
과거 이 광장에서는 도미니크회 수도사인 사보
나롤라의 '허식의 소각'이라 불리는 예술품 파괴
가 이루어졌으며, 이후 반대파에 가짜 에언자로
몰린 사보나롤라 수도사의 화형이 이루어졌다.

02

미켈란젤로
광장
Piazzale
Michelangelo

위치 피렌체 중앙역에서
12, 13번 버스로 약 30분

아르노 강변의 아름다운 도시. 빨간 지붕이 매력적인 토스카나 주의 수도인 피렌체를 더욱 아름답게 만날 수 있는 곳이 바로 미켈란젤로 광장이다. 피렌체 중앙역에서 도보나 버스를 이용해서 갈 수 있는데, 언덕 위에 있는 광장이기 때문에 이곳에서 바라보는 전망이 매우 아름답다.

아르노 강변과 피렌체 시내가 한눈에 내려다보이고, 광장 중앙에는 미켈란젤로의 다비드상이 세워져 있어 광장 자체의 아름다움도 느껴진다. 노을이 지기 시작하는 시간에 올라가 야경까지 보고 내려오는 것을 추천한다.

시에나 Siena

피렌체에서 버스로 1시간 반 정도 거리에 위치한 시에나는 피렌체와 더불어 토스카나 지방의 주요 관광 도시로 손꼽힌다. 한때는 피렌체와 세력을 나란히 하며 앙숙으로 지냈지만 피렌체와의 전쟁에서 패한 후, 세력이 약해진 채로 지금까지 이어져 피렌체 근교의 조용한 중세 도시로 남게 되었다.

캄포 광장

Piazza del
Campo

위치 그람시광장에서도보
약 10분

중세 도시 그대로의 느낌을 간직한 시에나는 소도시를 좋아하는 사람들에게는 매우 좋은 여행지로 인기가 높다. 이런 시에나 여행의 중심에는 캄포 광장이 있다.

캄포 광장은 이탈리아뿐 아니라 다른 유럽 도시에서도 쉽게 볼 수 없는 아름다운 부채꼴 모양의 광장이다. 이탈리아에서도 가장 아름다운 광장으로 손꼽히는데, 마치 고대 원형 극장이 광장에 그대로 녹아 있는 듯하다.

이 광장을 제대로 보려면, 광장 한쪽에 있는 푸블리코 궁전의 전망대인 만자의 탑에 올라 보자.

만자의 탑에서 내려다보는 시에나의 빨간 지붕과 캄포 광장의 모습이 매우 아름답다. 더불어 광장 한쪽에 있는 가이아 분수도 하늘에서 내려다보면 더욱 아름답게 보인다.

매년 7월 2일과 8월 16일에는 시에나 최고의 축제인 팔리오 축제가 열려 광장은 축제의 장으로 변한다.

베네치아 Venezia

이탈리아에 있는 수많은 도시들 중에서도 특별한 매력이 있는 베네치아는 177개의 운하와 운하를 이어 주는 400여 개의 다리로 만들어진 수상 도시다. 중세 시대에는 아무도 넘볼 수 없는 이탈리아 최강의 공화국이었다는 것을 입증하듯, 베네치아 곳곳에는 화려한 건물들이 많이 남아 있다.

산 마르코 광장
Piazza San Marco

위치 기차역에서 도보 약 30~40분, 바포레토로 약 15분

산 마르코 광장은 '베네치아의 응접실'이라는 별명이 붙은 곳으로 정치·종교·문화의 중심지로서 지금도 그 역할을 하고 있다. 한쪽에는 산 마르코 대성당이 세워져 있는데, 이 성당 내에는 예수의 12제자 중 한 명인 마르코 성인의 유해가 모셔져 있다.

두칼레 궁전은 베네치아 공화국을 통치하던 사람들의 관저 역할을 했던 곳이며, 두칼레 궁전과 감옥을 이어 주는 '탄식의 다리'는 베네치아의 관광지 중에서도 특히 인기가 높다.

탄식의 다리는 한 번 건너면 절대 돌아올 수 없

는 다리라 해서 붙여진 이름인데, 이 다리를 건너 탈옥한 인물로 카사노바를 빼놓을 수 없다. 카사노바는 여성들의 도움을 받아 감옥에서 탈출했고, 산 마르코 광장의 카페 플로리안에 앉아 여유롭게 커피까지 마셨다는 일화가 전해진다.

카사노바가 커피를 마셨다는 카페 플로리안은 산 마르코 광장 한 켠에 자리잡고 있는 오래된 카페다. 유럽에서 가장 오래된 카페로 알려져 있으며, 라이브 음악 연주를 들으며 광장의 노천카페에 앉아 커피를 마시는 여유를 누릴 수 있어 관광객들에게도 인기가 높다.

산 마르코 광장을 제대로 내려다보려면 종루에 올라보는 것이 좋다. 종루는 광장 한쪽에 자리 잡고 있는데, 이 종루에 오르면 산 마르코 광장뿐 아니라 베네치아가 멋지게 내려다보인다.

스페인 Spain

유럽의 서쪽 이베리아 반도에 위치하고 있는 스페인은, 북대서양과 지중해 연안에 위치한 아름다운 나라다. 8세기 초부터 이슬람 세력의 지배를 받기도 했는데, 이슬람의 영향을 받아 유럽 중에서도 독특한 건축 양식과 문화를 가지고 있다. 다른 유럽 국가들에 비해 발길이 쉽지 않은 곳이기는 하지만, 일단 여행을 하면 유난히 구석구석 둘러보게 되는 나라이기도 하다. 도시의 중심지 역할을 하는 스페인의 광장을 만나 보자.

마드리드 Madrid

스페인의 수도인 마드리드는 스페인의 중심에 위치하고 있으며, 스페인의 정치와 경제 중심지 역할을 하고 있다. 물론 관광지로서는 마드리드보다 바르셀로나의 인기가 더 높지만, 마드리드도 결코 뒤떨어지는 곳은 아니다. 마드리드는 유럽에서 손꼽을 수 있는 광장들이 많고, 도심 곳곳에서 시민들의 휴식처가 되어 주는 공원을 만날 수 있다.

01

마요르 광장
Plaza Mayor

마드리드를 대표하는 광장으로 마요르 광장이 있다. 마요르 광장은 중세 시대의 느낌을 그대로 간직하고 있는 광장으로, 중세 시대에는 시장으로 사용되었다.

하지만 펠리페 3세 때부터 주요 행사가 열리는 광장으로 탈바꿈되었고, 스페인 왕실의 결혼식부터 투우 경기, 혹은 교수형을 치르는 등 크고 작은 다양한 행사들이 이곳에서 열렸다.

현재 모습의 광장은 19세기에 화재로 불타버린 광장을 재건한 것으로, 커다란 건물들이 광장을 에워싸고 있고, 다양한 카페와 레스토랑이 들어

위치 Sol 역에서 도보약 5분

서 있어 광장을 더욱 북적이게 한다. 광장 중앙에는 펠리페 3세의 기마상이 세워져 있다.

유럽에서 가장 큰 광장으로 손꼽히는 마요르 광장은 광장 전체가 축제의 장소처럼 늘 활력이 넘친다. 매주 일요일에는 우표 벼룩시장이 열리며, 12월에는 크리스마스 마켓이 열리는 등 아직도 광장에서는 크고 작은 행사들이 열린다.

시간이 된다면, 마요르 광장의 노천카페에 자리를 잡고 앉아 와인이나 맥주를 마시며 마드리드에서의 멋진 밤을 보내 보자.

02

푸에르타 델 솔 광장

Puerta del Sol

도시 간 거리를 측정하는
제로 포인트

위치 Sol 역

마드리드를 대표하는 광장이 마요르 광장이라면 솔 광장은 마드리드 관광의 중심지 역할을 한다. 마드리드의 중심에 위치한 솔 광장을 중심으로 스페인 각지로 통하는 10개의 도로가 방사선 모양으로 뻗어 나가는데, 이 도로의 시작 지점에는 제로 포인트가 있어서 도시와의 거리를 측정하는 기준점이 되어 준다.

솔 광장은 나폴레옹 군대가 스페인을 점령했던 1808년, 스페인군이 나폴레옹군과 최초로 대항했던 장소로도 알려져 있다. 당시 독립 전쟁을 위해 마드리드 시민들이 총기를 들고 폭동을 일으켰는데, 이 폭동에 참여한 시민들은 대부분 총살 당했다. 이러한 장면을 담은 고야의 그림 〈1808년 5월 3일〉을 보면 당시 상황을 조금 짐작할 수 있다. 이 작품은 마드리드 프라도 미술관에서 만나볼 수 있다.

광장 한 켠에는 소귀나무와 곰의 조각상이 있는데 이 조각상은 마드리드의 상징으로 여겨진다.

바르셀로나 Barcelona

스페인 제2의 도시인 바르셀로나는 수도인 마드리드보다 많은 사랑을 받고 있다. 지중해변에 위치해 여행하기 좋은 날씨 때문이기도 하지만, 바르셀로나를 더욱 사랑스럽게 만드는 것은 바로 천재 건축가 가우디 덕분이다. 가우디의 기적이라고 불리는 많은 건축물들이 바르셀로나 시내 곳곳에 남아 있어 많은 사람들이 가우디의 흔적을 찾아 바르셀로나를 방문한다.

01

카탈루냐 광장

Plaça de Catalunya

바르셀로나의 가장 중심이 되는 광장으로 카탈루냐 광장을 꼽을 수 있다. 카탈루냐 광장은 바르셀로나 관광의 중심지 역할을 하는데, 이 광장을 중심으로 그라시아 거리, 람블라스 거리가 이어지기 때문이다.

람블라스 거리는 특히 바르셀로나 여행에서 중심이 되는 거리다. 람블라스 거리를 따라 보케리아 시장이 나오고, 레이알 광장으로 이어지며, 구엘 저택이 나타난다.

위치 Catalunya 역

02

에스파냐
광장

Plaça d´Espanya

몬주익 언덕

메인 스타디움

위치 Pl. Espanya 역

카탈루냐 광장이 바르셀로나 여행을 시작하는 관광의 거점으로 사랑 받는 곳이라고 한다면, 에스파냐 광장은 바르셀로나 여행에서 관광지 역할을 하는 광장으로 사랑 받고 있다. 특히 광장 중앙에 있는 '마법의 분수'는 여러 조명과 함께 음악에 맞춰 환상적인 분수 쇼를 보여 준다.

이 광장을 시작으로 몬주익 언덕이 시작되는데, 몬주익 언덕에 오르면 바르셀로나 시내가 한눈에 내려다보인다. 1992년 바르셀로나 올림픽에서 황영조 선수가 마라톤 금메달을 땄던 메인 스타디움도 이곳 몬주익 언덕에 위치해 있다.

03

구엘 공원
Parc Güell

위치 Vallcarca 역에서 도보 약 15분 시간 10월~3월 10시~18시, 4~9월 10시~20시 홈페이지 www.parkguell.cat

가우디의 걸작으로 손꼽히는 이 공원은 바르셀로나 북쪽 언덕에 위치하고 있다. 가우디의 후원자였던 구엘 백작이 평소 동경하던 영국의 전원 도시를 모티브로 해서 만들고자 했던 주택 단지로, 모자이크 장식과 알록달록한 타일 조각들로 뒤덮인 구조물과 건물들이 어우러져 마치 동화 속 장소와 같은 느낌이 든다.

자연 그대로의 설계를 추구했던 가우디답게 이 지역의 지형을 그대로 적용해 만들어 나갔지만 공사 도중 자금난이 겹치면서 주택 단지는 미완성으로 남아 현재는 공원이 되었다.

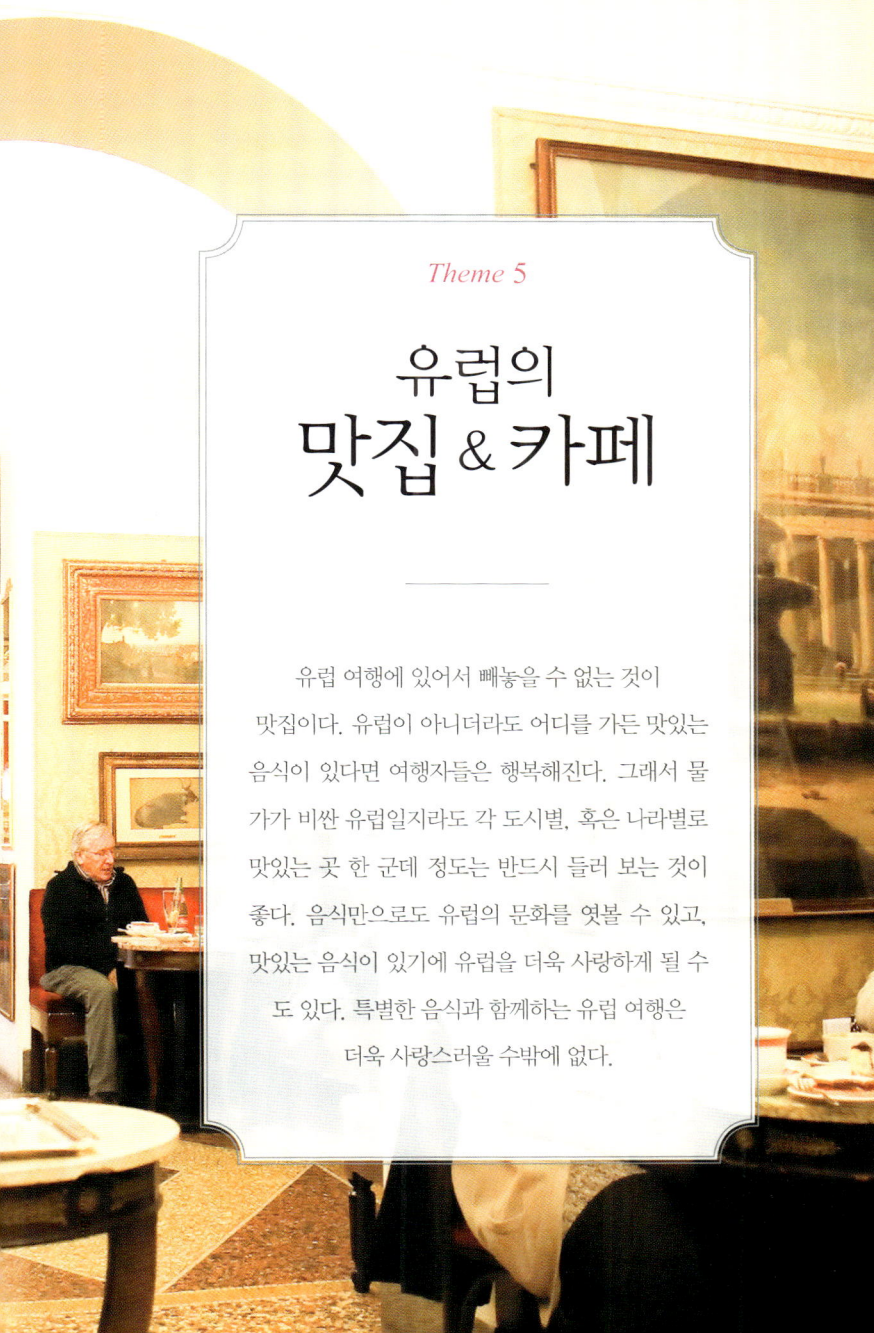

유럽의
맛집 & 카페

유럽 여행에 있어서 빼놓을 수 없는 것이
맛집이다. 유럽이 아니더라도 어디를 가든 맛있는
음식이 있다면 여행자들은 행복해진다. 그래서 물
가가 비싼 유럽일지라도 각 도시별, 혹은 나라별로
맛있는 곳 한 군데 정도는 반드시 들러 보는 것이
좋다. 음식만으로도 유럽의 문화를 엿볼 수 있고,
맛있는 음식이 있기에 유럽을 더욱 사랑하게 될 수
도 있다. 특별한 음식과 함께하는 유럽 여행은
더욱 사랑스러울 수밖에 없다.

런던 London

런던의 레스토랑

유럽에서 가장 맛집이 없는 도시로 유명한 런던이지만, 사실 찾아보면 런던에도 유명한 레스토랑이나 카페, 펍들이 많다. 맛이 없다는 평가가 있는 이유는 아마도 제대로 된 영국 음식을 손꼽기가 어렵기 때문일 것이다. 하지만 런던에는 특이한 음식은 없어도 특별한 레스토랑은 많다. 맛있는 음식과 개성 가득한 레스토랑을 방문해 보자.

01

제이미 올리버의 피프틴

Jamie Oliver's
Fifteen

주소 15 Westland Place,
London N1 7LP 전화
+44 20 3375 1515 시간
12시~15시, 18시~22시 홈
페이지 www.fifteen.net

세계적으로 유명한 요리사인 제이미 올리버가
운영하는 레스토랑 '피프틴'은 매년 15명의 견습
요리생을 교체하면서 영국의 실업 젊은이들을
요리사로 키워내고 있다.

학생들을 위해 건강한 식단을 개발해서 만들어
내는 것은 물론, 영국의 실업자들에게 자신의 재
능을 아낌없이 나눠 주는 제이미 올리버의 철학
이 담긴 곳이라고 할 수 있다.

이탈리아 요리를 중심으로 한 다양한 유럽의 요
리들을 영국의 식재료를 이용해 퓨전으로 만들
어 판매하고 있는데, 제이미 올리버라는 이름에
걸맞게 늘 인기가 높다. 피프틴에 방문하려면 미
리 예약을 하는 것이 좋다. 예약은 홈페이지를
통해서도 할 수 있다.

제이미 올리버는 전 세계적으로 명성이 있는 영
국의 요리사로, 영국의 록 밴드인 '스칼렛 디비
전'에서 드럼 멤버로도 활약하는 등 다방면으로
활동하는 미디어 스타다.

02

포트넘
앤 메이슨
Fortnum & mason

주소 181 Piccadilly, London
W1A 1ER 전화 +44 845
300 1707 홈페이지 www.
fortnumandmason.com

영국의 대표적인 홍차 전문점인 포트넘 앤 메이슨은 홍차를 판매하는 것뿐만 아니라 에프터눈 티 등을 즐길 수 있는 살롱도 함께 운영하고 있다. 런던에서 제대로 된 에프터눈 티를 즐겨 보고 싶다면 이곳 포트넘 앤 메이슨을 찾아가 보자. 하지만 워낙 인기가 높기 때문에 미리 예약하지 않으면 자리를 확보하기 어렵다.
예약은 홈페이지를 통해서 간단하게 할 수 있으니, 미리 예약을 하고 방문하도록 하자.

런던의 에프터눈 티는 영국의 귀족들이 즐기던 '오후의 홍차'를 이야기한다. 에프터눈 티는 17세기부터 시작되었는데, 이후 19세기 중반에 와서 더욱 빛을 보았다. 보통 점심과 저녁 사이 오후 3~4시경 출출한 공복의 시간에 귀족들끼리 모여 맛있는 홍차와 간단한 간식거리를 먹으며 사교를 이어 나간 데서 시작했다.

지금도 에프터눈 티는 고급 홍차 살롱이나 호텔 등에서 주로 맛볼 수 있어 여전히 귀족과 같은 느낌으로 오후의 출출함을 채울 수 있다. 가격은 상당히 비싸지만, 런던에서 럭셔리한 귀족 생활을 살짝 체험해 보기 위해서라면 한 번쯤 맛보기를 추천한다. 그중에서도 홍차 브랜드로 유명한 포트넘 앤 메이슨이 대표적이다.

Pub

런던의 펍

런던의 펍은 어느 곳을 가든 북적거린다. 특히 축구 경기가 있는 날이면, 펍에서 축구를 보기 위한 인파들로 발 디딜 틈이 없다. 북적거리는 곳에서 마시는 맥주 한잔이 처음 런던을 여행하는 여행객들에게는 참으로 이해되지 않는 풍경이다. 앉을 자리가 없으면 다른 곳에 가서 편하게 마시면 될 텐데, 굳이 북적거리는 곳에서 서서 먹으니 말이다.

하지만 조금 한가한 시간에 펍을 방문해 보아도 여전히 이해는 되지 않는다. 앉을 자리가 많이 있음에도 불구하고 런던 사람들은 서서 맥주를 즐기고, 심지어 추운 겨울에도 펍 밖의 골목에 서서 맥주를 마신다. 우리로서는 이해할 수 없는 문화지만, 런던을 여행한다면 런더너처럼 그들만의 방식으로 맥주를 마셔 보자. 런던의 펍 문화는 다른 유럽에서는 느낄 수 없는 매력이 있기에 런던을 여행하는 동안 반드시 펍에 가 보길 바란다.

01

램 앤 플래그

Lamb & flag

램 앤 플래그는 런던에서 가장 오래된 펍이다. 1623년에 생겨 400년이 지난 지금도 개점 당시의 모습을 유지하고 있다. 다만, 펍의 이름만 개점 당시의 Bucket of Blood에서 지금의 이름으로 바뀌었다.

찰스 디킨스가 단골로 삼았던 곳으로, 많은 유명인들이 드나들었다. 런던의 오래된 펍이 궁금하다면 이곳을 찾아가 보자. 위치도 코벤트 가든에서 가까운 곳에 있어 쉽게 찾아갈 수 있다.

주소 33 Rose Street, London WC2E 9EB 전화 +44 20 7497 9504 시간 월~목 11시~23시, 금~토 11시~23시30분, 일 12시~22시30분 홈페이지 lambandflagcoventgarden.co.uk

02

독 앤 덕
The Dog & Duck

램 앤 플래그가 런던에서 가장 오래된 펍이라면, 독 앤 덕은 런던의 펍 중에서도 가장 인기가 높은 곳이다. 특히 조지 오웰과 마돈나의 단골 펍으로도 잘 알려져 있다.

1층은 펍이고, 2층은 피시 앤 칩스와 같은 간단한 먹거리와 함께 맥주를 즐길 수 있는 곳이다. 소호 중심에 위치하고 있어 찾아가기 쉬우며, 벽면의 거울과 타일 장식이 유명하다.

주소 18 Bateman Street, London W1D 3AJ 전화 +44 20 7494 0697 시간 10시~23시 홈페이지 www.nicholsonspubs.co.uk/thedogandducksoholondon

03

셜록 홈즈
The Shelock
Holmes

셜록 홈즈라는 이름답게, 이곳은 코난 도일의 소설 《셜록 홈즈》와 관련된 것들로 가득하다. 맥주 맛도 잘 모르겠고 영국의 펍 문화가 어떤지도 별로 관심이 없다면, 우리에게 매우 익숙한 '셜록 홈즈' 테마로 가득한 이곳 셜록 홈즈 펍에 가 보자. 1층은 일반 펍처럼 꾸며져 있고, 2층은 셜록 홈즈와 관련된 소품들 사이에서 간단한 식사를 할 수 있다. 메뉴는 피시 앤 칩스와 같이 간단한 영국 음식들이 많다.

주소 10-11 Northumberland Street Westminster, London WC2N 5DB 전화 +44 20 7930 2644 시간 월~금 11시~23시, 일 12시 ~22시 30분 홈페이지 www.sherlockholmespub.com

파리 Paris 🇫🇷

세계 3대 요리 하면 중국 요리, 터키 요리와 더불어 프랑스 요리를 손꼽는다. 그만큼 프랑스는 요리의 천국이라고 할 수 있다. 그리고 프랑스의 수도 파리는 프랑스 요리뿐 아니라 전 세계 다양한 음식을 맛있게 즐길 수 있는 곳으로 유명하다. 파리에서는 레스토랑뿐 아니라 문인들이 모여 논쟁을 벌이던 유명한 카페들을 만날 수 있으며, 달콤한 디저트 마카롱도 제대로 맛볼 수 있다.

파리의 레스토랑

파리는 세계 어떤 요리를 가져다 놓아도 파리의 맛이 더해져 세상에서 가장 맛있는 요리로 탄생시키는 기적 같은 맛의 도시다. 이런 파리에서 레스토랑을 잘 선택하는 방법이라는 것은 딱히 없다. 그저 느낌 좋은 레스토랑에 들어가면 어지간한 요리들은 다 맛이 좋다.

그렇지만 조금 더 맛집을 찾고 싶다면, 관광지 주변은 피하고 하루 종일 영업하는 레스토랑보다는 점심과 저녁 시간에만 영업하는 레스토랑이나 관광객보다 현지인들이 많이 찾는 곳에 가 보자. 미슐랭 레스토랑 가이드북을 참고하는 것도 방법이다. 하지만 이도 저도 잘 모르겠다 싶으면 역사가 있는 곳으로 가자. 전통이 있는 곳들은 그 명성을 이어 가기 위해 꾸준히 노력하는 곳들이 많기 때문이다.

01

라 프티 셰즈

La Petite Chaise

주소 36 rue de Grenelle, 75007 Paris 전화 +33 1 42 22 13 35 시간 12시~14시, 19시~23시 홈페이지 www.alapetitechaise.fr

파리에서 가장 오래된 레스토랑인 라 프티 셰즈는 1680년부터 운영해 온 유서 깊은 곳이다. 부유층이 많은 동네에 위치해 있고, 파리에서 가장 오래된 레스토랑이라는 타이틀이 있지만, 그에 비해 코스 요리가 비싸지는 않아 파리 여행 중에 맛집을 방문하고 싶은 사람들에게 권하는 레스토랑이다.

전식 + 본식 + 디저트로 나오는 세트 메뉴를 35유로 정도의 금액으로 비교적 저렴하게 즐길 수 있다. 파리에서 가장 맛있다고 소문난 양파 수프가 라 프티 셰즈의 인기 메뉴로, 더불어 푸아그라나 달팽이 요리 등 프랑스에서 맛볼 수 있는 프랑스 전통 요리를 비롯해 소고기 스테이크, 양고기, 생선 요리까지 다양한 프랑스식 요리를 즐길 수 있다.

라 프티 셰즈는 파리 시내 중심에 위치하고는 있지만 여행객들이 주로 찾는 관광지와는 거리가 있어 여행 중에 일부러 시간을 내어 찾아가야 한다. 하지만 봉 마르셰 백화점이나 생 제르맹 데 프레 등의 지역을 방문하고자 할 때 함께 들르면 좋다.

폴리도르
Polidor

프랑스 전통 가정식 요리를 판매하는 곳으로, 1845년부터 운영해 온 전통 있는 레스토랑이다. 빅토르 위고를 비롯해 헤밍웨이 등이 단골로 애용하던 레스토랑이고, 영화 〈미드나잇 인 파리〉에도 등장해 인기가 높다.

코스 요리가 22~35유로 정도로 저렴한 편이고 인테리어나 종업원들의 서비스 등에서 프랑스의 어느 가정집에 초대 받은 듯 편안한 느낌이 든다. 파리에서 유명한 레스토랑과 맛집, 그리고 프랑스 가정식을 동시에 경험하고 싶다면 폴리도르를 추천한다.

파리 시내 중심에 있지만 주요 관광지와는 거리가 있어서, 생 미셸이나 오데옹 지역에 갈 때 함께 둘러보면 좋다.

주소 41 rue Monsieur Le Prince, 75006 Paris 전화 +33 1 43 26 95 34 시간 12시~14시 30분, 19시~0시 30분(일요일 ~23시) 홈페이지 www. polidor.com

마카롱 이외에도 아침 식사나 브런치, 간단한 식사도 가능하다. 아침에 라뒤레에 들른다면 프렌치 토스트도 맛보길 권한다.

라뒤레는 마들렌 근처의 지점이 본점이지만 상젤리제 등 파리 곳곳에 매장이 있고, 샤를 드골 공항 내에도 매장이 있어서 샤를 드골 공항에서 한국으로 출국한다면 마카롱을 선물용으로 구입해 가기에도 좋다.

주소 16 rue Royale, 75008 Paris 전화 +33 1 40 75 08 75 시간 살롱 월~목 8시 ~19시 30분, 금·토 8시~20시, 일·공휴일 10시~19시 홈페이지 www.laduree.com/fr_fr

03

앙젤리나

Angelina

주소 226 rue de Rivoli, 75001 Paris 전화 +33 1 42 60 82 00 시간 평일 7시 30분~19시, 주말 & 휴일 8시 30분~19시 홈페이지 www.angelina-paris.fr

앙젤리나는 프랑스의 유명한 디저트 중 하나인 몽블랑과 쇼콜라가 유명한 카페로, 파리에서 가장 오랜 역사를 가진 살롱드떼다. 1903년 처음 문을 열었는데 당시 이름은 랑푸르메이아 살롱이었지만, 1947년 다시 문을 열 때 경영주 부인 이름을 따서 앙젤리나라고 바뀌었다.

이곳은 특히 코코 샤넬의 단골집으로도 잘 알려져 있다. 코코 샤넬뿐 아니라 마르셀 프루스트, 오드리 햅번 등도 즐겨 찾았다고 한다. 호화로운 궁전 스타일의 실내와 튈르리와 오페라 근처에

있는 편리한 위치, 그리고 달고 맛있는 디저트와
진한 쇼콜라 등이 유명인들을 이곳으로 이끌었
을 것이다.

앙젤리나는 파리에서 가장 맛있는 몽블랑을 판
매하는 곳이지만, 사실 몽블랑은 엄청나게 단 디
저트이기 때문에 단것을 좋아하지 않는다면 여
럿이서 하나만 맛보기를 권한다.

04

니나스

Nina's

파리에서 만날 수 있는 홍차 카페 중 한 곳인 니나스 카페는 마리 앙투아네트가 즐겨 마시던 홍차로 유명하다.

1672년 피에르 디아즈에 의해 처음 만들어진 디스틸리 프레르(Distillerie Frères) 향수 회사가 베르사유 궁전에 향수를 공급하면서 인지도를 높이기 시작했고, 피에르 디아즈의 부인인 니나 디아즈의 이름을 따서 '니나스'라는 이름으로 향수 산업을 이어갔다. 그리고 1997년 드디어 니나스 티를 처음 선보이면서 유럽에서 사랑 받는 티 브랜드로 자리 잡게 되었다.

니나스 티룸은 방돔 광장 근처에 본점을 두고 있는데, 2013년 말 리모델링을 마치고 화사한 분위기로 재시작하면서 많은 사람들에게 파리의 대표적인 티 브랜드로 사랑 받고 있다.

니나스에서는 살롱도 함께 운영하고 있어서 마리 앙투아네트 티와 케이크 등을 맛볼 수 있고, 다양한 티를 맛보거나 구입할 수 있다.

주소 29 Rue Danielle Casanova, 75001 Paris
전화 +33 1 55 04 80 55
시간 화~토요일12시~19시
홈페이지 www.ninasparis.com

05

자크 제냉
쇼콜라트리

La Chocolaterie
de Jacques Genin

주소 133 rue de Turenne,
75003 Paris 전화 +33
1 45 77 29 01 시간 화
~일요일 11시~19시(토
요일 ~20시) 홈페이지
jacquesgenin.fr

라 메종 드 쇼콜라(La maison de chochlat)의
수석 쇼콜라티에였던 자크 제냉은 프랑스 쇼콜
라티에 중에서도 최고 중에 최고로 손꼽히는 인
물이다.

그가 자신의 이름을 걸고 초콜릿 가게를 시작한
곳이 바로 자크 제냉 쇼콜라트리인데, 그의 명성
에 걸맞은 맛있는 초콜릿을 만날 수 있다. 초콜릿
을 좋아한다면 파리 여행 중 꼭 한 번은 시간을
내서라도 가 보길 추천하는 곳이다.

자크 제냉 쇼콜라트리는 마레 지구에 위치하고
있지만 일반적인 관광지에서는 거리가 있기 때

문에 일부러 찾아가야 하는 번거로움이 있고, 영
업 시간도 짧은 편이다. 또한 규모가 작은 편이
어서 북적거리는 시간에 방문한다면 살롱에 앉
아 편안하게 쇼콜라를 즐기기 어렵다.

자크 제냉 쇼콜라트리에서는 쇼콜라쇼나 카페,
티와 같은 음료를 마시거나 밀푀유, 타르트 같은
디저트를 맛볼 수 있으며, 그의 이름을 걸고 하
는 곳인 만큼 맛은 보장되어 있다.

06

마리아주 프레르

Mariage Frères

주소 30 rue du Bourg Tibourg, 75004 Paris
전화 +33 1 42 72 28 11
시간 10시 30분~19시 30분 홈페이지 www. mariagefreres.com

파리를 대표하는 홍차 브랜드로 마리아주 프레르를 손꼽을 수 있다. 마리아주 프레르는 1854년에 처음 문을 연 이래로 지금까지도 꾸준하게 사랑 받고 있는데, 프랑스에서 최초로 차를 수입한 전통 있는 홍차 가게다.

마리아주 프레르의 홍차 종류는 500여 가지가 넘으며, 특히 사랑 받는 차로는 '마르코 폴로', '웨딩 임페리얼' 등이 있다. 본점에서는 차를 마실 수 있는 살롱과 식사를 할 수 있는 레스토랑도 함께 운영하고 있다. 에프터눈 티 혹은 가벼운 홍차로 파리에서의 여유로움을 즐겨 보자.

베네룩스 Benelux

벨기에   네덜란드   룩셈부르크

벨기에, 네덜란드, 룩셈부르크를 통칭하는 베네룩스는 유럽인들이 가장 사랑하는 도시 암스테르담, 맥주와 초콜릿으로 유명한 벨기에, 그리고 매력적인 룩셈부르크까지 있어서 유럽 여행에서 인기가 높은 지역 중 하나다. 베네룩스 지역은 특별한 먹거리가 있는 것은 아니지만 거리 곳곳에서 젊음이 느껴지고 활기가 넘친다. 특히 분위기 좋은 펍에서 마시는 맥주 한잔은 유럽 여행에서만 느낄 수 있는 가장 달콤한 맥주로 기억될 것이다.

베네룩스의 맥주

유럽에서 맛있는 맥주를 맛보기 위해 어느 나라로 가야 할까 고민이 된다면, 베네룩스를 추천한다. 물론 부드럽고 맛있는 맥주는 독일에서 더 많이 만날 수 있겠지만, 베네룩스의 암스테르담은 전 세계적으로 유명한 하이네켄의 본고장이며, 벨기에는 독특한 맥주 종류만도 1,000여 가지가 넘게 생산하고 있는 맥주 공화국이라고 할 수 있다. 맥주 마니아라면 당연 베네룩스 여행을 빼놓을 수 없다.

01

하이네켄
체험관

Heineken
Experience
암스테르담

하이네켄은 한국에서도 흔히 먹는 외국 맥주 중 하나로 전 세계 70여 개 나라의 공장에서 연간 122억 리터의 맥주를 생산할 정도로 전 세계적으로 인기가 많은 맥주 브랜드다.

하지만 하이네켄이 네덜란드 맥주라는 사실은 의외로 잘 모른다. 하이네켄은 1864년부터 시작된 전통 있는 맥주 회사로, 당시 남용되었던 도수 높은 알코올이 아닌 도수가 낮은 알코올로 고급스러운 술이라는 이미지를 만들어 갔다. 깔끔하고 고급스러운 품질의 술로 거듭났던 하이네켄은 '신사의 술' 이미지로 굳혀져 갔고, 맥주병은 당연히 갈색병이라는 선입견을 깨고 초록색 병을 도입해 크게 히트를 쳤다.

현재 하이네켄 체험장으로 사용되는 암스테르담의 공장은 1867년부터 1988년까지 맥주를 생산했던 곳으로, 현재 하이네켄 공장은 로테르담으로 위치를 옮겼다.

하이네켄 체험관에서는 하이네켄 맥주를 마셔 볼 수 있고, 하이네켄 맥주를 서빙할 수 있는 자격증을 받을 수 있는 등 볼거리와 즐길거리, 그리고 마실거리 등이 있는 체험 공간이 되었다. 또한 이곳에서만 판매하는 이름이 새겨진 하이네켄 맥주는 암스테르담 여행에서의 의미 있는 기념품 중 하나다.

주소 Stadhouderskade 78, 1072 AE Amsterdam 전화 +31 20 523 9222 시간 11시~18시 30분 위치 트램 16, 24번으로 Stadhouderskade 역에서 도보 약 1분 홈페이지 www.heineken.com

02

람빅 양조장 캉티용

Brasserie Cantillon
브뤼셀

주소 Rue Gheude 56, 1070 Anderlecht 전화 +32 2 521 49 28 시간 월~ 금 9시~17시, 토 10시~17시 요금 7유로 위치 Midi 역 에서 도보 약 10분 홈페이 지 www.cantillon.be

유럽의 맥주 하면 독일을 가장 먼저 떠올리지만, 맥주 하면 벨기에를 빼놓고 이야기하기가 쉽지 않다. 벨기에 맥주는 특히 유럽의 맥주 중에서도 최고로 손꼽히며, 다른 유럽 국가들과 달리 도수 가 강한 것이 특징이다.

벨기에가 다양한 맥주를 만들 수 있었던 이유는 독일과 달리 맥주 순수령이 없었기 때문이다. 벨 기에에는 1,000여 가지가 넘는 맥주 종류가 있 는데, 그중에서도 브뤼셀에서만 제조된다는 벨 기에식 전통 맥주인 람빅 맥주는 브뤼셀을 여행

할 때 한 번쯤 만나 보아야 한다.

캉티용은 1900년에 처음 문을 연 맥주 양조장으로, 지금까지도 전통 방식으로 맥주를 생산하고 있다. 이곳에서 만들어지는 람빅 맥주는 천연 발효 맥주라서 스파클링 와인 같은 느낌을 준다. 캉티용 양조장은 가이드 투어를 통해 둘러볼 수 있으며, 가이드 투어 후에는 이곳에서 만들어지는 두 가지의 전통 맥주를 시음해 볼 수 있다.

01

프리트

Frites

벨기에식 감자튀김을 프리트라고 하는데, 감자튀
김은 벨기에에서 시작된 음식으로, 벨기에를 여
행할 때 원조 감자튀김을 맛보는 것을 잊어서는
안 된다. 벨기에 곳곳에는 감자튀김 전문점들이
많아서 길에서 쉽게 감자튀김을 만날 수 있다.
한국에서 맛보는 감자튀김과 모양은 비슷하지
만, 더 바삭하고 다양한 소스와 함께 즐길 수 있
다. 맛있는 벨기에 맥주와 함께 곁들이기에 이보
다 더 좋은 간식은 없을 것이다.

02

와플
Waffle

감자튀김과 마찬가지로 와플도 벨기에에서 시작된 음식이다. 하지만 한국에서 맛보는 대부분의 와플은 미국식 와플이기 때문에 우리가 흔히 먹는 와플과 벨기에식 와플에는 차이가 있다. 벨기에를 여행한다면 벨기에식 와플을 한 번쯤 꼭 맛보길 바란다.

벨기에식 와플은 미국식 와플에 비해 조금 더 바삭하고 달지 않은 것이 특징이다. 또한 와플 위에 생크림이나 과일, 초콜릿 등을 곁들이기 때문에 바삭함과 달콤함을 동시에 느낄 수 있다. 거리 곳곳에서 와플 전문점을 쉽게 만날 수 있다.

BELGIAN CHOCOLATES

03

초콜릿
Chocolate

벨기에 하면 초콜릿을 떠올리게 되는데, 벨기에가 초콜릿이 유명한 이유는 전 세계적으로 유명한 초콜릿 브랜드의 대부분이 벨기에 브랜드이기 때문일 것이다.

벨기에 초콜릿은 프랄린 초콜릿이 대표적인데, 견과류나 크림 위에 초콜릿을 씌워서 만드는 미니 초콜릿으로 한입에 쏙 먹을 수 있어 더욱 인기가 높다. 프랄린 초콜릿의 대표적인 브랜드로 고디바, 노이하우스 등이 있다.

04

홍합 요리
Moules

벨기에 여행에서 빼놓을 수 없는 음식은 바로 홍합 요리다. 브뤼셀의 거의 대부분의 레스토랑에서 홍합 요리를 취급할 정도로 홍합 요리는 인기가 높다. 전 세계적으로 유명한 '벨기에식 홍합 요리'의 본고장인 벨기에에서 맛있는 홍합 요리를 만나 보자.

셰 레옹
Chez Léon

주소 Rue des Bouchers 18, 1000 Brussel 전화 +32 2 511 14 15 위치 그랑 플라스에서 도보 약 5분 홈 페이지 www.chezleon. be

브뤼셀에서 가장 유명한 벨기에 홍합 요리 전문점이다. 셰 레옹은 유럽 곳곳에서 만날 수 있는 '벨기에식 홍합 요리' 전문점 브랜드의 본점으로, 1893년에 문을 연 이래 지금까지 영업을 이어오고 있다.

벨기에식 홍합 요리의 특징은 냄비에 다양한 소스와 함께 홍합을 스튜 형식으로 만드는 것으로, 우리나라의 홍합탕과도 비슷하지만 그 재료나 맛에서 완전히 다른 느낌이 난다. 더불어 홍합을 오븐에 구워서 만드는 홍합 요리도 인기 있는 요리 중 하나다.

스위스 Switzerland 🇨🇭

스위스 하면 가장 먼저 떠올리는 음식은 누가 뭐래도 퐁듀다. 퐁듀는 알프스 지역에서 처음 시작된 스위스 전통 요리인데, 퐁듀라는 말은 원래 프랑스어로 'fonder(녹이다)'라는 뜻에서 유래되었다. 처음 퐁듀가 생긴 배경은 알프스 산간 지방에서 겨울에 눈은 많이 오는데 먹을 것이 떨어지자 집에 남아 있던 굳은 빵과 치즈 덩어리, 와인을 가지고 치즈를 와인에 넣어 끓인 후, 빵에 찍어 먹은 데에서 기인한다.

퐁듀는 꼬챙이에 빵을 끼워 치즈에 찍어 먹는 치즈 퐁듀가 일반적으로 알려져 있지만 우리 입맛에는 조금 맞지 않을 수 있으니, 맛있는 퐁듀를 맛보고 싶다면 고기를 기름에 튀겨 먹는 고기 퐁듀 '퐁듀 부르고뉴'를 추천한다.

✚ Plus Tip 퐁듀의 종류

치즈 퐁듀 우리가 일반적으로 알고 있는 퐁듀의 종류가 바로 치즈 퐁듀다. 냄비에 와인을 넣고 치즈를 녹여 끓이면서, 한입 크기로 자른 빵을 꼬챙이에 꽂아 녹은 치즈에 담가 먹는다.

퐁듀 부르고뉴 빵을 치즈에 찍어 먹는 일반적인 퐁듀가 아니라, 냄비에 기름을 붓고 끓인 후 꼬치에 끼운 다진 고기 등을 튀겨 먹는 것이다. 고기는 여러 소스에 찍어 먹기 때문에 다양한 맛을 느낄 수 있고, 치즈를 좋아하지 않는 사람도 맛있게 먹을 수 있다는 장점이 있다. 다만 치즈 퐁듀에 비해 가격이 비싸다.

퐁듀 시누아즈 우리나라의 샤브샤브와 비슷한 느낌의 퐁듀 스타일이다. 우리 입맛에는 치즈 퐁듀보다 더 잘 맞는 편인데, 야채와 고기 육수 스튜에 고기를 꼬챙이에 끼워서 익혀 먹는다. 고기를 끓였던 국물도 함께 먹는 것이 샤브샤브와 비슷하다.

퐁듀 하우스

Fondue House
루체른

주소 Eisengasse 15,
6004 Luzern 전화 +41
41 412 37 37 시간 매일 11
시~23시 위치 루체른 기
차역에서 도보 약 15분 홈
페이지 www.fondue-
house.ch

스위스에는 많은 퐁듀집들이 있지만, 아마도 가장 유명한 곳이 루체른에 있는 퐁듀 하우스일 것이다. 최근에는 TvN의 〈꽃보다 할배〉에 등장해 한국인들에게 더욱 인기가 높은 곳이 되었다.

이곳은 퐁듀의 맛이 좋고, 전통 방식의 라클레트와 같은 요리도 만날 수 있어서 먹는 재미와 보는 재미가 모두 느껴진다. 그만큼 인기가 높다 보니, 성수기에는 30분 이상 줄을 서야 할 정도인데, 평일이나 점심 시간에는 조금 여유가 있으니 느긋한 분위기에서 식사를 즐기고 싶다면 평일 점심 시간에 찾는 것이 좋다.

✚ Plus Tip 퐁듀 이야기

퐁듀에 관한 재미있는 이야기가 있다. 퐁듀를 먹다 여자가 떨어뜨리면 남자에게 키스를 해야 하고, 남자가 떨어뜨리면 와인을 구입해 마셔야 한다는 벌칙이다. 맘에 드는 남자와 함께 퐁듀를 먹는 여자라면 일부러 떨어뜨리는 것을 미리 연습해 놓는 것도 좋겠다. 물론 남자가 떨어뜨린 후 와인을 사고, 와인을 마시게 해서 여자가 떨어뜨리게 만든 다음에 키스를 받는 방법도 나쁘지는 않겠다.

독일 Germany

독일 음식 하면 대부분 '맥주'를 먼저 떠올린다. 독일은 다른 유럽 국가에 비해서 특히 맥주가 유명한 나라로 알려져 있기 때문이다. 독일의 맥주들은 독일에서만 맛볼 수 있는 맥주들이 특히 많은데, 16세기에 공표된 맥주 순수령을 통해 질이 높은 맥주를 생산할 수밖에 없었던 덕분이기도 하다.

독일의 음식 중에서 유명한 음식들은 맥주 안주로 곁들여 먹을 수 있는 음식들이 대부분이다. 소시지나 돼지족발 등은 맥주 안주로 딱 안성맞춤이라는 생각이 든다. 맥주를 좋아하는 사람이라면 독일로 맥주 여행을 떠나 보자!

✚ Plus Tip 맥주의 종류

맥주는 제조 과정에 따라 여러 종류로 나뉘는데, 크게 상온에서 발효되는 상면 발효 방식과 저온에서 장기간 발효되는 하면 발효 방식으로 나뉜다. 이 중에서 독일에서는 특히 하면 발효 방식으로 만들어지는 라거가 유명한데, 우리가 잘 아는 필스너나 옥토버 페스트 등이 라거 방식의 맥주다. 물론 상면 발효 맥주도 종류가 많다. 바이젠이나 베를리너 바이스 등이 상온에서 발효되는 상면 발효 방식의 대표적인 맥주라고 할 수 있다.

✚ Plus Tip 독일의 맥주 순수령

독일 맥주를 세계 최고로 만든 배경 중에는 맥주 순수령을 손꼽을 수 있다. 맥주 순수령은 독일에서 16세기 초반에 공표된 것으로, 맥주를 만들 때 맥주의 원재료인 보리 몰트, 홉, 물, 효모 이외의 재료를 사용하면 안 된다는 법령이다.

뮌헨 Munich

독일에서 맥주가 가장 유명한 지역은 고민할 필요도 없이 뮌헨이다. 뮌헨에는 독일에서 가장 유명한, 아니 세계에서 가장 유명한 맥주홀이 있으며, 세계 3대 축제 중 하나인 맥주 축제 '옥토버 페스트'가 열린다.

✚ Plus Tip 옥토버 페스트

뮌헨에서 매년 9월 셋째 주 토요일부터 10월 첫째 주 일요일까지 열리는 맥주 축제로, 세계 3대 축제 중 하나로 손꼽힌다. 1810년 처음 시작된 이래로 지금까지 세계적인 축제로 인기가 높다. 처음에는 바이에른 왕국의 황태자인 루트비히와 젝산의 테레제 공주의 결혼식을 기념해 1810년 10월 12일부터 17일까지 축제가 벌어진 것을 계기로 이듬해부터 같은 축제가 이어졌다.

당시 맥주 순수령과 제조법의 법률 등 다양한 제약에 의해 맥주를 생산하려면 매해 9월 말부터 다음해 4월 말까지만 가능했었는데, 새로운 맥주를 제조하기 전에 전 해에 만들어 놓은 맥주를 소비하기 위한 가을 축제를 열었던 것이 같은 시기 열렸던 결혼식 피로연과 합쳐져 맥주 축제로 바뀌게 되었다.

전통 있는 세계적인 축제 중 하나인 옥토버 페스트다 보니, 축제에 참여할 수 있는 맥주 회사도 한정적이다. 크고 작은 양조장이 많이 있지만, 뮌헨에서 선정한 6개 회사만이 옥토버 페스트에 맥주를 내놓을 수 있다. 6개의 회사는 아우구스티너, 하커 프쇼르, 호프브로이, 뢰벤브로이, 파울라너 그리고 슈파텐이다.

01

호프브로이
하우스

Hofbräuhaus

주소 Platzl 9, 80331 München
전화 +49 89 290136100 시
간 9시~23시 30분 홈페이지
www.hofbraeuhaus.de

독일에서 가장 유명한 맥주홀이 바로 호프브로이 하우스다. 호프브로이 하우스는 1589년 빌헬름 5세가 세운 곳으로, 처음에는 바이에른 왕가의 궁정 양조장이었지만 19세기 중반 일반인에게 맥주홀로 공개되면서 지금은 독일에서 가장 유명한 맥주홀로 자리를 잡았다.

맥주홀 규모도 상당한 크기다. 전 세계에서 가장 큰 규모의 맥주홀이라는 표현을 하기도 한다. 1, 2층으로 이루어져 있는데 3,000석 정도 되는 자리가 있다. 하지만 워낙 유명한 맥주홀이다 보니, 이 넓은 맥주홀이 사람들로 꽉 들어찬다. 긴

테이블로 이루어진 맥주홀에서 합석은 일반적이다. 세계 각지에서 모인 사람들과 자연스럽게 합석을 해서 맥주를 즐길 수 있다는 것만으로도 매력적인 분위기가 풍긴다.

맥주홀의 분위기는 바이에른 양식의 화려한 건축 양식에 홀에는 연주자들이 흥겨운 분위기를 연출해 주며, 서빙하는 사람들에게서도 독일 전통의 느낌이 물씬 풍긴다.

이 맥주홀은 유명인들도 단골로 찾았는데, 모차르트나 레닌 등이 이곳 호프브로이 하우스에 자주 들렀다고 한다. 그리고 나치당이 정권을 잡았을 때 히틀러가 이곳에서 종종 강연을 했다고도 하니 그 명성이 얼마나 대단한지 가늠해 볼 수 있다.

02

뢰벤브로이

Löwenbräukeller

주소 Nymphenburger
Straße 2, 80335 München
전화 +49 89 54726690
시간 10시~24시 위치
Stiglmaierplatz 역 부근
홈페이지 www.loewenb
raeukeller.com

뢰벤브로이 역시 호프브로이처럼 오랜 역사를
지닌 맥주 브랜드 중 하나다.

1333년 창업한 뢰벤브로이 맥주 회사는 이곳에
1883년 처음 맥주홀을 세운 이후 지금까지 운영
해 오고 있다. '사자의 양조'라는 뜻을 가진 뢰벤
브로이답게 비어홀에는 사자 조각상이 있고, 조
용한 분위기에서 레스토랑처럼 편하게 맥주를
즐길 수 있다.

뢰벤브로이는 뮌헨의 3대 맥주 중 하나로 손꼽
히기도 하며, 뢰벤브로이 오리지널 맥주는 세계
에서 가장 유명한 맥주 브랜드 중 하나다.

03

아우구스티너 브로이

Augustiner

주소 Frauenplatz8, 80331 München 전화 +49 89 23238480 시간 10시~24시 홈페이지 www.augustiner amdom.de

아우구스티너는 1328년 아우구스트 형제회 수도사들이 설립한 것인데, 뮌헨에서 가장 오래된 맥주 회사로 잘 알려져 있다. 특히 뮌헨을 대표하는 맥주 축제인 옥토버 페스트의 개막을 알리는 맥주가 바로 아우구스티너. 아우구스티너 맥주는 Hell, Edelstoff, Dunkel의 세가지 종류가 있는데, 에델스토프가 가장 대중적이다. 아우구스티너는 호프브로이나 뢰벤브로이보다 현지인들에게 더 인기가 높다. 맥주홀도 프라우엔 교회 옆에 위치한 맥주홀을 비롯해, 아우구스티너 켈리 등 여러 곳에 있어서 쉽게 찾을 수 있다.

오스트리아 Austria

오스트리아는 유럽 여행에서 대개 큰 비중을 두지는 않는 곳이지만, 알면 알수록 매력이 넘쳐나 소홀히 대할 수 없는 나라 중 하나다. 오스트리아는 주변 국가들이 영토를 둘러싸고 있는 지리적 특성상 음식과 카페 문화에서도 주변 국가들의 영향을 많이 받았다.

특히, 오스트리아는 커피가 생활의 중심이라고 할 수 있을 정도로 카페가 활성화되어 있다. 그리고 그만큼 유명한 카페들도 많아, 역사와 전통이 있는 유명한 카페들을 찾아가 보는 것만으로도 즐거운 여행이 된다.

빈 Wien

오스트리아의 수도인 빈에서는 오스트리아를 대표하는 각종 먹거리
와 카페 등 다양한 음식 문화를 즐길 수 있다. 골목을 걷다가 만나게
되는 오래된 카페나 레스토랑에서 즐기는 커피 한잔과 초콜릿 케이
크, 맛있는 슈니첼과 시원한 맥주 한잔은 빈 여행을 더욱 즐겁게 해
줄 것이다.

✚ Plus Tip 커피의 역사

유럽의 커피 역사는 빈으로부터 시작되었다. 커피가 오스트리아
에 처음 소개된 것은 17세기 중반이었는데, 1655년 오스만 제국
에서 파견된 대사의 접대로 오스트리아인들은 처음으로 커피를
맛보게 되었다.

하지만 본격적으로 커피가 오스트리아에 들어오게 된 것은 오스
만 제국과의 전쟁 이후 터키 군사들이 남기고 간 군수품에 섞여 있던 수백 포대의 커
피 알갱이 덕분이었다. 오스트리아 사람들은 그 알갱이가 무엇인지 몰랐지만, 오스만
에서 통역사로 활동했던 폴란드인 콜시츠키는 그것을 잘 알고 있었기에 커피 알갱이
를 본인에게 줄 것을 요청했다.

콜시츠키는 전쟁 동안 기독교 연합군 간의 연락책을 맡아 전쟁을 승리로 이끈 주역이
었기 때문에 오스트리아 사람들은 기꺼이 그에게 커피 알갱이를 내주었고 그가 지낼
수 있도록 시내 중심가에 집도 한 채 주었다. 콜시츠키는 이곳에 커피 하우스를 열어
처음으로 커피를 오스트리아에 알렸다.

물론 처음에는 커피 원두를 갈아 물에 넣고 끓인 진한 터키식 커피가 선보였지만, 이

것은 오스트리아인들의 입맛에 잘 맞지 않았다. 이후 1685년 요한 디오바토에 의해 필터를 이용해 커피 가루로부터 커피를 분리해 냈고, 이 커피에 우유를 넣어 부드럽게 만든 커피가 개발되었다.

이 부드러운 커피가 오스트리아인들의 입맛에 잘 맞아 커피가 대중화되면서 유럽 전체로 커피 문화가 자리를 잡게 되었다. '비엔나 커피'라는 용어는 이러한 커피의 역사에서 유래하였다. 하지만 실제로 빈에서는 비엔나 커피라는 이름의 커피는 없다.

오스트리아는 아직도 3시에 커피 타임을 지킬 정도로 커피 사랑이 유별나다. 여행 중 피곤이 몰려 오는 오후 3시쯤 빈에서 커피 타임을 가져 보자. 커피에는 진한 초콜릿 맛의 케이크 '자허 토르테'가 잘 어울리니 곁들여 먹어 보자.

멜랑게 melange : 오스트리아인들이 즐겨 먹는 커피로 우유와 커피를 반반씩 섞은 것이다. 우리가 흔히 마시는 '카페 라테'라고 생각하면 된다.

아인슈페너 Einspnner : '한 마리 말이 끄는 마차'라는 뜻으로, 마부가 주인을 기다리는 동안 즐겼던 휘핑 크림을 얹은 커피에서 유래했다. 보통 '비엔나 커피'라고 알려진 커피와 가장 비슷하다. 일반적으로 에스프레소와 물을 섞고 설탕을 넣은 후 휘핑 크림을 얹는다.

Café

빈의 3대 카페

빈에는 오랜 전통을 가진 카페들이 많다. 그리고 다양한 스타일의 커피들이 개발되어 커피 예술이라고 말할 수 있을 정도로 다양한 종류의 커피를 만날 수 있다. 그중에서도 특히 유명한 세 곳의 카페가 있으니, 시간이 된다면 세 곳의 카페를 모두 방문해 보자. 다 못 가더라도 한 군데 정도는 꼭 만나 보길 바란다.

01

카페
첸트랄
Café Central

카페 첸트랄은 1868년 처음 문을 연 이래로 지금까지 영업을 하고 있는 전통 있는 카페다. 럭셔리한 인테리어와 고풍스러운 느낌으로 더욱 사랑을 받고 있는데, 역사가 오래된 만큼 이 카페를 드나들던 유명인들도 많다.

클림트는 연인인 에밀리와 이곳에서 많은 시간을 보냈고, 페터 알텐베르크, 프로이트, 호프만슈탈 등의 인물들이 이 카페를 자주 찾았다.

카페 첸트랄 입구 쪽에는 페터 알텐베르크의 모형이 있는데, 페터 알텐베르크는 우리에게는 생소하지만 빈 시민들에게는 잘 알려진 작가다. 그

주소 Herrengasse 14, 1010 Wien 전화 +43 1 5333763 시간 월~토 7시 30분~22시, 일·공휴일 10시~22시 / 피아노 연주 17시~22시 홈페이지 www.palaisevents.at

는 이 카페를 자신의 주소지로 사용할 정도로 카페에서 대부분의 시간을 보냈다고 한다.

커피 한 잔을 마시며 지나가는 여자나 아이들을 관찰하면서 짧은 글로 소감을 남겼고, 그렇게 남긴 글들을 묶어 책을 내고, 그 이야기가 희곡이 되어 상연되기도 하는 등 카페 첸트랄을 드나들었던 인물 중에서 가장 대표적인 인물이라고 할 수 있다.

그가 남긴 카페에 관련된 짧은 글들은 아직도 인기가 높은데, 카페에 관한 글을 읽으며 카페 첸트랄에서 커피 한잔을 마셔 보자.

고민이 있으면 카페로 가자

그녀가 이유도 없이 만나러 오지 않으면 카페로 가자

장화가 찢어지면 카페로 가자

월급이 4백 크로네인데 5백 크로네 쓴다면 카페로 가자

바르고 얌전하게 살고 있는 자신이 용서가 되지 않으면 카페로 가자

좋은 사람을 찾지 못한다면 카페로 가자

언제나 자살하고 싶다고 생각하면 카페로 가자

사람을 경멸하지만 사람이 없어 견디지 못한다면 카페로 가자

이제 어디서도 외상을 안 해 주면 카페로 가자

― 페터 알텐베르크

02

카페 자허

Café Sacher

주소 Philharmoniker straße 4, 1010 Wien, 자허 호텔 1층 전화 +43 1 51456661 시간 매일 8시 ~24시 홈페이지 www. sacher.com/sacher-cafes/sacher-cafe-vienna

카페 자허는 자허 토르테가 탄생한 곳으로 인기가 높다. 자허 토르테는 두 개의 케이크 사이에 살구잼을 넣고 겉에 초콜릿을 입혀 만든 디저트로, 휘핑 크림과 함께 나오는데 달지 않은 이 휘핑 크림을 곁들여야 더 맛있게 먹을 수 있다.

자허 토르테는 오스트리아계 유대인인 프란츠 자허에 의해 처음 탄생되었다. 그리고 프란츠 자허의 아들인 에두아르드 자허가 데멜 베이커리에서 일할 때 아버지인 프란츠 자허가 만들었던 레시피를 완성하게 되었고, 이후에 호텔 자허를 시작하면서 본격적으로 호텔 1층에서 자허 토르테를

판매하기 시작했다.

이 카페는 빈 외에 잘츠부르크나 인스부르크 등
에도 분점이 있지만, 여행객들에게는 언제나 그
렇듯 본점이 가장 인기가 높다. 그래서 성수기나
주말이면 카페 자허를 이용하기 위해 긴 줄을 서
야 할 경우가 많다. 위치상 빈 오페라 하우스 바로
옆에 있어 관광객들이 쉽게 찾아올 수 있기 때문
이기도 하다.

자허 토르테를 한 번쯤 맛볼 생각이라면 긴 줄을
서야 할 경우라고 하더라도, 원조인 이곳 카페
자허에서 맛볼 것을 추천한다.

03

카페 데멜
Café Demel

주소 Kohlmarkt 14, 1010 Wien 전화 +43 1 53517170 시간 매일 9시 ~19시 홈페이지 www. demel.at

카페 데멜은 1786년부터 시작된 역사 깊은 카페다. 카페 데멜의 창립자인 루드비히가 빈으로 이사해 도넛과 사탕, 과자 등을 판매하기 시작하면서 역사가 시작되었다. 이후 과자나 빵 등을 제과점에 납품하면서 자리를 잡게 되었고, 그의 아들이자 첫 번째 조수였던 크리스토퍼 데멜이 1857년 데멜 제과점을 시작하면서 본격적으로 카페 데멜이라는 이름이 생겨났다.

지금의 카페 데멜은 1888년 현재의 위치로 이사해 지금까지 영업을 계속하고 있다. 이 당시 합스부르크 왕가의 왕실 베이커리로 선정되었기 때문에 왕실 근처로 이사를 하게 된 것이다.

자허 토르테는 카페 자허의 창립자인 에두아르드 자허가 이곳 데멜 베이커리에서 일할 때 완성한 레시피였고, 그가 카페 자허를 차리면서 그 레시피를 이용해 자허 토르테를 판매하게 되었는데, 에두아르드 자허의 부인이 죽은 후 호텔도 파산하게 되자, 그의 아들이 다시 이곳에 취직하게 되면서 자허 토르테라는 이름으로 이곳에서 케이크를 판매할 권리를 주었다.

하지만 1938년 자허 호텔의 새 주인이 다시 자허 토르테를 판매하기 시작하면서 원조 싸움이 붙었다. 결국 법정에서는 자허 호텔에게 원조라는 이름이 붙은 오리지널 자허 토르테(original sacher torte)라는 이름을 쓰게 해 주었고, 카페 데멜에게는 에두아르드 자허 토르테(Eduard Sacher Torte)라는 이름을 쓰게 하면서 싸움이 마무리되었다.

두 곳의 자허 토르테에는 약간의 차이가 있어서, 케이크 층에 들어간 살구잼이 2층에 올라간 것이 카페 자허 스타일이고, 살구잼이 1층에 올라간 것이 카페 데멜의 스타일이라고 한다. 어떤 것이 더 맛이 있는지는 스스로 평가하는 것이 좋다. 두 곳 모두 원조라는 이름을 붙이기에 손색이 없는 곳이기 때문이다.

오스트리아의 슈니첼과 립

디저트를 즐겼다면, 이제 맛있는 음식을 찾아보자. 오스트리아 하면 떠오르는 음식은 바로 슈니첼과 립이다. 어느 곳에서 먹어도 맛이 나쁘지는 않지만, 그 음식만을 전문으로 하는 유명한 곳들이 있으니 이왕 맛본다면 소문난 곳들로 가 보자.

슈니첼은 송아지의 넙적다리만을 이용해서 만든 돈가스로, 한국에서 맛보는 돈가스에 비해 상당히 얇은 두께와 큰 크기를 자랑한다. 소스는 레몬만 뿌려서 먹는데, 레몬 소스만으로도 충분히 부드럽고 맛있다.

01

피그뮐러

Figlmuller

슈니첼은 오스트리아식 돈가스로 오스트리아,
독일, 체코 등을 여행할 때 쉽게 만날 수 있는 전
통 요리다. 개인적으로는 오스트리아에서 맛보
는 슈니첼이 가장 맛이 좋았다.

이왕 오스트리아 전통 요리를 맛보기로 했다면,
특히 슈니첼로 유명한 피그뮐러를 방문해 보자.
피그뮐러는 유명하다는 그 명성만큼 맛도 뒤지
지 않는다. 특히 4대째 영업을 하고 있는 전통
있는 맛집이라는 점이 추천할 만한 이유다. 슈테
판 성당 근처에 있어서 여행 중에 쉽게 찾아갈
수 있다는 점도 장점이다.

워낙 유명한 맛집이다 보니 1호점과 2호점을 같
이 운영하는데, 도보 2분 정도의 거리에 떨어져
있다. 1호점은 보통 예약이 꽉 차는 경우가 많아
여행객들은 대부분 2호점을 이용하게 된다. 가게
는 똑같은 곳이라 어디에서 먹는다고 해도 맛이
달라지지 않으니 편하게 2호점으로 먼저 찾아가
는 것이 좋다.

피그뮐러의 슈니첼은 크기가 크기 때문에 2명이
함께 하나를 주문하고, 샐러드와 같은 사이드 메
뉴를 추가해서 먹는 것이 좋다.

피그뮐러 1호점 내부

피그뮐러 2호점 내부

1호점 : Figlmuller Wollzeile
주소 Wollzeile 5, 1010 Wien 전화 +43 1 5126177 시간 11시~22시 30분

2호점 : Figlmuller Backerstraße
주소 Backerstraße 6, 1010 Wien 전화 +43 1 5121760 시간 11시 45분~24시

피그뮐러 1호점　　피그뮐러 2호점

02

스트란트
카페

Strandcafé

주소 Florian-Berndl-Gasse 20, 1220 Wien 전화 +43 1 2036747 시간 10시~24시 위치 U1Alte Dorau 역에서 도보 약 10~15분 홈페이지 www.strandcafe-wien.com

스트란트 카페는 빈 시내에 위치한 곳은 아니지만, 빈에서 가장 맛있는 립을 맛볼 수 있는 레스토랑이다. 스트란트 카페에서 립을 한번 맛본다면 립이 이렇게 맛있는 음식이었나 싶을 것이다. 역에서 나와 도나우 강을 따라 쭉 걷다 보면 나타나는 스트란트 카페는 도나우 강을 바라보며 식사를 할 수 있는 야외석과 실내석이 있다. 실내에서도 큰 유리창을 통해 강을 바라보며 식사를 즐길 수 있다. 야외석에 앉으려면 예약은 필수다.

스트란트 카페의 립 메뉴는 하나밖에 없다. 양도 충분하니 2인이 1개의 립만 주문해서 먹고 추가로 맥주를 주문해 마시면 잘 어울린다.

03

호이리게

Heuriger

Heuriger Reinprecht
주소 Cobenzlgasse 22, 1190 Wien 전화 +43 1 32014710 시간 15시 30 분~24시 홈페이지 www.heuriger-reinprecht.at

호이리게는 호이리게 와인을 맛볼 수 있는 빈 외곽의 마을 이름이다. 빈 시청 근처에서 38번 트램을 이용해 그리닝 종점까지 30분 정도 가면 많은 레스토랑이 모여 있는 거리가 나온다. 이거리에서 아무곳이나 괜찮아 보이는 곳으로 찾아 들어가면 그곳이 바로 맛집이다.

레스토랑마다 호이리게라는 말이 적혀 있는데 호이리게는 이 마을을 대표하는 포도주를 의미하기도 하며, '선술집'이라는 뜻도 갖고 있다. 호이리게 와인은 그 해의 햇포도를 따서 만든 신선한 포도주로 오스트리아식 전통주를 말한다.

약 200년 전 전쟁으로 인해 와인 생산이 줄어들자 마리아 테레지아의 아들인 요제프 2세가 와인 생산자들에게 직접 만든 와인과 음식을 판매할 수 있도록 허락하였고, 포도밭 주인들이 직접 만든 와인을 판매하게 된 것이 호이리게 마을의 시작이 되었다.

와인을 마시다 보면, 어느덧 연주가들이 등장해 즉석 연주로 신나는 분위기를 연출해 주는데, 아리랑을 연주하는 연주자들도 쉽게 만날 수 있어 더욱 흥거워진다.

부다페스트 Budapest

오스트리아나 체코를 여행하게 된다면, 함께 여행하지 않을 수 없는 곳이 바로 부다페스트다. 부다페스트는 헝가리의 수도로 다른 유럽 도시들보다 훨씬 더 유럽 같은 느낌이 나고, 아름다운 야경이 있어서 더욱 사랑스럽다. 눈이 많이 내리는 겨울 여행이 굉장히 매력적인 곳이기도 하다. 또한 빈과 마찬가지로 역사적이고 멋진 카페들이 많아 카페 여행을 위한 곳으로도 좋다.

01

뉴욕 카페
New York Café

주소 1073 Budapest, Erzsébet körút 9-11 전화 +36 1 886 6111 시간 9시~24시 위치 Blaha Lujza Ter 역 근처에서 도보 약 3분 홈페이지 www. newyorkcafe.hu

세상에서 가장 아름다운 카페를 손꼽으라면 빠지지 않고 등장하는 곳이 바로 부다페스트에 있는 뉴욕 카페다. 물론 '세상에서 가장 아름다운'이라는 별명을 붙인 것이 누구인지는 모르겠지만, 혹은 뉴욕 카페에서 마케팅을 위한 홍보 문구로 사용한 것일지도 모르지만, 이 카페가 그 별명에 뒤지지 않을 정도로 아름다운 카페라는 것은 부정할 수 없는 사실이다.

뉴욕 카페는 원래 뉴욕의 한 보험 회사가 부다페스트 지점으로 건설한 '뉴욕 팰리스'라는 건물 안에 자리한 카페로 1894년 처음 문을 열었다.

그리고 지금까지도 처음 시작했을 당시의 호화로움을 유지하고 있어 고풍스러운 매력이 넘치는 전통 있는 카페다. 건물은 뉴욕 팰리스가 아닌 보스콜로 럭셔리 호텔로 이름이 바뀌었지만, 뉴욕 카페는 여전히 같은 모습을 유지하고 있어 더욱 매력적이다.

뉴욕 카페의 내부는 2층 구조로 되어 있는데, 위층은 '뉴욕 살롱'이라고 불리는 곳으로 유명 작가들이 주로 앉았던 곳이다. 그리고 아래층은 '깊은 바다'라는 별명을 가지고 있으며, 가난한 예술가들이 모여 있던 곳이다.

가격은 조금 비싼 편이지만, 부다페스트의 물가가 그렇게 비싸지 않다는 것을 감안한다면 여행 중에 럭셔리하게 커피 한잔을 마시기에 부담스럽지 않은 곳이다.

세상에서 가장 아름다운 뉴욕 카페에서 부다페스트 여행의 매력을 느껴 보자.

02

카페
루즈부름
Cafe Ruszwurm

주소 1014 Budapest,
Szentháromság utca 7
전화 +36 1 375 5284 시간
10시~19시 30분 홈페이지
www.ruszwurm.hu

카페 루즈부름은 1827년부터 영업을 시작한 곳
으로, 부다페스트의 카페 중에서 역사가 가장 오
래되었다. 카페 루즈부름은 부다 성과 마챠시 성
당 바로 앞 골목에 위치하고 있어 부다 성을 둘
러볼 때 함께 방문하기에 좋다.

하지만 카페 규모가 워낙 작고 북적여서 카페에
서 차를 마시며 여유를 즐기는 사람들보다 테이
크아웃하는 사람들이 더 많다.

또한 카페에서 판매하는 케이크는 부다페스트에
서도 최고 수준이라고 할 수 있다. 만약 카페 루
즈부름에서 커피 한잔의 여유를 즐기게 된다면

케이크도 함께 곁들여 먹어 보기를 바란다.
물론 케이크를 먹지 않는다고 해도, 부다페스트
에서 가장 오래된 카페를 방문한 것만으로도 충
분히 즐거움을 누릴 수 있다.

이탈리아 Italy 🇮🇹

이탈리아 음식은 세계 3대 요리에 속하지는 않지만, 전 세계적으로 가장 대중적으로 발전한 요리들이 많이 탄생되었다. 특히, 피자, 파스타 등의 요리는 전 세계 어디에서든 맛있게 즐길 수 있을 정도로 널리 보편화되었다.

피자, 파스타 외에도 젤라토나 커피 등 가벼운 디저트와 음료 역시 이탈리아에서 시작되거나 발전된 경우가 많다. 그래서 이탈리아를 여행할 때 식도락을 빼놓고는 이탈리아 여행을 제대로 즐겼다고 하지 못할 정도로, 이탈리아는 먹거리의 천국이다.

로마 Rome

로마에는 이탈리아 요리를 더욱 맛있게 즐길 수 있는 장소들이 많다. 레스토랑뿐 아니라 젤라토나 커피, 디저트 등을 맛있게 즐길 수 있는 장소들도 많으니 로마를 여행한다면 구석구석 숨어 있는 맛집을 찾아 가는 재미를 놓치지 말자.

Pizza & Pasta

피자 & 파스타

이탈리아 요리를 대표하는 피자와 파스타는 전 세계 어디서나 쉽게 만날 수 있는 가장 대중적인 요리다. 하지만 이탈리아에서 만나는 피자와 파스타는 다른 나라에서 만나는 피자, 파스타와는 그 느낌이 다르다. 원조의 나라이기는 하지만 한국인들의 입맛에는 어쩌면 한국에서 맛보는 피자와 파스타보다 맛이 없다고 생각될 수도 있다.

하지만 이탈리아에서 오래 머물다 보면, 그동안 맛집이 아니라고 생각했던 곳들이 충분히 맛이 괜찮은 집이었다는 것을 무심코 깨닫게 된다. 그만큼 이탈리아 스타일에 익숙해지기까지는 시간이 조금 필요하다. 그래서 짧은 시간 동안 이탈리아를 여행한다면 한국인의 입맛에 맞는 맛집을 찾는 것이 맛있는 이탈리아 음식을 즐길 수 있는 방법이다.

01

바페토
피자

Pizzeria
Da Baffetto

주소 Via del Governo Vecchio 114, 00186 Roma 전화 +39 06 686 1617 시간 월·수~금 18시~0시 30분(토·일은 12시 30분~15시 점심 시간도 운영) 휴무 화요일 위치 나보나 광장에서 도보 약 5~7분 홈페이지 www. pizzeriabaffetto.it

로마에서 피자를 이야기할 때 빼놓지 않고 등장하는 곳이 바로 바페토 피자다. 나보나 광장 근처에 있는 바페토 피자는 가족적인 분위기의 피자 전문점으로 평일에도 줄을 서서 먹을 정도로 인기가 높다.

줄을 서서 기다리더라도 로마에서 맛있는 피자를 맛보고 싶다면 참고 기다려야 한다. 로마에서는 우리 입맛에 맞는 피자를 찾는 것이 생각보다 어렵다는 것을 고려하면서 말이다.

바페토 피자는 일반적인 이탈리아 피자와 달리 토핑이 많이 올라간다. 버섯이나 덜 익은 계란 등 토핑이 풍성하게 올라가기 때문에 더욱 맛이 좋고 한국인들의 입맛에도 잘 맞는다. 이탈리아 피자의 특징에 맞게 도우가 얇은 것도 특징이다. 바페토의 인기가 높아져 2004년부터는 근처에 바페토 2가 함께 운영 중이다. 두 가게 모두 평일은 저녁에만 운영하고, 토~일요일에는 점심에도 문을 연다.

Baffetto 2
주소 Piazza del teatro di pompeo18, 00186 Rome
전화 +39 06 6821 0807

02

파스티
피초

Pastificio

주소 Via della Croce 8,
00187 Roma 전화 +39 06
6793102 시간 10시~19시
(파스타 요리 판매는 점심
이후)

파스티피초는 파스타용 생면을 만들어 파는 곳
으로, 오후 1시부터는 생면으로 만든 파스타를
저렴하게 판매하는 곳이다.

파스타는 면의 종류를 생면과 건면으로 나누는
데 우리가 흔히 집에서 해 먹는 파스타는 대체적
으로 건면을 사용하며 건면은 오일 소스나 간장
소스 등으로 가볍게 조리하는 파스타와 어울린
다. 반면 생면은 즉석에서 만드는 촉촉한 면 종
류로, 소스가 듬뿍 담긴 생면 파스타는 쫄깃한
식감을 그대로 느낄 수 있다.

생면 파스타를 판매하는 파스티피초는 스페인 계단 근처에 있어 찾아가기도 쉽다. 다만, 일반 레스토랑과는 달리 작은 판매점에서 주로 테이크아웃용으로 판매하기 때문에 앉아서 파스타를 여유롭게 즐길 수 있는 곳은 아니다. 하지만 작은 테이블이 몇 개 마련되어 있어 자리가 있다면 먹고 갈 수도 있다.

파스타는 그날그날 다른 두 가지가 판매되는데 실내에서 먹을 때에도 일회용 접시에 담아 준다. 한 접시에 4~5유로라는 저렴한 가격에 물과 하우스 와인이 공짜로 제공되어 주머니 가벼운 배낭여행객이나 가볍게 한 끼를 해결하려는 현지인들이 많이 찾는다. 저렴하고 가벼운 식사로 맛있는 생면 파스타를 먹어 보고 싶다면 파스티피초를 추천한다.

로마의 카페들

로마에서는 맛집만큼 많이 만나게 되는 곳이 카페다. 이탈리아는 특히 다른 유럽 나라들에 비해 카페가 유명한데. 우리가 흔히 마시는 아메리카노가 아니라 작은 잔으로 한입에 털어 마시는 에스프레소가 기본이다. 이탈리아에서 '커피' 하면 보통 에스프레소를 지칭하며, 이탈리아어로 에스프레소는 '카페(caffe)'라고 한다.

볼 것 많은 로마에서 신나게 돌아다니다 다리가 아플 때 쯤 카페에 들러 에스프레소 한잔을 마시며 여유를 즐겨 보자.

01

안티코
카페 그레코

Caffé Greco

주소 Via dei Condotti 86,
00187 Roma 전화 +39 06
679 1700 위치 스페인 계
단에서 도보 약 2분 시간 9
시~21시

스페인 계단 근처 콘도티 거리에 있는 안티코 카
페 그레코는 유럽에서 가장 유명한 카페 중 한
곳이다. 1760년에 문을 연 전통 있는 카페로 괴
테, 쇼펜하우어, 안데르센 등의 철학가와 문학가
들이 이곳을 드나들었다.

아직까지 개업 당시의 인테리어가 그대로 남아
있어 우아한 분위기에서 귀족 같은 느낌으로 로
마에서의 달콤한 휴식을 즐길 수 있다. 안데르센
이 사용했던 의자도 그대로 남아 있다.

명품 숍이 몰려 있는 콘도티 거리에서 쇼핑을 즐
기다가 잠시 휴식을 취하기에도 안성맞춤이다.

02

카페 드 파리

Café de Paris

주소 Via Vittorio Veneto 90, 00187 Roma 전화 +39 06 4201 2257 홈페이지 cafedeparisroma.eu

카페 드 파리는 영화 〈달콤한 인생〉의 배경으로 등장하면서 인기가 높아졌다. 〈달콤한 인생〉은 페데리코 펠리니 감독의 네오리얼리즘 영화로 이탈리아 영화를 최고의 자리에 올려 놓은 명작 이다. 이 영화 속 파파라초라는 사진 기자의 이 름에서 '파파라치'라는 단어가 생겨 났다고 한다. 카페 내부에는 영화 속 장면과 이곳을 찾은 유명 인들의 사진이 많이 걸려 있다. 카페가 있는 베 네토 거리는 럭셔리한 분위기의 거리로, 카페 드 파리의 테라스에 앉아 우아하게 커피를 마시며 로마에서의 달콤한 휴식을 취하기에 좋다.

03

타짜 도로

Tazza D'Oro

주소 Via degli Orfani 84,
00186 Roma 전화 +39
06 678 9792 위치 판테
온에서 도보 약 1분 시간 7
시~20시 홈페이지 www.
tazzadorocoffeeshop.
com

로마에서 커피를 이야기할 때 타짜 도로를 빼놓
을 수 없다. 타짜 도로는 커피 하나로 100년 넘
게 전통을 이어 오고 있는 곳으로, 앉아서 여유
롭게 커피를 마실 곳이 있는 것도 아니지만 커피
한 잔으로 로마를 사랑하게 만드는 묘한 매력이
넘친다.

로마에 왔다면 이곳 타짜 도로에서 에스프레소
한 잔을 마셔 보자. 에스프레소 외에도 카푸치
노, 에스프레소에 크림을 얹은 에스프레소 콘파
냐, 커피 셔벗에 생크림을 올린 그라나타 디 카
페 등이 인기 있으며, 커피 원두도 판매한다.

젤라토

이탈리아에서 꼭 먹어야 하는 유명한 디저트 중 하나가 바로 젤라토다. 젤라토는 일반적인 아이스크림하고는 그 느낌이 완전히 다른데, 아이스크림처럼 부드럽지만 셔벗 같은 느낌이 들고 재료 고유의 식감도 느껴진다. 이탈리아에서 젤라토는 어디를 가나 맛이 좋긴 하지만, 그래도 맛집으로 유명한 곳은 그만큼 이유가 있으니 로마에 왔다면 반드시 젤라토 맛집을 찾아보자.

01

지올리티
Giolitti

주소 Via degli Uffici del
Vicario 40, Roma 전화
+39 06 699 1243 시간 7
시~다음 날 2시 홈페이지
www.giolitti.it

이탈리아 하면 떠오르는 것, 바로 젤라토다. 로마에는 젤라토 맛집이 많은데, 지올리티는 100년이 넘는 전통을 자랑하고 있는 젤라토 맛집이다. 판테온에서 멀지 않은 곳에 있어 로마 시내를 여행하면서 쉽게 찾아갈 수 있으며, 다른 젤라토 전문점보다 과즙이 더 많이 첨가되어 있어 진한 젤라토의 맛을 느낄 수 있다.

가장 작은 사이즈가 2~3유로선이어서 부담없이 먹을 수 있다. 로마에서 딱 한 번 젤라토를 맛보겠다면 기필코 지올리티로 가자.

02

지오반니
파시

G.Fassi

주소 Via Principe
Eugenio 65, 00185 Roma
전화 +39 06 446 4740 시
간 화~목 12시~21시, 금~
토 12시~0시, 일 10시~21
시(여름에는 화~목, 일요
일 ~0시) 휴무 월요일 홈
페이지 www.palazzo
delfreddo.it

로마의 3대 젤라토 전문점 하면 지올리티와 올
드 브리지(명성에 비해 맛이 떨어져 따로 추천하지
않기로 한다), 그리고 지금 소개하는 지오반니 파
시가 있다. 지오반니 파시 역시 지올리티와 마찬
가지로 100년이 넘는 전통을 이어 오고 있는 곳
으로, 서울에도 지점이 있을 정도로 한국인들에
게 인기가 높다.

근방에 여행자 숙소들이 많이 모여 있어서, 이
근처 숙소에서 묵는다면 여행을 마치고 저녁 시
간에 여유롭게 젤라토를 먹을 수 있어서 좋다.
가격은 다른 젤라토 전문점들보다 저렴하다.

나폴리 | Napoli

'피자 먹으러 나폴리에 간다'는 말이 있을 정도로 나폴리는 피자의 본고장이다. 피자는 이탈리아의 가장 대중적인 음식으로, 지금은 전 세계적으로 대중적인 음식이기도 하다. 피자 종류만 해도 엄청난데, 그 많은 피자들 중에서도 가장 대중적인 '마르게리타 피자'가 나폴리에서 탄생되었다. '나폴리 피자' 역시 나폴리에서 탄생한 피자다.

하지만 나폴리에서 피자를 먹는다고 해서 '나폴리 피자'를 주문한다면 낭패를 볼 수 있다. 흔히 지역 이름이 들어가는 피자가 그 지역에서 가장 맛이 좋은 것이지만, 나폴리 피자는 매우 짠 멸치젓으로 만든 피자이기 때문에 나폴리에서 오래 머물러 보지 않은 사람이 하루이틀 안에 그 맛을 이해하기는 어렵다.

짜다는 생각만 하면서 먹게 될 수도 있으니 나폴리에서 피자를 먹는다고 해도 나폴리 피자는 피하는 게 좋다.

✚ Plus Tip 이탈리아 피자의 특징

이탈리아는 피자의 본고장이지만 우리나라에서 흔히 볼 수 있는 피자와는 모양부터 다르다. 우리나라의 피자는 도우가 두껍고 다양한 종류의 토핑이 올라가는 경우가 많은데, 이것은 미국의 영향을 받아서 그런 것이고, 실제로 이탈리아에서는 얇은 도우에 토핑도 심플한 것이 대부분이다.

이탈리아 다른 지역에서도 맛있는 피자를 먹을 수 있지만, 나폴리에서는 유독 더 맛있는 피자를 맛볼 수 있다. 진짜 이탈리아 피자를 맛보고 싶다면 나폴리로 가자.

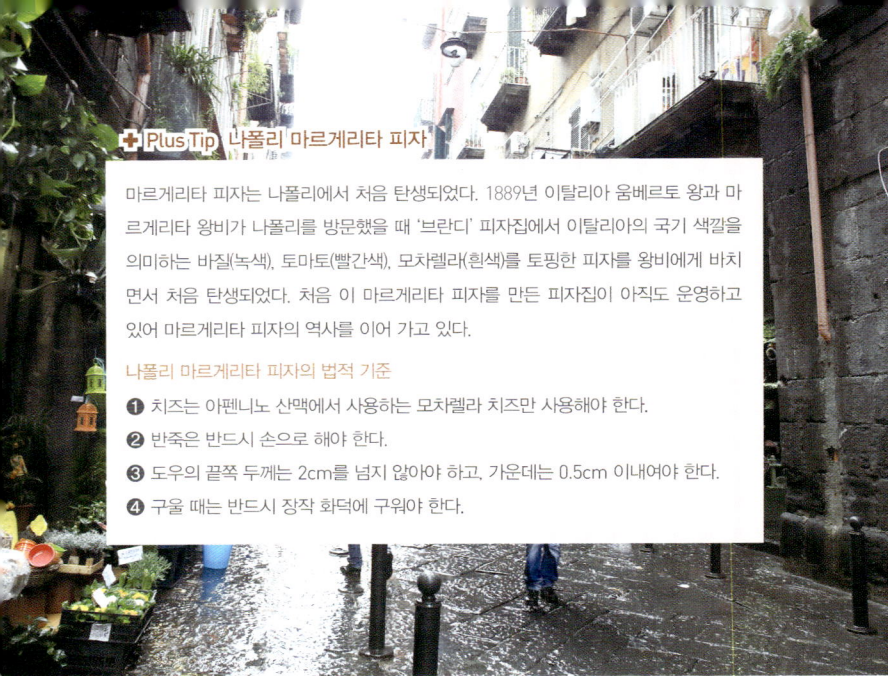

마르게리타 피자는 나폴리에서 처음 탄생되었다. 1889년 이탈리아 움베르토 왕과 마르게리타 왕비가 나폴리를 방문했을 때 '브란디' 피자집에서 이탈리아의 국기 색깔을 의미하는 바질(녹색), 토마토(빨간색), 모차렐라(흰색)를 토핑한 피자를 왕비에게 바치면서 처음 탄생되었다. 처음 이 마르게리타 피자를 만든 피자집이 아직도 운영하고 있어 마르게리타 피자의 역사를 이어 가고 있다.

나폴리 마르게리타 피자의 법적 기준

❶ 치즈는 아펜니노 산맥에서 사용하는 모차렐라 치즈만 사용해야 한다.

❷ 반죽은 반드시 손으로 해야 한다.

❸ 도우의 끝쪽 두께는 2cm를 넘지 않아야 하고, 가운데는 0.5cm 이내여야 한다.

❹ 구울 때는 반드시 장작 화덕에 구워야 한다.

Pizza

마르게리타 피자로 유명한 3대 피자집

나폴리에는 마르게리타 피자로 유명한 세 곳의 피자집이 있다. 한 곳은 처음 마르게리타 피자가 발명된 '브란디'이고, 다른 한 곳은 영화 〈먹고, 기도하고, 사랑하라〉에서 줄리아 로버츠가 피자를 맛있게 먹었던 '다 미켈레', 그리고 또 한 곳은 스파카 나폴리 한 켠에 자리하고 있는 '디 마테오'다.

세 곳 어느 곳을 가더라도 맛있는 마르게리타 피자를 맛볼 수 있으며, 그 피자 하나만으로 나폴리라는 도시와 사랑에 빠질 수 있을 정도로 맛이 좋다.

01

다 미켈레
Da Michele

주소 Via Cesare Sersale 1-3, 80139 Napoli 전화 +39 081 553 9204 시간 월~금 11시~22시 30분, 토 11시~23시 30분 휴무 일요일 홈페이지 www. damichele.net

나폴리에서 가장 유명한 피자집이 바로 다 미켈레다. 이곳은 평소에도 줄을 길게 서야 할 정도로 인기가 높은 곳으로 1870년부터 오랜 전통을 이어 오고 있다.

영화 〈먹고, 기도하고, 사랑하라〉에서 줄리아 로버츠가 피자를 먹으러 온 곳이 바로 이곳이다. 영화 덕분에 이 피자집은 더욱 유명세를 타게 되었다. 위치도 나폴리 중앙역에서 가깝기 때문에 나폴리 역에 잠깐 내려 피자만 먹고 돌아간다고 해도 시간상 가능한 곳이다. 기차역에서 도보로 15분 정도 소요된다.

02

디 마테오

Di Matteo

주소 Via dei Tribunali 94, 80138 Napoli 전화 +39 081 455262 시간 월~토요일 9시~24시 홈페이지 www.pizzeriadimatteo. com

스파카 나폴리의 중심에 있는 디 마테오는 1936년부터 영업을 해 온 피자집이다.

이곳은 더욱 서민적인 느낌의 피자집으로 테이크아웃이 많은 편인데, 1,000년의 역사를 간직한 구시가지 골목 스파카 나폴리의 한쪽에 자리를 잡고 테이크아웃해서 가져온 피자를 맛보는 것도 좋다.

늘 줄이 길기 때문에 테이크아웃을 하는 것이 가게에서 먹는 것보다 더 빨리 피자를 맛볼 수 있는 방법이기도 하다.

03

브란디

Brandi

주소 Salita Sant'Anna
di Palazzo 1-2, 80132
Napoli 전화 +39 081
416928 시간 화~일요일
12시 30분~15시, 19시 30
분~23시 30분 홈페이지
www.brandi.it

브란디는 1780년부터 피자를 만들어 온 전통 있
는 피자집으로 그 역사만으로도 인기가 높은데,
1889년 나폴리를 방문한 마르게리타 왕비에게
바친 마르게리타 피자가 이곳에서 만들어져 더
욱 유명해졌다.

마르게리타 피자는 이탈리아의 국기 색깔을 상
징하는 바질, 토마토, 모차렐라를 토핑으로 얹는
다. 원조 마르게리타 피자의 맛을 보고 싶다면
브란디로 가자.

피렌체 | Firenze

르네상스의 중심 도시 피렌체! 피렌체는 이탈리아가 가장 부흥했던 시절에 이탈리아의 르네상스를 이끌었던 대표적인 도시로, 아직도 르네상스 시대의 많은 문화유산들이 남아 있어, 이탈리아에서 가장 아름다운 도시 중 하나로 손꼽힌다.

부흥했던 도시라는 것을 뒷받침하듯, 피렌체에는 맛있는 먹거리가 풍부하다. 유럽 도시 중에서 가장 배불리 음식을 먹을 수 있는 곳 중 한 곳으로 피렌체를 손꼽기도 한다.

01

일 라티니
Il Latini

주소 Via dei Palchetti 6R, 50123 Firenze 전화 +39 055 210916 시간 화~일요 일 12시 30분~14시 30분, 19시 30분~22시 30분 홈 페이지 www.illatini.com

티본 스테이크는 피렌체에서 탄생한 음식이다. 소의 안심과 등심 사이에 있는 T 자형 뼈 부분에 있는 부위로 요리한 스테이크로, 안심 스테이크 와 등심 스테이크를 동시에 맛볼 수 있어서 인기 가 높다.

피렌체에서는 티본 스테이크를 맛볼 수 있는 곳 이 많은데, 그중에서도 특히 일 라티니 레스토랑 이 가장 유명하다. 줄을 서서 기다리더라도 피렌 체에 왔으면 일 라티니의 티본 스테이크를 꼭 맛 보도록 하자. 티본 스테이크는 1kg 단위로 판매 하며 양이 무척 많다.

02

트라토리아
자자

Trattoria ZàZà

주소 Piazza del Mercato
Centrale 26, 50123
Firenze 전화 +39 055
215411 시간 11시~23시

티본 스테이크로 유명한 또 한 곳이 바로 트라토
리아 자자다. 어쩌면 일 라티니보다 한국인들에
게는 자자 레스토랑이 더 인기가 높을 수 있는
데, 그 이유는 한국인들이 좋아하는 스타일의 스
테이크를 판매하고 있기 때문이다.

원래 티본 스테이크는 피가 흥건할 정도로 레어
급으로 먹는 것이 특징인데, 레어급 스테이크를
먹지 않는 사람들에게는 그것이 낯설기만 하다.
그래서 조금 더 알맞게 구워진 자자 레스토랑의
티본 스테이크를 찾는 사람들도 있다. 많이 구워
졌다고 해도 고기는 충분히 부드럽다.

오리지널 스타일의 티본 스테이크를 맛보고 싶
다면 일 라티니를, 한국인의 입맛에 맞는 티본
스테이크를 맛보고 싶다면 트라토리아 자자를
추천한다.

베네치아 Venezia

이탈리아의 아름다운 수상 도시. 베네치아는 다른 도시들과는 특별하게 다른 매력을 갖고 있다. 바다가 있는 도시지만 바닷가 같은 여유로움보다는 오히려 활기차고 낭만적이며 정열이 넘친다.

또한 골목길 대신 바다가 길이 되어 주는 곳이 많기 때문에 수상 버스가 유명하며, 이 수상 버스는 베네치아에서 없어서는 안 될 교통수단이다.

베네치아는 지리적·지역적 특색 때문에 식료품 가격이 다른 곳보다 비싸다. 또한 그만큼 신선한 재료를 구하기가 쉽지는 않다. 하지만

배가 오고 가는 곳의 특성상 다른 지역과의 무역이 활발해 외국의 문화를 가장 빠르게 받아들이는 곳이 베네치아이기도 하다. 유럽 최초의 카페가 이곳 베네치아에 있는 이유가 바로 그 때문일 것이다.

카페
플로리안

Caffè Florian

주소 Piazza San Marco, Venezia 전화 +39 041 520 5641 시간 9시~0시 홈페이지 www.caffeflorian.com

베네치아의 중심인 산마르코 광장의 중심에는 카페 플로리안이 있다. 이 카페는 1720년 문을 연 이래 지금까지 영업을 계속하고 있다.

유럽 최초의 카페가 바로 이곳이니 그 역사가 얼마나 대단한 것인지 짐작할 수 있다. 오랜 역사만큼 이 카페에 드나들던 사람들 중에는 유명인들도 많은데 괴테나 루소, 바이런, 바그너 등 문학과 예술 분야의 지성인들이 카페 플로리안을 찾았다.

지금은 베네치아를 여행하는 수많은 관광객들이 이곳 카페 플로리안을 찾고 있다. 커피 가격이

저렴하지는 않지만, 산마르코 광장에서 클래식 음악 연주를 들으며 느긋한 휴식을 취하기에 이곳만큼 좋은 곳은 없다.

물론, 클래식 음악 연주를 들을 수 있는 테라스에서 커피를 마신다면 연주 비용을 따로 지불해야 하니 주의하자. 실내에서 마시는 커피는 연주값을 따로 받지 않는다.

Theme 6

유럽에서의
쇼핑

그동안 유럽 여행이라고 하면,
대부분 관광지나 유적지 혹은 먹거리를 중심으로
여행을 떠났다. 하지만 최근에는 국내에서도 해외
직구나 구매 대행, 그리고 TV 방송을 통해 해외
제품들의 소개를 많이 접할 수 있다 보니, 유럽 여
행의 큰 목적으로 쇼핑을 손꼽기도 한다. 보는 것,
먹는 것보다 남는 것이 있어야 한다는 마음만 있으
면 누구든지 쉽게 유럽에서의 쇼핑을
즐길 수 있다.

런던 London

런던은 쇼핑을 좋아하는 사람들에게는 메카라고 할 수 있을 정도로 벼룩시장의 골동품부터 일상생활에 필요한 생필품, 그리고 명품 브랜드까지 다양한 상품들을 구입할 수 있는 곳이다.

런던을 여행할 때 쇼핑을 한 사람과 하지 않은 사람의 여행 만족도가 극과 극이라는 평가가 있을 정도로, 런던은 쇼핑의 천국이라고 할 수 있다.

런던은 브랜드 상품이 아니어도, 런던을 기념하기 위한

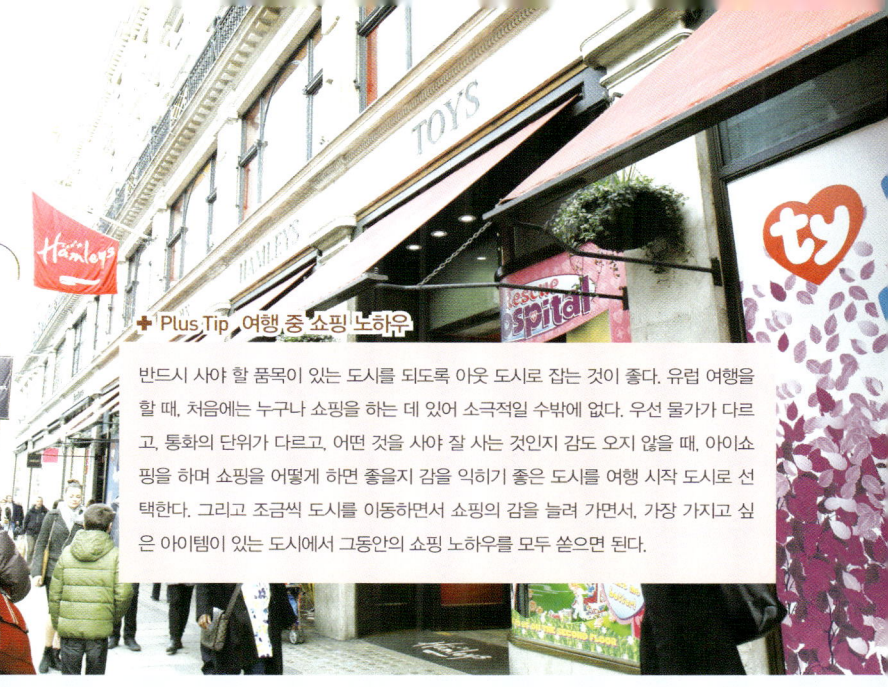

✚ Plus Tip 여행 중 쇼핑 노하우

반드시 사야 할 품목이 있는 도시를 되도록 아웃 도시로 잡는 것이 좋다. 유럽 여행을 할 때, 처음에는 누구나 쇼핑을 하는 데 있어 소극적일 수밖에 없다. 우선 물가가 다르고, 통화의 단위가 다르고, 어떤 것을 사야 잘 사는 것인지 감도 오지 않을 때, 아이쇼핑을 하며 쇼핑을 어떻게 하면 좋을지 감을 익히기 좋은 도시를 여행 시작 도시로 선택한다. 그리고 조금씩 도시를 이동하면서 쇼핑의 감을 늘려 가면서, 가장 가지고 싶은 아이템이 있는 도시에서 그동안의 쇼핑 노하우를 모두 쏟으면 된다.

기념품부터 각종 보세 옷들이나 액세서리까지 다양한 쇼핑 물품들이 여행객들의 시선을 사로잡는다. 특히 기념품 숍에서 흔히 볼 수 있는 빨간색 이층 버스는 구입하지 않고 돌아왔을 때 가장 후회되는 쇼핑 품목으로 손꼽히기도 한다. 런던에서는 굳이 구매하지 않는다 하더라도, 아이쇼핑을 즐기는 것만으로도 여행의 큰 즐거움이 될 것이다.

🛍 Must Buy It 이건 꼭 사야 해

런던을 여행할 때, 주머니 사정이 별로 좋지 않다고 하더라도 안 사면 후회되는 쇼핑 품목들이 있다. 유럽에서도 특히 쇼핑의 천국이라고 할 수 있는 런던! 런던에서 한 끼 식사를 덜 하고, 숙소 비용을 조금 더 절약해서라도 이 물건만은 반드시 지르자!

❶ 조말론 향수　　❷ 닐스야드 레미디스 와일드 로즈 뷰티밤　　❸ 포트넘 앤 메이슨 홍차

영국의 대표 브랜드

영국을 대표하는 브랜드를 떠올리자면 바로 '버버리'를 떠올릴 정도로 버버리는 영국의 대표 브랜드 중 하나다. 물론 고가의 명품 브랜드이기 때문에 쉽게 구입하기는 어렵지만, 런던을 여행하면서 버버리 매장에서 한 번쯤 아이쇼핑을 해 보자. 그러고 나서 아웃렛 매장을 찾으면 의외로 괜찮은 가격에 좋은 제품을 구입할 수 있다. 더불어 폴 스미스 역시 영국을 대표하는 브랜드 중 하나다.

01

버버리

Burberry

주소 21-23 New Bond St,
London W1S 2RE 전화
+44 20 7318 1368 홈페이
지 uk.burberry.com

영국 사람을 생각하면 떠올리는 트렌치 코트가
바로 버버리에서 탄생된 것이다. 트렌치 코트는
제1차 세계대전 때 영국 병사들이 입으면서 유
래가 되었는데, 버버리의 창업주인 토마스 버버
리가 '개버딘'이라는 직조 방식을 고안해서 튼튼
하고 내수성 높은 천을 만들어 장교들을 위한 코
트로 만든 것이 시작이다.

이 트렌치 코트는 '버버리 코트'라는 이름으로 불
렸는데, 1930년대부터는 패션의 아이콘으로 자
리하게 되었다. 그리고 1990년대부터는 여성을
위한 옷도 만들어 더욱 많은 인기를 끌었다.

버버리 매장은 런던 곳곳에서 만날 수 있지만, 2000년에 생긴 본드 스트리트의 플래그쉽 스토어가 다양한 제품들을 한눈에 볼 수 있는 가장 좋은 매장이다. 더불어 처음 문을 열었던 헤이 마켓에 위치한 본점은 플래그쉽 스토어 오픈과 함께 문을 닫았다.

버버리 팩토리 아웃렛

Burberry
Factory Outlet

런던 외곽에 위치한 버버리 팩토리 아웃렛은 버버리 상품들을 저렴하게 구매할 수 있는 곳으로, 운이 좋으면 정말 좋은 제품을 저렴한 가격에 구매할 수 있다. 하지만 인기 많은 제품들은 워낙 판매율이 높아서 정말 운이 좋아야만 득템할 수 있다.

그래도 대체적인 버버리 이월 상품들을 저렴하게 판매하기 때문에 여행 중에 버버리 제품을 구매할 생각이 있다면 한 번쯤 들러 보는 것이 좋다.

주소 29-31 Chatham Place, London E9 6LP
전화 +44 20 8328 4287 시간 월~토 10시~18시, 일 11시~17시
위치 Hackney Central 역에서 도보 약 5분

02

폴 스미스
Paul Smith

1970년에 폴 스미스에 의해 탄생했는데, 당시 노팅엄 뒷골목에 '남성을 위한 정장'이라는 문구로 작은 부티크를 오픈한 것이 시작이었다.

처음에는 일본의 패션 디자이너 다카다 겐조와 영국 디자이너 마가렛 하웰의 의상을 수집해 판매했는데, 1974년 이후 자체 브랜드 상품을 제작하면서 더욱 인기 있는 상점으로 자리를 잡았다.

특히 일본에 진출해 큰 성공을 거두어 지금도 일본 시장이 해외 매출의 40% 이상이 될 정도로 큰 비중을 차지하고 있다. 일본에서 인기가 있는 만큼 한국에서의 인기도 높다.

폴 스미스
웨스트본
하우스

Paul Smith
Westbourne
House

폴 스미스에서 운영하는 플래그십 스토어로 남성, 여성, 아동복 등 폴 스미스의 모든 컬렉션을 한꺼번에 둘러볼 수 있어서 폴 스미스 매장 중에서 가장 인기가 높다. 게다가 3층의 호화 저택을 개조한 만큼 매장을 구경하는 재미까지 있어 여행하듯 둘러보기 좋다.

주소 122 Kensington Park Rd, London W11 2EP 전화 +44 20 7727 3553 시간 월~금 10시~18시, 토 10시~18시 30분, 일 12시 ~17시 홈페이지 www.paulsmith.co.uk

폴 스미스
세일 숍

Paul Smith
Sale Shop

버버리와 마찬가지로 폴 스미스 역시 아웃렛을 운영하는데, 남성 상품을 40~70% 할인된 가격으로 구매할 수 있는 매장이라서 런던을 방문하는 남성 여행객들에게 인기가 높다. 본드 스트리트와 옥스퍼드 스트리트 사이 쇼핑 거리에 위치하기 때문에 편하게 찾아갈 수 있다.

주소 23 Avery Row, London W1K 4AX 전화 +44 20 7493 1287 시간 월~토 10시 30분 ~ 18시 30분, 일 12시~18시

선물하기 좋은 브랜드들

명품 브랜드에서 아이쇼핑만으로는 아쉬움을 느낀다면, 저렴하면서도 영국을 대표하는 브랜드로 전혀 손색이 없는 영국만의 브랜드를 쇼핑하는 것으로 눈을 돌려 보자. 화장품, 향수, 소품, 홍차 등 소중한 사람에게 줄 선물을 구입하기에 좋은 영국의 대표 브랜드를 소개한다.

01

캐스 키드슨
Cath Kidston

주소 28-32 Shelton Street, London WC2H 9JE 전화 +44 207 240 8324 시간 월~토 10시~19시, 일 12시~18시 홈페이지 www.cathkidston. com

캐드 키드슨이 어린 시절의 향수에 잠겨 빈티지 제품들을 모아 런던 서부의 한 매장에서 판매를 하면서 시작되었다. 이후 그녀는 자신만의 개성으로 독특한 상품들을 모아 새로운 제품들을 만들어 판매하기 시작했고, 곧 라이프 스타일의 인기 있는 브랜드로 자리 잡았다.

현재는 한국에도 매장이 있고, 전 세계 곳곳에 매장이 있을 정도로 전 세계인들의 사랑을 받고 있는 매력적인 브랜드다. 런던에도 여러 매장이 있지만, 코벤트 가든 부근에 있는 매장이 본점이다.

02

조 말론
Jo Malone

주소 11AKing Street, London WC2E 8HN 전화 +44 370 192 5771 시간 월~금 9시 30분~19시 30분, 일 12시~17시 휴무 토요일 홈페이지 www.jomalone.co.uk

영국 정통 브랜드인 조 말론은 향수의 대명사와도 같다. 특히 레드 로즈는 세상에서 가장 아름다운 7가지 장미를 조합해서 만든 향으로 유명하다. 은은하면서도 절제되어 있고, 유행을 타지 않는 무난함과 관능적인 순수한 매력으로 잘 알려져 있다.

향수뿐 아니라 보디크림, 디퓨저를 비롯해, 향초 등 향에 관한 다양한 제품들을 판매한다. 런던에는 코벤트 가든과 옥스퍼드 스트리트를 비롯해 여러 곳에 많은 매장이 있는데, 이 중 코벤트 가든 근처에 있는 매장이 본점이다.

![Neal's Yard Remedies storefront]

03

닐스야드
레미디스

Neal's Yard Remedies

주소 1 Neal's Yard, London WC2H 9DP 전화 +44 20 3119 5904 시간 월~금 9시 30분~17시 30분 휴무 토~일 홈페이지 www. nealsyard remedies. com

코벤트 가든 근처의 닐스야드 중심에 있는 닐스야드 레미디스는 유기농 화장품으로 유명한 상점으로, 약국과 같이 오가닉 제품을 많이 취급한다. 특히 이효리 클렌징으로 유명한 와일드 로즈 뷰티밤이 인기가 높다. 와일드 로즈 뷰티밤은 99% 오가닉 제품으로 클렌징이나 팩, 보습용 크림으로 다양하게 사용이 가능해서 간편하게 쓸 수 있는 제품이다. 단, 천연 제품이라서 개봉 후 3~6개월 이내에 반드시 사용해야 한다.

04

포트넘 앤
메이슨

Fortnum & mason

주소 181 Piccadilly, London
W1A 1ER 전화 +44 845
300 1707 홈페이지 www.
fortnumandmason.com

영국의 대표적인 홍차 전문점인 포트넘 앤 메이슨
은 1707년 식료품점으로 시작해, 지금은 식료품뿐
만 아니라 패션과 가정용품까지 취급하는 백화점
으로 자리 잡았다. 물론 가장 유명한 것은 홍차다.
무려 300년이 넘도록 홍차를 만들어 오고, 영국 왕
실에까지 납품하고 있기 때문에 품질만큼은 우수
하다. 홍차 외에도 이곳에서 판매하는 식료품들은
일주일에 한 번씩 버킹엄 궁전으로 배송된다.
매장 1층에 홍차 매장이 있으며, 4층에 살롱이 있어
에프터눈 티를 비롯한 티와 식사를 즐길 수 있다.

런던의 백화점

어느 나라를 가든지 백화점만큼 쇼핑하기 좋은 곳은 없다. 백화점이라는 말의 뜻답게 없는 것이 없어 백화점만 둘러봐도 하루가 훌쩍 지나간다. 특히 런던은 명품 백화점, 서민적인 백화점, 장난감 백화점 등 테마별로 백화점을 나눌 수 있어서 쇼핑의 특징에 맞게 둘러보기에도 좋다.

01

해로즈

Harrods

주소 87-135 Brompton
Rd, London SW1X 7XL
전화 +44 20 7730 1234
홈페이지 www.harrods.
com

세계에서 가장 화려한 백화점이자 영국 최고의 전통을 자랑하는 백화점이 바로 해로즈다. 지하를 포함해 총 6층으로 총 면적만 5만m²가 넘을 정도의 엄청난 규모다.

해로즈는 1849년 홍차 상인이었던 헨리 찰스 해로즈가 식료품 가게를 인수하면서 시작된 곳으로, 각 나라별 식품을 화려하게 진열하고 있는 식품 매장은 반드시 들러 봐야 한다. 150여 종에 이르는 해로즈 홍차 또한 유명하다.

흥미로운 사실은, 파리에서 다이애나비와 함께 의문의 교통 사고로 죽은 사람이 바로 해로즈 사장의 아들이었다. 이집트인이었던 모하메드 알 파예드의 장남인 도디 파예드와 다이애나는 사랑에 빠졌고, 지중해에서 휴가를 보낸 후 파리에 머물다가 파파라치를 피해 과속하던 중 파리의 지하차도에서 교통사고로 사망했다. 해로즈 백화점 지하 1층에는 이 두사람을 추모하는 공간이 마련되어 있다.

02

존 루이스
John Lewis

주소 300 Oxford St, London
W1A 1EX 전화 +44 20
7629 7711 홈페이지
www.johnlewis.com

해로즈가 세계에서 가장 화려한 백화점이라면, 존 루이스는 서민적인 백화점으로 유명하다. 그렇다고 저렴한 상품을 판매하는 곳은 아니다. 화려한 물품들보다는 주방 잡화나 패브릭, 가구 등 일상생활 용품을 주로 판매하는 백화점이다.

존 루이스 역시 1864년 옥스퍼드 스트리트에 처음 문을 연 백화점으로, 해로즈가 명품 쇼핑을 즐기는 해외 부호들과 런던의 부유층이 주고객이라면, 존 루이스는 실용성을 중요시하는 런던 시민들이 주로 이용하는 곳이다. 이곳의 제품들은 왕실 납품이 이루어질 정도로 품질이 좋아 인기가 높다.

03

햄리스

Hamleys

주소 188-196 Regent St, London W1B 5BT 전화 +44 871 704 1977 홈페이지 www.hamleys.com

런던의 백화점 중에서도 가장 재미있게 구경할 수 있는 곳이 바로 햄리스다. 이 백화점은 각종 기념품을 비롯해 다양한 장난감들을 판매하는 백화점이기 때문이다.

유럽에서 가장 큰 규모의 장난감 백화점으로 알려져 있는데, 영국 왕실에 장난감을 납품하고 있을 정도로 제품의 질도 좋다. 무려 200년 동안 이어 오고 있는 장난감 가게이기 때문에 단순히 아이들을 위한 장난감을 취급하는 곳이라고 생각하면 섭섭한 곳이다.

런던의 마켓들

런던의 쇼핑 여행을 더욱 풍성하고 재미있게 만드는 곳이 바로 마켓이다. 소위 벼룩시장이라고 생각하는 마켓들을 런던에서는 쉽게 만날 수 있다. 런던의 마켓에서는 마켓에서만 판매하는 특별한 제품들을 특템할 수 있다. 다른 나라의 벼룩시장에서 볼 수 있는 흔하고 저렴한 상품이 아니라 질 좋은 제품들도 쉽게 만날 수 있다. 쇼핑을 별로 좋아하지 않는다고 하더라도 런던의 마켓은 반드시 방문해 보자!

01

포토벨로 로드 마켓

Portobello
Road Market

위치 Notting Hill Gate 역에서 도보 약 5분

런던을 가장 대표적인 벼룩시장이 바로 포토벨로 로드 마켓이다. 매주 토요일이면 약 2km가 넘는 길에 가판대들이 세워져 더욱 북적거리는 큰 벼룩시장이 된다. 2,000여 곳 이상의 가게들이 들어서는 런던 최고의 시장이라고 할 수 있다.

이 마켓에는 영화 〈노팅힐〉에 나오는 노팅힐 서점이 있으니, 영화 속 장소도 둘러 보고 근처에 있는 폴 스미스 플래그숍 숍도 함께 방문해 보자.

인기가 많은 마켓이라 늘 사람들로 북적이니, 마음의 여유를 가지고 느긋하게 둘러보자.

02

캠든 타운
Camden Town

위치 Camden Town 역

언제 가도 북적거리는 벼룩시장의 분위기를 물씬 느낄 수 있는 캠든 타운은 특히 젊은이들에게 인기가 높은 마켓 타운이다.

게다가 주말에는 거리를 따라 벼룩시장도 열려 주말에는 더욱 많은 사람들로 북적인다. 벼룩시장의 규모로는 런던에서 최대 규모를 자랑한다.

벼룩시장이 열리지 않는 날이라고 하더라도, 캠든 타운에는 각종 먹거리, 쇼핑거리, 그리고 나이트 클럽이나 재즈 바들이 모여 있어 늘 북적거린다.

03

레든홀
마켓

Leadenhall Market

시간 월~금 10시~18시 휴
무 토~일요일 위치 Bank
역에서 도보 약 7분 홈
페이지 www.leaden
hallmarket.co.uk

레든홀 마켓은 아케이드형의 마켓으로, 채소와 과
일, 치즈 등을 파는 상점과 카페, 펍, 레스토랑 등이
들어서 있다. 14세기부터 있었던 시장이지만 1666
년 런던 대화재로 인해 무너지고, 이후 여러 차례
재건을 통해 1881년 지금의 모습을 갖추고 현재까
지 이어지고 있다.

복잡한 다른 마켓들에 비해 깔끔한 모습의 레든홀
마켓은 근처 직장인들이 자주 찾는 곳으로 주말에
는 문을 열지 않는다. 영화 〈해리포터〉에서 해리포
터가 지팡이를 사러 돌아다니던 시장이 바로 이곳
에서 촬영되었다.

04

버러 마켓
Borough Market

시간 월~목 10시~17시,
금 10시~18시, 토 8시
~17시 휴무 일요일 위치
London Bridge 역에서 도
보 약 1분 홈페이지 www.
boroughmarket.org.uk

서더크 지역에 있는 전통 시장인 버러 마켓은 비교적 관광지에 인접해 있어 여행 중에 쉽게 찾아가 볼 수 있다. 버러 마켓은 1276년부터 이어져 온 시장으로 현재는 세계적인 규모를 자랑하는 식품 시장으로 유명하다. 식료품 외에도 다양한 상품들을 판매하고 있으며 주변으로 쇼핑 상점들이 즐비해 마켓 구경과 쇼핑을 동시에 즐길 수 있다.

시장 옆에는 런던 최초의 고딕 양식 성당인 서더크 대성당이 있으며, 성당 옆쪽에는 영국의 해적선이라고 할 수 있는 범선 골든 하인드호가 세워져 있어 여행객들의 발길을 이끈다.

파리 Paris 🇫🇷

유럽 쇼핑 여행에서 빼놓을 수 없는 도시가 바로 파리
다. 아무리 긴 유럽 여행을 한다고 해도, 대부분의 여행
객들이 파리를 마지막 도시로 추천하는 이유가 바로,
유럽 여행에서 지친 몸을 쇼핑으로 마무리하겠다는 간
절한 바람 때문이기도 하다. 파리에서 꼭 보고, 꼭 사야
할 것들을 살펴보자.

🛍 Must Buy It 이건 꼭 사야 해

굳이 쇼핑에 목적이 없는 여행자라도, 파리에 오면 뭐라도 사가고 싶은 욕구가 생긴다. 그리고 유럽 여행의 마지막 도시가 파리라면, 더더욱 남은 현금을 어디에 써야 할지 고민이 되기도 하는데, 파리에서 사면 후회하지 않는 것들은 뭐가 있을까? 우선 김남주 오일이라고 불리는 눅스 오일은 머리부터 발끝까지 만능 오일이다. 잘 모른다고 해도 일단 사고 난 후, 누구에게 선물할지는 한국에 돌아가서 고민하는 것도 괜찮다. 그리고 메르시 팔찌와 벤시몽 테니스화도 파리 쇼핑에서 빼놓을 수 없는 필수 아이템이라고 할 수 있다.

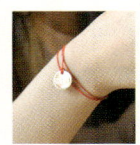

❶ 눅스 오일　　　❷ 메르시 팔찌　　　❸ 벤시몽 테니스화

프랑스의 대표 브랜드

프랑스는 패션의 나라답게 다양한 명품 브랜드들이 탄생한 곳이다. 한국인 뿐 아니라 전 세계 사람들이 선호하는 명품 브랜드가 대부분 프랑스에서 탄생한 것을 생각하면 프랑스가 '패션의 나라'라는 수식어가 붙은 것이 전혀 이상하지 않다. 루이비통, 샤넬, 에르메스, 그리고 까르띠에나 이브 생로랑 등이 모두 프랑스 브랜드다. 이런 명품 브랜드를 본토에서 쉽게 만날 수 있으니, 파리 여행에서 아이쇼핑만이라도 권하고 싶은 이유다.

01

루이비통
Louis Vuitton

주소 101 Champs-Élysées, 75008 Paris 시간 10시 ~20시(일요일 11시~19시)

프랑스를 대표하는 가장 대중화된 명품 브랜드는 바로 루이비통일 것이다. 루이비통은 이미 150년 이상의 전통을 자랑하고 있다. 루이비통은 처음 트렁크를 만들어 팔던 장인으로, 트렁크로 이미 인기를 누려 그 당시에도 모조품이 나올 정도로 인기가 높았다고 한다. 이후 그의 아들인 조르주 비통이 지금의 모노그램 캔버스를 탄생시키면서 루이비통을 더욱 유명하게 만들었다.

최근에는 마크 제이콥스를 영입해 더 세련된 현대 분위기까지 겸비해 가방뿐 아니라 의상이나 액세서리 등 다양한 품목을 판매하고 있다.

파리에서 루이비통 매장을 방문하고자 한다면, 이왕이면 상젤리제 거리에 있는 루이비통 매장을 찾아가 보자. 모든 품목의 상품들을 만날 수 있으며, 상젤리제 거리 중심에 위치하고 있어 관광지를 둘러보면서 편하게 방문할 수 있다.

02

샤넬
Chanel

주소 31 rue Cambon ,
75001 Paris 시간 월~토
10시~19시

한국 여성들이 가장 사랑하는 명품 브랜드 중 하나인 샤넬은 프랑스의 작은 마을에서 태어난 가브리엘 샤넬이 창시한 브랜드다. 샤넬은 어린 시절 수녀원에서 자라면서 바느질과 부엌일을 배웠고, 그녀의 패션 감각은 수녀원에서의 생활이 뒷받침되어서 훗날에도 블랙과 화이트 컬러의 디자인을 많이 선보였다고 한다.

샤넬은 처음에 모자를 만들어 팔았는데, 이후 옷도 만들면서 당시 전쟁 이후의 상황에 맞게 거추장스럽지 않고 편안한 옷으로 큰 인기를 얻었다. 누비식 속을 넣은 핸드백도 샤넬의 마스코트로 자리 잡으며. 샤넬 핸드백의 로고는 1955년부터 사용되었다.

샤넬의 본점이라고 할 수 있는 캉봉 거리의 매장은 1918년 처음 문을 열었다. 1921년에는 샤넬의 첫 번째 향수인 No.5가 탄생하고. 1955년에는 샤넬의 대표적인 핸드백인 클래식백이 탄생해 지금까지 인기를 이어 오고 있다.

이런 역사를 가진 샤넬을 파리 본점에서 만나 보는 것도 파리 쇼핑 여행의 재미다. 캉봉 거리에 있는 본점에서는 유일하게 하얀색 쇼핑백과 하얀색 상자에 제품을 담아 주어서 샤넬을 좋아하는 사람들의 구매 욕구를 크게 자극한다.

03

에르메스

Hermès

주소 24 Rue du Faubourg
Saint-Honoré, 75008
Paris 시간 월~토요일 10
시30분~18시30분

프랑스 명품 브랜드 중에서도 여성들이 가장 선호하는 브랜드로 에르메스가 있다. 에르메스는 1873년 티에리 에르메스에 의해 만들어진 브랜드로, 원래는 마구용품이나 안장 등을 만들고 판매하던 회사였는데 가방이나 지갑과 같은 가죽 제품들을 만들게 되면서 명품 브랜드로 자리잡게 되었다.

에르메스의 인기가 높아진 이유는 그레이스 켈리가 임신했을 때 볼록한 배를 가리기 위해 들었던 가방 때문이었는데, 그 덕분에 켈리가 들었던 가방의 별명이 켈리백이라고 불리게 되었고, 에

르메스에서 직접 그레이스 켈리를 찾아가 그 가방을 켈리백으로 불러도 되는지 허락까지 받을 정도였다.

또한, 최근에 가장 인기가 높은 가방은 버킨백인데, 에르메스의 5대손인 장 루이 뒤메 에르메스가 비행기에서 우연히 영국 출신 가수 겸 배우인 제이미 버킨의 가방을 보고 그를 위해 물건을 넣을 때 포켓이 있는 가방을 만들어 주겠다고 제안하면서 탄생하게 되었다.

그렇지만 에르메스 가방이 유명한 이유는 유명인들 때문만은 아니다. 에르메스는 프랑스 장인이 직접 손으로 제작하는 핸드메이드 제품이며, 주문하면 그때부터 만들어 소량만 제작한다.

그래서 돈이 아무리 많아도 쉽게 사지 못하는 가방이기 때문에 더욱 에르메스 가방에 열광하는 것일지도 모르겠다.

에르메스의 본점이 파리에 있으니 에르메스를 좋아하는 사람이라면 파리 여행 중 에르메스 매장을 찾아 즐거움을 누려 보자.

파리의 식품, 약품, 먹거리

파리는 프랑스를 대표하는 명품 브랜드의 본점이 있는 곳으로 유명하기도 하지만, 명품 브랜드 외에도 식품이나 약품, 혹은 먹거리 쇼핑을 위한 최고의 도시이기도 하다. 특히 파리의 약국은 약국 화장품이라고 불리는 약국에서 판매하는 다양한 화장품 브랜드 쇼핑의 천국이며, 최근에는 파리 여행 중 약국을 하나의 관광지로 방문할 정도로 필수 여행지가 되었다. 더불어, 홍차나 초콜릿 등도 파리에서 빼놓지 말고 살펴야 할 쇼핑 리스트 중 하나다.

바질 약국   몽주 약국

01

파마시

약국

Pharmacie

쇼셰 당탕 라파예트 약국

파리 여행에서 약국 화장품은 빼놓을 수 없는 쇼핑 리스트다. 바질 약국, 라파예트 약국, 몽주 약국, 시티파르마 약국 등 파리에는 일반 약국보다 더 많은 할인을 해주는 약국들이 있다.

'바질 약국'은 샹젤리제 부근에 위치하고 있어서 샹젤리제 여행과 더불어 방문하면 좋다. '라파예트 약국'은 오페라의 라파예트 백화점 바로 옆에 있기 때문에 백화점 쇼핑과 더불어 방문하면 좋으며, '몽주 약국'은 한국인 민박집들이 많이 모여 있는 곳에서 대체적으로 가까운 편이라 숙소 근처에서 쇼핑하고 싶어 하는 사람들에게 좋고, '시티 파르마'는 생 제르맹 데프레 성당 근처에 있어서 생 미셸 지역을 여행할 때 찾아가면 좋다.

유명한 약국에는 한국인들이 즐겨 찾는 품목들이 갖추어져 있고, 할인율도 비슷하기 때문에 동선에 맞는 약국을 선택하면 된다. 약국 화장품 쇼핑 베스트 목록으로는 김남주 오일이라고 불리는 '눅스 오일', 탈모에 좋은 '르네휘테르 샴푸', 고현정 크림으로 불리는 '달팡 수분 크림', '바이오더마 센시비오 H2O' 등이 있다.

쇼셰 당탕 라파예트 약국 Pharmacie Chaussée d'antin lafayette
주소 54 Rue de la Chaussée d'Antin, 75009 Paris 전화 +33 1 48 74 21 06 위치 7, 9호선 Chaussée d'Antin - Lafayette 역부근 라파예트 백화점 여성관 바로 근처 할인쿠폰 cafe.naver.com/90europe/480

바질 약국 Pharmacie Basire
주소 118 bis, avenue Victor Hugo, 75116 Paris 전화 +33 1 47 27 88 49 위치 Victor Hugo 역 2번 출구
홈페이지 blog.naver.com/cosparis

몽주 약국 Pharmacie Monge
주소 74 Rue Monge, 75005 Paris 전화 +33 1 43 31 39 44 홈페이지 pharmaciemonge.pharminfo.fr

02

파미유
마리

Famille Mary

주소 18 rue Lepic, 75018
Paris 전화 +33 1 42 57
50 31 홈페이지 www.
famillemary.fr

유기농 꿀 제품을 주로 판매하는 매장으로, 꿀 이
외에도 건강 식품이나 다이어트 식품들도 판매하
고 있어 자연주의 영양 식품을 구매하고 싶어 하는
사람들의 구매 욕구를 상승시키는 곳이다.
파미유 마리는 파리 곳곳에 매장이 있기 때문에 여
행 중에 자주 만나게 되며, 프랑스 전역에 걸쳐 매
장을 가지고 있다. 더불어 최근에는 일본, 중국 등
아시아에도 매장을 오픈하면서 아시아인들에게도
인기를 끌기 시작했다.

이곳에서는 당연히 꿀 제품이 유명하지만, 여성들이 미용을 위해 주로 먹는 프로폴리스 제품도 판매한다. 프로폴리스 스프레이, 프로폴리스 앰플 등 다양한 형태의 프로폴리스가 인기가 높다.

매장은 몽마르트르에서 영화 〈아멜리에〉 속 카페로 유명한 '카페 데 두 물랭' 맞은편에서 찾을 수도 있고, 마레 지구의 생 폴 성당 바로 근처에서도 만날 수 있다. 여행 중에 찾아가는 관광지와 비교적 가까운 곳에 매장이 있어 찾아가 보기도 쉽다.

03

포송
Fauchon

주소 24-26 Place de la
Madeleine, 75008 Paris
전화 +33 1 70 39 38 00
시간 9시~20시 휴무 일
요일 홈페이지 www.
fauchon.com

포송은 프랑스에서 가장 유명한 고급 식품점으로,
1886년 오귀스트 포송이 마들렌 광장에 처음 매장
을 열면서 시작된 120년 전통의 가게다.

이곳에서는 다양한 식료품들을 판매하고 있는데,
주로 홍차나 와인, 잼, 그리고 과자 등이 인기가 높
다. 처음에는 차를 파는 곳이었지만 점차 베이커리
가 인기를 끌면서 마카롱이나 빵 등도 인기 있는
베스트셀러로 자리 잡게 되었다. 마들렌 매장에는
가게 안에 살롱드떼가 있어 차를 마시며 간단한 식
사도 가능하다.

04

피에르
에르메

Pierre Hermé

주소 72 Rue Bonaparte,
75006 Paris 전화 +33 1
43 54 47 77 시간 10시~19
시(목·금 ~19시 30분, 토
~20시)

최근에 파리 곳곳에 매장을 확장하고 있는 피에르
에르메는 세계적으로도 유명한 프랑스의 유명 파
티시에의 매장이다. 그의 첫 매장은 특이하게도 일
본에서 시작되었는데, 그곳이 인기를 끌자 이후 파
리에 매장을 오픈했다.

피에르 에르메에서는 특히 마카롱이나 밀푀유와
같은 디저트가 유명하며, 파리 곳곳에 매장이 많이
있기 때문에 굳이 찾아다니지 않더라도 여행 중에
자주 만나게 된다.

05

장폴 에방
Jean Paul Hevin

주소 231 rue Saint-Honore, 75001 Paris 전화 +33 1 55 35 35 96 홈페이지 www.jeanpaulhevin.com

파리에 있는 수제 초콜릿 전문점으로 유명한 곳 중 한 곳이 바로 장폴 에방이다. 장폴 에방은 프랑스뿐 아니라 세계적으로 유명한 쇼콜라티에의 이름인데, 이곳은 그의 이름을 걸고 만든 초콜릿을 판매하는 매장이다.

장폴 에방은 각종 초콜릿 국제 콩쿠르에서 우승하면서 명성을 떨치고 있다. 위치도 파리 방돔 광장 근처에 있어서 여행 중에 쉽게 찾아갈 수 있어 더욱 인기가 높다. 이곳에서 판매하는 초콜릿은 초콜릿 마니아에게는 잊을 수 없는 맛을 선사한다.

파리의 백화점 & 편집 숍

파리에서 이곳저곳 쇼핑하러 다닐 시간이 없다면, 한 곳에서 모든 쇼핑을 할 수 있는 백화점을 찾아보자. 특히 파리는 백화점들이 한 구역에 거의 모여 있어서 관광객들에게 효율적인 쇼핑 시간을 선물해 준다. 대형 백화점 이외에도 파리에는 식품 백화점이나 생활용품을 판매하는 백화점, 혹은 다양한 상품들을 모아 놓은 편집 숍들도 많이 있으니 자신의 쇼핑 스타일을 고려해서 쇼핑 장소를 선택해 보자.

01

갤러리
라파예트

Galeries
Lafayette

주소 40 Boulevard
Haussmann, 75009 Paris
전화 +33 1 42 82 34 56 시
간 월~토요일 9시 30분~20
시(목 ~21시) 휴무 일요일
홈페이지 haussmann.
galerieslafayette.com

파리의 백화점을 대표하는 백화점으로 갤러리 라
파예트를 꼽을 수 있다. 갤러리 라파예트는 파리에
서 여러 지점으로 나누어 있지만, 그중에서도 가장
대표적인 곳으로 파리 오페라 하우스 뒷편에 위치
한 갤러리 라파예트가 있다.

백화점은 본관과 남성 전용관 그리고 가정용품으
로 구성되어 있으며, 1895년 문을 열어 지금까지
파리를 대표하는 백화점으로 자리하고 있는, 파리
에서 가장 큰 백화점이다.

02

프렝탕 백화점
Printemps

주소 64 Boulevard Hauss
mann, 75009 Paris 전화
+33 1 42 82 50 00 시간 월
~토 9시 45분~20시(목 ~22
시) 휴무 일요일 홈페이지
www.printemps.com

프렝탕 백화점 역시 파리에 여러 지점을 가지고 있
지만, 파리 오페라 하우스 뒤편에 위치한 프렝탕
백화점을 대표적인 곳으로 손꼽는다. 1865년에 문
을 열었으며 여성관, 남성관, 그리고 화장품을 판매
하는 건물로 구성되어 있다.

최근에는 루브르 박물관 내의 카루젤 쇼핑 센터에
도 프렝탕 백화점이 문을 열어 관광객들이 가장 좋
아하는 브랜드를 입점해 두었다. 쇼핑할 시간이 부
족하다면 루브르 박물관 아래의 카루젤 쇼핑 센터
를 찾아보는 것도 좋다.

03

봉 마르셰
백화점

Le Bon Marché

주소 24 Rue de Sèvres,
75007 Paris 전화 +33
1 44 39 80 00 시간 월~
토 10시~20시(목·금 ~21
시) 휴무 일요일 홈페이지
www.lebonmarche.com

파리에서 관광지 삼아 한 번쯤 가 보면 좋을 백화점이 바로 봉마르셰 백화점이다. 봉마르셰는 1852년 문을 연 파리에서 가장 오래된, 파리 최초의 백화점이기 때문이다. 봉마르셰는 원래 서민적인 백화점으로 시작한 곳이지만 지금은 고급스러운 백화점으로 자리를 잡았다.

고급 식품을 갖추고 있는 별관 식품 매장이 있어 파리에서 구할 수 있는 고급스러운 식재료는 물론, 여행객들이 기념 삼아 구입할 수 있는 각종 브랜드의 식품까지 모두 모여 있어 아이쇼핑만으로도 재미를 더한다.

04

BHV

Bazzr de l'Hotel
de Ville

파리 시청 부근에 있는 BHV는 DIY용품, 인테리어, 가전용품, 문구 등 다양한 것들을 취급하는 백화점으로, 최근에는 패션 브랜드까지 입점하면서 파리의 핫한 쇼핑몰로 자리 잡아가고 있다.

특히 시청과 퐁피두, 시테 섬, 마레 지구 등 근처에 관광지가 많아 여행 중간에 들를 수 있는 곳이라는 점에서 더욱 매력적이다.

주소 36 Rue de la Verrerie, 75004 Paris 전화 +33 9 77 40 14 00 시간 월~토 10시~20시(수~21시) 휴무 일요일 홈페이지 www.bhv.fr

merci

05

메르시
Merci

주소 111 Boulevard
Beaumarchais, 75003
Paris 전화 +33 1 42 77
0033 시간 월~토 10시~19
시 휴무 일요일 홈페이지
www.merci-merci.com

메르시는 파리의 편집 숍들 중에서도 특히 유명한
곳이다. 아프리카 저소득층 여성과 아이들을 위한 기
부를 위해 탄생한 곳인데, 착한 가게라는 이미지와
패션부터 주방용품, 문구, 소품, 코스메틱 등 다양하
고 특색 있는 상품들로 인기 있는 쇼핑숍이 되었다.
유기농 식단의 레스토랑도 함께 운영하고 있으며,
입구의 시네마 카페에서 커피를 즐길 수도 있다.
쇼핑을 하지 않아도, 맛집으로 찾아가기에도 좋은
곳이다.
메르시 매장에서 가장 인기가 높은 아이템은 누가
뭐래도 리버티 팔찌와 메르시 메달이다.

06

오 투르
뒤 몽드

Au Tour
du Monde

Gallery S. Bensimon
주소 111 rue de Turenne,
75003 Paris 전화 +33 1
42 74 50 77 시간 화~토 11
시~13시, 14시 30분~19시
휴무 월·일요일 홈페이지
www.bensimon.com

마레 지구를 대표하는 편집 숍으로 메르시 이외에
도 오 투르 뒤 몽드를 손꼽을 수 있다. 파리지앵들
의 라이프 스타일에 맞춘 다양한 상품들을 판매하
고 있는 이곳은 두 곳의 매장이 함께 운영되고 있
는데, 이 매장들은 패션 디자이너이면서 홈 크리에
이터인 세르주 벤시몽이 오픈한 곳이다.

벤시몽은 우리에게도 익숙한 이름인데, 바로 프랑
스 국민 스니커즈로 불리는 벤시몽 테니스화로 유
명하기 때문이다. 한국에 비해 저렴한 가격과 다양
한 스타일을 고를 수 있기 때문에 벤시몽 테니스
화는 파리 여행에서의 필수 쇼핑 아이템으로 자리
하고 있다. 파리를 여행한다면 묻지도 따지지도 말
고 하나쯤 구매해 가자. 테니스화 외에도 창의적인
가구나 소품도 둘러보기 좋다.

파리의 쇼핑 거리

파리에서 특별한 브랜드와 매장을 찾아가지 않고 골목을 걸어다니며 아이쇼핑을 즐겨 보고 싶다면, 파리의 쇼핑 거리를 찾아가면 된다. 명품들이 즐비한 거리부터 디자이너 숍들이 많은 뒷골목까지 파리는 전체가 쇼핑가라고 할 수 있을 정도로 재미있는 쇼핑 골목들이 많다. 그중에서도 대표적인 쇼핑 거리들을 찾아가 보자.

01

몽테뉴
대로

Avenue
Montaigne

파리에서 대표적인 쇼핑 거리로 손꼽히고 있는 몽테뉴 대로는 샹젤리제 대로와 연결되어 있어서 샹젤리제 대로부터 쇼핑 거리로 쭉 이어진다. 이곳에는 전 세계 여성들이 열광하는 명품 매장들이 모여 있는데, 프랑스 브랜드뿐 아니라 이탈리아 브랜드, 캐주얼 브랜드 등 다양한 브랜드들이 즐비하다. 매장으로는 샤넬, 루이비통, 돌체 앤 가바나, 프라다 등이 있다.

02

포부르
생 토노레
거리

Rue du Faubourg
Saint-Honoré

파리의 대표적인 쇼핑 거리인 몽테뉴 거리와 더불어 파리의 명품 숍들이 모여 있는 거리로 포부르 생 토노레 거리를 손꼽을 수 있다.

이 거리를 중심으로 에르메스 본점과 샤넬 본점도 만날 수 있으니 명품 쇼핑을 좋아하는 사람들에게는 최고의 거리라고 할 수 있다. 매장으로는 에르메스, 클로에, 구찌, 이브 생 로랑 등이 있다.

03

프랑
부르주아
거리

Rue des Francs
Bourgeois

디자이너 숍들이 많이 모여 있는 마레 지구의 대표
적인 쇼핑 거리로 프랑 부르주아 거리가 있다. 마레
지구 역시 이 거리를 중심으로 형성되어 있는데, 좁
은 골목이지만 골목 양쪽으로 다양한 가게들이 들
어서 있어 파리의 쇼핑객들을 맞이한다.
명품보다는 중저가 브랜드나 소품, 디자이너 숍들이
많아서 소소한 쇼핑을 즐기기에도 안성맞춤이다.

이탈리아 Italy

이탈리아는 유럽의 쇼핑 여행에서 둘째가라면 서러울 정도로 최고의 쇼핑 천국이다. 명품 브랜드 쇼핑부터 생필품까지 다양한 쇼핑을 이탈리아에서 할 수 있으니 이탈리아 여행에서 쇼핑을 빼놓는다는 것은 어쩌면 이탈리아를 제대로 즐기지 못한다는 이야기일 수도 있다.

🛍 Must Buy It 이건 꼭 사야 해

유럽에서 쇼핑을 대표하는 나라라면 단연, 이탈리아다. 프랑스에 비해 비교적 저렴한 가격대 명품 브랜드의 본고장이며, 수도사들이 만드는 화장품이나 액세서리 등 쇼핑을 좋아하는 사람들의 구매 욕구를 충족시킬 만한 많은 아이템들이 있기 때문이다.

❶ 산타마리아 노벨라   ❷ 프라다 가방, 지갑   ❸ 크루치아니 팔찌
　 약국 수분 크림

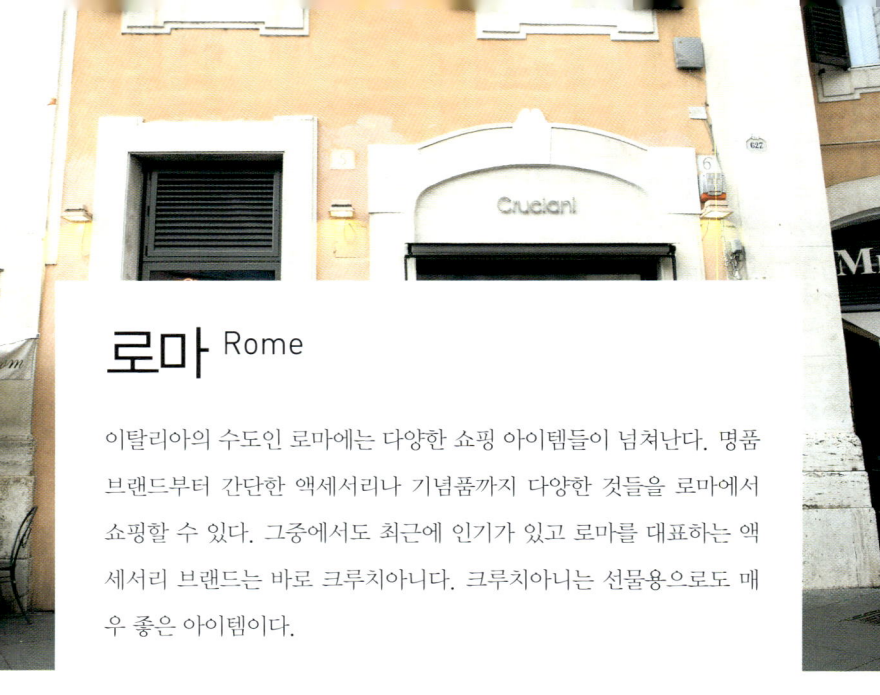

로마 Rome

이탈리아의 수도인 로마에는 다양한 쇼핑 아이템들이 넘쳐난다. 명품 브랜드부터 간단한 액세서리나 기념품까지 다양한 것들을 로마에서 쇼핑할 수 있다. 그중에서도 최근에 인기가 있고 로마를 대표하는 액세서리 브랜드는 바로 크루치아니다. 크루치아니는 선물용으로도 매우 좋은 아이템이다.

크루치아니
Cruciani

주소 Piazza del Parlamento 5/6, 00186 Roma 전화 +39 06 83906414 시간 매일 10시~19시 홈페이지 www.cruciani.net

최근에 이탈리아 여행을 할 때 꼭 사야 하는 선물 1순위로 손꼽힐 정도로 인기가 있는 것이 바로 크루치아니 팔찌다. 끈으로 만들어진 팔찌지만 세계에서 가장 가볍고 튼튼한 니트를 제작하는 크루치아니의 기술력으로 탄생한 팔찌다.

특히 최근에 한국에서 여자 연예인들이 많이 착용하면서 더욱 핫한 아이템이 되었다. 팔찌를 착용한 채 손을 씻거나 샤워하는 것도 가능해서 편리하기도 하다.

행운을 가져다준다는 클로버 패턴의 팔찌는 크루치아니의 대표적인 아이템으로, 컬러도 무려 4

천여 가지가 되기 때문에 취향에 맞게 다양한 컬러를 골라 믹스해서 착용할 수 있다. 게다가 클로버의 잎은 행운, 부, 건강, 사랑을 각각 의미하고 있다. 그래서 크루치아니 팔찌 자체가 행운의 팔찌로 여겨져 더욱 인기가 높다.

클로버 패턴의 기본 팔찌는 5유로, 반짝이는 재질이나 다양한 문양의 팔찌들은 10유로, 실버나 골드는 가격이 60유로 이상으로 판매되고 있다. 크루치아니 매장은 로마 본점이 아니어도 피렌체, 밀라노, 아씨시 등에서도 쉽게 만날 수 있다.

피렌체 Firenz

피렌체는 밀라노만큼 유명한 브랜드의 본점을 가지고 있지는 않지만, 구찌와 페라가모의 본점이 있고, 커피메이커인 비알레티의 본점이 있으며, 산타마리아 노벨라 약국의 본점이 있으니 쇼핑에서 절대로 이탈리아의 다른 도시들에 비해 뒤지지 않는다. 게다가 피렌체에서 멀지 않은 곳에 아웃렛이나 프라다 공장이 있어 아웃렛 쇼핑을 하기에도 최고의 지리적 이점을 가지고 있다.

Brand

피렌체에서 탄생한 명품 브랜드

가죽 하면 떠올리는 곳이 이탈리아, 그리고 그중에서도 특히 피렌체다. 가죽이 유명한 곳이라서 그런지 몰라도, 피렌체는 우리에게 매우 잘 알려진 명품 브랜드들이 탄생한 지역이기도 하다. 구찌나 페라가모 등의 브랜드는 피렌체를 대표하는 브랜드로 잘 알려져 있다.

01

구찌
Gucci

세계적인 명품 브랜드로 유명한 구찌는 피렌체에서 1921년 탄생한 패션 브랜드다. 구찌는 초창기에 승마에서 영감을 얻은 모티브를 사용해서 만든 가방이나 트렁크 등이 전 세계적으로 관심을 일으키며 인기를 끌었고, 1940년대에 들어서 구찌의 아이콘이라고 할 수 있는 대나무에 광택을 입힌 뱀부백이 등장해 인기를 이어 갔다. 또한 1950년대에 우리가 흔히 잘 아는 그린-레드-그린의 웹이 탄생하면서 구찌의 아이템이 되었고, 1960년대 말 드디어 구찌의 로고가 탄생했다.

이런 구찌의 역사를 한눈에 볼 수 있는 구찌 뮤지엄이 피렌체에 있어 구찌의 역사를 쉽게 확인할 수 있다. 구찌 뮤지엄만의 특별한 기념품도 판매하니, 구찌를 좋아하는 사람이라면 피렌체의 구찌 뮤지엄을 그냥 지나치기에는 아쉬울 것이다. 100년 가까이 된 명품 브랜드의 역사가 궁금하다면 피렌체의 구찌 뮤지엄을 방문해 보자.

구찌뮤지엄Gucci Museo 주소 Piazza della Signoria 10, 50122 Firenze 전화 +39 055 7592 3302 시간 10시~20시(목요일은 ~23시) 휴무 1월 1일, 8월 15일, 12월 25일 홈페이지 www.guccimuseo.com

구찌 뮤지엄

02

살바토레
페라가모

Salvatore
Ferragamo

페라가모 구두 박물관
Salvatore Ferragamo
Shoe Museum
주소 Piazza di Santa
Trinita 50123 Firenze 전
화 +39 055 336 0456 시간
매일 10시~19시 30분 휴무 1
월 1일, 5월 1일, 8월 15일, 12
월 25일 홈페이지 www.
museoferragamo.it

살바토레 페라가모는 1898년 이탈리아 보니토
에서 태어난 인물로, 가정 형편이 어려워 성찬식
에서 신을 신발이 없는 여동생을 위해 1907년
처음으로 구두를 제작했다. 그리고 이후 1909년
나폴리의 한 구두점에서 수련공으로 일하며 구
두 제작을 배웠고, 2년 후 자신의 집 한 켠에 여
성용 맞춤 구두 가게를 오픈했다.

그는 캘리포니아로 이주한 이후에도 구두 제작
을 했고, 아메리칸 필름 컴퍼니에 카우보이 부츠
를 납품하면서 영화 소품으로 사용하는 구두를
제작하기도 했다. 하지만 그는 거기에 그치지 않

고 할리우드의 야간 대학에서 인체 해부학을 공부하면서 구두를 더욱 편하게 만들 수 있게 신발 디자인에 인체 해부학을 더해 무게 중심을 활용한 신발을 제작하기 시작했다.

그의 구두 제작 원리는 지금까지도 그대로 적용되고 있다고 하니 그의 구두에 대한 열정은 누구보다 대단했다는 것을 짐작할 수 있다. 그리고 마침내 1927년 피렌체에서 살바토레 페라가모 컴퍼니를 설립하면서 본격적인 페라가모 브랜드가 시작되었다.

피렌체에 위치한 페라가모 본점은 원래 궁전이었던 건물에 세워졌다. 처음에 구두로 시작한 페라가모 브랜드는 이후 점차 핸드백, 가죽 소품, 액세서리, 향수 등의 사업 영역을 확대하면서 지금의 명품 브랜드로 자리 잡게 되었다.

본점에는 페라가모 구두 박물관이 있어 페라가모에 대해 조금 더 자세하게 알고 싶은 사람들의 호기심을 풀어 준다.

피렌체에 본점을 두고 있는 브랜드들

가죽 명품이 아니라도 피렌체에서는 많은 브랜드가 탄생되었다. 그중에서
도 한국인들이 특히 좋아하는 브랜드인 산타마리아 노벨라 약국은 약국이
라는 의미보다 화장품으로 더 유명한 곳이며, 커피메이커인 비알레티 역시
한국인들이 사랑하는 브랜드다.

산타마리아 노벨라 약국

01

산타마리아 노벨라 약국

Officina Profumo
Farmaceutica
di Santa Maria
Novella

주소 Via della Scala 16,
50123 Firenze 전화 +39
055 216278 시간 매일 9
시~20시 홈페이지 www.
smnovella.com

피렌체에 본점이 있는 산타마리아 노벨라 약국은 약국이라는 느낌보다 화장품 브랜드라는 이미지가 먼저 떠오를 정도로, 인기 있는 화장품을 생산하고 있는 곳이다. 무려 400년의 전통을 자랑하는 브랜드인데, 아직도 수도사들이 직접 전통적인 수작업으로 화장품을 만들고 있다고 하니, 그 명성이 괜히 유지되는 것은 아닌 듯하다.

피렌체뿐 아니라 로마, 밀라노, 베네치아 등에도 지점이 있어서, 반드시 피렌체에서만 구입할 수 있는 약국 화장품이 아니라, 이탈리아를 여행한 후 빠져나가는 마지막 도시에서 쉽게 구입할 수 있다. 산타마리아 노벨라 약국에서 특히 유명한 것은 이드랄리아 크림이라는 수분 크림인데, 일명 고현정 크림으로 잘 알려져 있다. 한국에서 구입하는 것보다 무려 1/3 가격으로 구입할 수 있으니, 피렌체 여행, 혹은 이탈리아 여행에서 빼놓을 수 없는 쇼핑 품목으로 늘 1순위다. 더불어 장미수나 향수 등도 인기가 높다.

02

비알레티

Bialetti

주소 Piazza della Repu
bblica 25, 50123 Firenze
전화 +39 055 230 2554
홈페이지 www.bialetti.
com

비알레티는 이탈리아 국민 커피 머신이라는 별명
이 붙어 있을 정도로 이탈리아인들이 사랑하는 모
카포트 브랜드다.

이 모카포트는 집에서 에스프레소를 추출할 수 있
기 때문에 드립 커피로는 만족하지 못하는 커피 마
니아들에게 많은 사랑을 받고 있다.

비알레티의 본점이 피렌체에 있기에, 이곳에서 비
알레티 커피 포트를 가장 저렴하게 구입할 수 있다.

하지만 세일을 하지 않는다면 한국과 가격 차이가
크지 않기 때문에, 세일 품목에만 쇼핑을 집중하는
것이 좋다.

피렌체에 위치한 아웃렛

피렌체를 쇼핑의 도시라고 이야기하는 이유 중 하나가 바로 피렌체 근교에 아웃렛이 많이 있기 때문이다. 이탈리아 명품 브랜드 중에서도 특히 사랑 받고 있는 브랜드인 프라다를 저렴하게 구입할 수 있는 아웃렛을 비롯해, 명품 브랜드들을 아웃렛에서 비교적 저렴한 가격에 구입할 수 있다. 이월 상품이라도 상관없이 저렴하게 명품 브랜드를 구매하고자 한다면, 피렌체 여행 중에 아웃렛을 반드시 방문해 보자.

01

더 몰
The Mall

주소 Via Europa 8, 50066
Leccio Reggello Firenze
전화 +39 055 865 7775
시간 매일 10시~19시 위치
피렌체 시외버스 터미널에
서 시타 버스로 약 40~50
분. 첫차인 8시 50분 차는
인기가 많기 때문에 미리 가
서 줄을 서는 것이 좋다. 홈
페이지 www.themall.it

이탈리아에서 가장 인기 높은 아웃렛이 바로 더
몰이다. 더 몰은 피렌체에서 버스를 이용해 쉽게
갈 수 있는 가까운 곳에 위치하고 있어 피렌체를
여행하는 여행객들이 따로 시간을 내어서라도
꼭 방문하는 곳이다.
더 몰에서는 이탈리아 대표 브랜드인 프라다. 구
찌. 페레가모 등의 매장을 만날 수 있고, 버버리
나 이브 생 로랑. 몽클레르 등의 브랜드도 입점
해 있다.

02

프라다
스페이스

Prada Space

주소 Loc. Levanella Monte
varchi Arezzo 전화 +39
055 919 6528 시간 월~금
10시 30분~20시, 토 9시 30
분~20시, 일 10시 30분~20
시 위치 피렌체에서 열차로
몬테바르키(Montevarchi)
역까지 간다음, 택시나 버스
를 이용해야 한다. 홈페이지
www.prada.com

이탈리아에서 프라다 가방을 저렴하게 구매하고
싶다면 다른 곳보다도 프라다 스페이스를 추천한
다. 프라다 스페이스는 매장과 공장이 함께 있기
때문에 물건의 양도 많고, 다른 아웃렛보다 훨씬
저렴한 가격에 제품을 구매할 확률이 높다. 물론
신제품이 아닌 이월 상품들을 판매한다.

프라다 스페이스는 피렌체 근교에 위치하고 있지
만, 대중교통을 이용해서 가는 것이 편하지는 않다.
기차를 타고 가서 버스로 갈아 타거나 기차역에서
택시를 이용하는 방법이 있다. 프라다 제품만을 보
고 간다면 더 몰보다는 프라다 스페이스로 가자.

밀라노 Milano

밀라노는 이탈리아 내에서도 쇼핑으로는 뒤지지 않는 도시다. 이탈리아에서 구매할 수 있는 다양한 브랜드 대부분을 밀라노에서 만날 수 있으며, 특히 프라다, 조르지오 아르마니, 베르사체, 돌체 앤 가바나 등 이탈리아를 대표하는 브랜드의 본점 또한 밀라노에 있다.

밀라노의 쇼핑 거리로는 몬테 나폴레오네(Monte Napoleone) 거리를 손꼽는데, 중저가 브랜드보다는 명품 위주의 쇼핑을 할 수 있는 곳이다. 만약 중저가 브랜드의 쇼핑을 원한다면, 토리노 거리(Via Torino)를 둘러보면 된다. 두 거리 모두 밀라노 두오모 근처에 있기 때문에 밀라노 여행을 하면서 쇼핑도 함께 즐길 수 있다.

01

프라다

Prada

프라다는 1913년 마리오 프라다에 의해 설립된 브랜드로, 〈악마는 프라다를 입는다〉라는 영화로 더욱 유명해진 브랜드이기도 하다. 마리오 프라다는 그의 동생인 마티노 프라다와 함께 작은 가게를 열어 수입산 가죽 제품이나 트렁크, 핸드백 등을 판매하기 시작하면서 브랜드를 시작했다.

마리오 프라다가 세계를 누비며 가죽과 가죽에 접

주소 Galleria Vittorio
Emanuele II 63-65,
20121 Milano 전화 +39
02 876979 시간 10시~19
시 30분 홈페이지 www.
prada.com

목할 수 있는 소재 등을 수입하면서 그 소재를 이용
해 사업을 이어 갔지만 제1, 2차 세계 대전으로 위
기를 맞기도 했다. 마리오 프라다가 사망한 이후, 손
녀인 미우치아 프라다는 국제 가죽 박람회에서 프
라다의 모조품을 만들었던 파트리치오 베르텔리와
만나면서 프라다를 세계적인 브랜드로 올려 놓았다.
1979년 프라다는 가죽 가방이 대세이던 시대에
나일론으로 가방을 만들었고, 반응이 좋지는 않았
지만 꾸준하게 나일론 소재를 사용했다. 그리고
1985년 드디어 나일론 소재의 토드백이 탄생되는
데, 이때가 프라다 역사상 가장 큰 성공을 거둔 시
기다. 지금까지도 프라다의 나일론 토드백은 프라

다의 대표 아이템으로 자리 잡고 있다. 더불어 가방뿐 아니라 의류나 신발 등 다양한 패션 제품들로 꾸준하게 그 인기를 이어 가고 있다.

프라다 본점은 갤러리아 비토리오 에마누엘레 2세 내에 위치하고 있다. 프라다 신상품을 구매하고자 한다면 이탈리아의 많은 매장 중에서도 밀라노의 프라다 본점으로 찾아가 보자.

프라다 본점 앞 바닥에는 소원을 비는 황소 그림이 있어서 황소의 주요 부위에 뒤꿈치를 대고 한 바퀴 돌면서 소원을 빌면 소원이 이루어진다는 속설이 있다. 프라다 매장을 둘러보며 득템하겠다는 염원을 담아 소원을 빌고 프라다 매장으로 들어가 보자.

02

조르지오 아르마니

Giorgio Armani

주소 Via Alessandro Manzoni 31, 20121 Milano 전화 +39 02 7231 3600 시간 월~토 10시 30분~19시 30분 홈페이지 www.armani.com

1934년 이탈리아 피아렌차에서 태어난 조르지오 아르마니는 원래 부모의 바람대로 의대에 진학해 의학을 공부했지만 2년만에 중퇴를 한 후, 남성복 바이어직을 하다 1964년 본격적으로 니노 세루티의 남성복 디자이너로 발탁되어 디자이너로서 첫 발길을 내디뎠다.

그리고 이후 프리랜서 디자이너로서 여러 브랜드에서 옷을 디자인하다 1975년에 자신의 이름을 건 '조르지오 아르마니' 브랜드를 런칭하고, 남성복 브랜드로서 점차 자리를 잡아 갔다.

당시 이탈리아의 남성복은 어깨에 패드를 대어 남성미를 강조했지만, 조르지오 아르마니는 어깨에 패드를 빼고 부드럽게 떨어지는 어깨 라인을 선보이면서 더욱 인기를 끌게 되었다. 이로 인해 그는 세계적인 디자이너로서 자리를 잡게 되었다.

또한 남성복 외에도 여성복이나 언더웨어, 액세서리 등 다양한 상품군으로 확대했고 화장품이나 향수 등도 갖추고 있다. 이런 다양한 상품들은 밀라노에 있는 조르지오 아르마니의 본점에서 만날 수 있으며, 본점은 아르마니 호텔이 위치한 건물에서 찾을 수 있다.

03

돌체 앤 가바나
Dolce & Gabbana

주소 Via della Spiga 26, 20121 Milano 전화 +39 02 76001155 홈페이지 www.dolcegabbana.it

돌체 앤 가바나는 도미니코 돌체와 스테파노 가바나가 만든 브랜드로, 처음 두 사람의 인연은 돌체가 일하던 의류 회사에 가바나가 취업에 대한 문의 전화를 하면서 시작되었다. 이후 가바나는 돌체와 함께 일을 시작했고, 돌체는 그에게 의상 스케치와 디자인에 대한 일을 가르쳤다. 둘은 성향이나 외모 등 모든 것에서 정반대였지만 파트너십을 통해 동업을 시작했고, 1985년 밀라노에서 처음으로 그들의 무대를 선보였다.

섹시하고 관능적인 스타일링으로 유명한 돌체

앤 가바나는 당시 트렌드였던 엘레강스한 디자인과는 정반대의 스타일로 선풍적인 인기를 끌었다. 그리고 이런 관능적인 섹스 어필은 그들의 트레이드 마크로 자리잡게 되었다.

처음 여성복으로 시작된 돌체 앤 가바-는 점차 남성복이나 언더웨어, 수영복, 향수 등으로 라인을 확장시키며 발전해 나갔다. 특히 마돈나, 비욘세 등의 가수들을 위한 의상을 디자인하기도 하는 등 그들은 아직도 승승장구하고 있다. 그래서 이들의 조합은 패션 역사상 가장 성공적인 파트너쉽을 보여주는 브랜드라고 이야기하기도 한다.

여전히 그들은 파트너로서 연인으로서 미래의 패션을 이끌어 나가고 있다. 돌체 앤 가바나의 본점 역시 밀라노에 있으니 방문해 보자.

04

베르사체

Versace

주소 Via Montenapoleone 11 Milano 전화 +39 02 7600 8528 시간 10시~19 시 30분(일 ~18시) 홈페 이지 www.verim-home collection.com

베르사체는 디자이너인 지아니 베르사체가 1978 년 런칭한 브랜드로 지아니 베르사체는 의상실을 경영하던 어머니의 영향을 받아 어릴 적부터 자연 스럽게 패션을 익혀 나갔다. 그는 대학에서 건축학 을 공부하긴 했지만, 우연한 기회에 의상업체의 디 자이너가 되었고, 이후 그의 형과 여동생인 산토와 도나텔라와 함께 밀라노에서 첫 개인 컬렉션을 열 어 베르사체라는 이름을 조금씩 알리기 시작했다. 1981년에 본격적으로 회사를 설립해서 패션 브랜 드로서의 입지를 다지기 시작했다.

베르사체의 로고에 그리스 신화의 '메두사'가 그려 져 있는 것처럼, 베르사체의 의상들은 원색의 화려 한 컬러 프린트나 특유의 패널 무늬 등을 사용해 입는 사람에게도 도전 정신을 불러일으키는 독특 함을 갖고 있다. 그래서 이러한 스타일을 소화하는 것 자체가 이미 선택 받은 사람이라고 인식되기도 한다.

베르사체를 입는 사람들 역시 할라우드 스타들을 비롯해 유명한 스타들이 많기 때문에 베르사체를 입는 것만으로 스타가 된다는 이야기도 과장된 말 은 아니다.

베르사체의 본점 역시 밀라노에 위치하고 있다. 베 르사체의 창시자인 지아니 베르사체는 1997년 갑 자기 숨을 거두었지만, 그녀의 여동생인 도나텔라 에 의해 여전히 세계적인 패션 브랜드의 명성이 이 어 지고 있다.

유럽의
골목 산책

여유롭게 걸어 보는 것만으로도
유럽을 사랑스럽게 만들어 주는 것이 바로 유럽의
골목들이다. 때로는 북적거리는 골목을 걸어 보기
도 하고, 때로는 한적한 골목을 여유롭게 산책해
보기도 하자. 대도시에서는 카페 골목이나 아담한
골목을 걸으며 여유를 즐겨 보고, 소도시에서는 중
세 시대로 돌아간 듯 운치 있는 골목길을 따라 걸
어 보자. 이런 골목의 매력들이 더해져 유럽은 더
욱 사랑스럽게 다가온다. 카메라를 들고, 노래를
들으며 유럽의 골목으로 여행을 떠나 보자.

런던 London

런던은 대도시임에도 의외로 뒷골목이 더욱 사랑스러운 곳이다. 런던에서는 눈에 띄는 관광지만 볼 것이 아니라 구석구석에 있는 골목을 산책해 보길 바란다. 벽화가 아름다운 거리부터 이색적인 느낌의 차이나타운이나 관광 명소가 모여 있는 템스 강변을 걸어 본다든지, 혹은 오래 전 살인 사건의 흔적을 따라 걷는 야간 투어에 참가해 볼 수도 있다. 런던 뒷골목의 스토리가 담긴 런던 여행을 계획해 보자.

01

닐스야드
Neal's Yard

위치 Covent Garden 역에서 도보 약 3분

런던의 대표적인 뒷골목으로 닐스야드가 있다. 닐스야드는 코벤트 가든 근처에 위치한 아주 작은 골목인데, 각종 화려한 컬러의 건물들이 있고, 그 사이의 좁은 골목을 따라 들어가면 비밀스러운 작은 광장이 나온다.

알록달록한 골목을 따라 들어가 작은 광장에 있는 카페에 앉아 잠시 휴식을 취해 보자. 런던 여행을 한다면 닐스야드는 관광지 삼아 잠시 들러볼 것을 추천한다. 참고로, 런던에서의 쇼핑 아이템 중 하나인 '닐스야드 레미디스'의 본점이 바로 이 골목 속 광장에 위치해 있다. 뒷골목 산책도 하고 화장품 쇼핑도 해 보자.

닐스야드와 함께 둘러볼 수 있는 코벤트 가든은 거리의 아티스트들로 더 유명한 시장이다. 닐스야드 골목을 산책한 후 코벤트 가든에 들러 작은 상점에서의 쇼핑을 즐기고 거리 아티스트들의 공연도 보며 즐거운 시간을 가져 보자.

02

차이나
타운

Chinatown

레스터 스퀘어와 피카딜리 서커스 사이의 골목 길에 자리잡은 차이나타운도 런던에서 걷기 좋은 뒷골목 중 하나다.

런던의 차이나타운은 유럽에서도 가장 큰 규모로 알려져 있는데, 중국 식당뿐 아니라 한식당, 한국 식품점 등도 있어 여행하는 동안 그리웠던 한국의 맛을 만나볼 수 있다.

차이나타운 근처로는 뮤지컬 극장이나 쇼핑 골목 등도 있어 근처 지역으로 문화 산책도 가능하다. 밤이 되면 차이나타운과 그 부근은 더욱 활기를 띤다. 각종 펍에서 맥주잔을 기울이는 사람들

위치 Piccadilly 역, Leicester sq 역

을 만날 수 있고, 스포츠 경기가 있는 날이면 자
기 팀을 응원하기 위해 나온 사람들이 스포츠 펍
에 하나둘씩 모여든다. 아침부터 밤까지 맛과 문
화와 뒷골목이 있는 곳이 바로 차이나타운이다.

03

서더크 &
사우스 뱅크

템스 강변

Southwark &
South Bank

버러 마켓

템스 강은 서울의 한강처럼 런던을 길게 가로지르고 있는데, 이 강을 따라 남단과 북단으로 길이 이어진다. 그중에서 남쪽에 위치하는 서더크 지역은 런던의 문화 거리가 많고, 중세 고딕 성당과 마켓, 그리고 와이너리 등 다양한 것들을 만날 수 있다.

서더크 지역의 대표적인 재래시장인 버러 마켓은 런던에서 가장 오래된 시장이자 세계적인 규모의 재래시장이다. 버러 마켓을 지나면, 서더크 대성당이 나온다. 이 성당은 영국 최초의 고딕 양식 성당으로 알려져 있는데, 버러 마켓부터 서더크

서더크 대성당

대성당을 이어 주는 골목에는 와이너리나 오래된 펍도 많다. 서더크 대성당 옆에는 영국에서 운행된 해적선인 골든 하인드호도 있어 여행객들의 시선을 모은다.

이어서 런던을 대표하는 현대 미술관인 테이트 모던과 밀레니엄 브리지까지 이어지는 곳이 바로 서더크 지역이다. 강변을 따라 쭉 걸어도 좋고, 강변 근처의 작은 골목길들을 기웃거려 봐도 좋다.

서더크 지역에서 조금 서쪽으로 가면 사우스 뱅크 지역이 나온다. 런던 아이가 있어 더 유명한 이 지역 역시 런던을 배경으로 한 영화 속에 자주 등장할 정도로 아름다운 곳이다.

사우스 뱅크 지역을 더욱 아름답게 해 주는 주빌리 브리지는 사람만 건널 수 있는 다리로, 이 다리 위에서 바라보는 템스 강변의 모습이 매우 아름답다. 이 다리를 건너가서 만나게 되는 차링 크로스 부근도 아름다운 골목이 많다.

런던 아이

사우스 뱅크의 가장 대표적인 관광 명소인 런던 아이는 유럽에서 가장 큰 대관람차로 1999년 밀레니엄을 맞아 영국 브리티시 항공에서 만든 것이다. 이곳에서 바라보는 전망이 아름다워 특히 인기가 높은데, 런던 아이를 타 보려면 미리 예약하는 것이 좋다. 노을이 지는 시간에 런던을 더욱 사랑스럽게 만나 보고 싶다면, 강력 추천한다.

날씨가 화창한 이른 아침 산책을 하고 싶거나, 야경을 보면서 걷고 싶다면, 서더크와 사우스 뱅크 지역을 걸어 보자. 걷는 것만으로도 런던이 충분히 사랑스럽게 느껴질 것이다.

04

잭 더 리퍼 투어

The Jack the Ripper Walk

위치 Tower Hill 역 홈페이지 www.walks.com/
London_Walks_Home/
Jack_the_Ripper_Tour

런던의 으스스한 밤길을 제대로 만나고 싶다면, 잭 더 리퍼 투어에 참여해 보자. 잭 더 리퍼는 19세기 런던에서 일어난 잔혹한 살인 사건들의 범인으로 희대의 연쇄 살인마다.

당시 범인은 검거되지 않았고 이 사건들은 영구미제 사건으로 남아 있다. '잭'이라는 말은 영어권에서 흔히 이름 없는 남성을 가리킬 때 쓰는 이름이라고 한다. 그래서 '칼잡이 잭'이라는 뜻으로 범인에게 잭 더 리퍼라는 이름이 붙여지게 되었다.

잭 더 리퍼는 1888년 8월부터 11월까지 런던 이스트 지역인 화이트 채플에서 최소 다섯 명이 넘는 매춘부들을 엽기적으로 살해했다. 첫 번째 희생자인 메리 앤 니콜스는 귀 밑부터 목 아래 부분이 칼로 깊게 절단되어 살해되었다. 그리고 범행 장소에는 범인을 추측할 수 있는 그 어떤 단서도 남아 있지 않았다. 이후 9월경에 애니 채프만의 시체가 발견되었는데, 그녀 또한 상당히 잔인하게 살인된 채 발견되었다. 이후 세 번째와 네 번째 희생자인 스트라이드와 에도우즈가 발견되었고, 그들 역시 두 번째 희생자와 마찬가지로 상당히 엽기적으로 살해된 채 발견되었다. 특히 세 번째와 네 번째 희생자는 같은 날 시간 차를 거의 두지 않고 발생되어서 런던에 큰 충격을 주었다. 다섯 번째 희생자인 메리 켈리는 다섯 명의 희생자 중에서 가장 잔혹하게 살해되었다. 그리고 더 충격적인 사실은 그녀가 임신 중이었다는 사실이다.

런던에서는 이런 무시무시한 살인마인 잭 더 리퍼의 흔적을 찾아가는 투어가 진행되고 있다. 살인마의 흔적을 찾아가는 투어이다 보니 낮이 아닌 밤에 진행되는 것도 특징이다. 잭 더 리퍼가 범행을 했던 현장을 찾아 화이트채플 지역을 걸어 보면서 투어가 진행되는데, 런던의 밤거리를 가이드와 함께 걸어 본다는 것만으로 잭 더 리퍼 투어는 늘 인기가 많다.

그리고 특히 유명한 가이드로 알려진 도날드 아저씨의 가이드 투어 날이면 더 많은 인원이 잭 더 리퍼 투어에 참여하기 위해 모인다. 런던에는 많은 잭 더 리퍼 투어가 있지만 이왕이면 도날드 아저씨의 투어에 참여해 볼 것을 추천한다. 잭 더 리퍼 투어에 앞서 잭 더 리퍼를 조금 더 잘 이해하고 싶다면 〈프럼 헬〉이라는 영화를 미리 만나고 가는 것도 좋다.

도날드 아저씨

파리 Paris

이름만 들어도 낭만적인 도시 파리! 파리에서는 특별한 관광지 여행이 아니라 골목길을 걷는 것만으로도 충분히 행복한 여행을 즐길 수 있다. 마레 지구의 아무 골목길이나 몽마르트르 언덕의 한적한 골목들을 걸어 보고, 센 강변을 따라 낭만적인 파리를 걸어 보자. 목적 없이 그저 걷는 것만으로도 파리의 낭만을 느낄 수 있는 곳이 바로 파리의 골목이다.

01

마레 지구
Marais

위치 St-Paul 역, Bastille
역부근

파리 골목 산책을 이야기할 때 가장 먼저 떠올리
는 곳이 바로 마레 지구다. 사실 마레 지구는 딱
히 관광지가 없고, 작은 카페나 레스토랑 그리고
쇼핑을 즐길 수 있는 상점 거리들이 모여 있는
곳이다. 그래서 마레 지구에는 볼 것이 없다고
이야기하는 사람들도 있지만 이 골목을 걸을 때
는 우연하게 발길을 멈추게 하는 것들에서 재미
를 느껴 보자.

마레 지구는 바스티유 광장부터 파리 시청사
까지 이어지는 구역을 말하는데, 보주 광장 부
근의 프랑 부르주아 거리(Rue des Frans

Bourgeois)를 걸으면서 좁은 골목 사이에 있는 수많은 상점들에서 아이쇼핑을 즐기고, 파리에서 가장 아름다운 골목이라는 별명이 붙어 있는 로지에르 거리(Rue des Rosiers)를 걸으며 팔라펠을 먹어 보자. 빌라주 생 폴(Village Saint-Paul)에 들러 마레 지구의 숨겨진 광장을 찾아보는 것도 재미있다.

바스티유 오페라 하우스부터 도미닐 거리(Avenue Daumesnill)를 따라 이어지는 플랑테 산책로는 오래된 고가 도로 위 철길을 개조해 만든 산책로로, 도심 속 공중 정원에서 산책을 즐길 수 있다.

02

생 미셸 &
오데옹

St-Michel &
Odéon

팡테옹

위치 Odéon 역, St-Michel
역 부근

마레 지구에서 센 강변을 건너면 만날 수 있는
생미셸 구역과 오데옹 지역도 산책하기 좋은 파
리의 골목들이 이어져 있는 곳이다. 특히 이곳은
관광지라는 느낌보다 현지인들, 혹은 학생들이
많이 오고가는 곳이기 때문에 더욱 파리다운 느
낌을 많이 받을 수 있다.

생 미셸 역에서 쭉 이어지는 생 미셸 대로를 따
라서는 소르본 대학 등 파리의 대학을 만나게 되
고, 파리에서 가장 큰 공원인 뤽상부르 공원까지
이어진다. 뤽상부르 공원 입구 쪽에서 가까운 곳
에는 팡테옹이 있다. 마치 그리스 신전처럼 생긴

팡테옹에는 프랑스의 영웅들이 잠들어 있다.

팡테옹 옆에는 생 에티엔 뒤 몽 성당이 있다. 파리의 수호 성녀인 주느비에브의 묘가 있는 성당으로 알려져 있지만, 최근에는 영화 〈미드나잇 인 파리〉 속에서 이 성당 옆 계단이 등장해 관광객들이 이 성당을 많이 찾는다. 성당 계단 옆 골목을 따라 파리의 뒷골목을 산책해 보자.

오데옹 역 부근은 파리의 젊음이 한눈에 확 느껴지는 곳으로, 이 부근에는 건물 속에 있는 작은 통로인 쿠르(Cour)가 많다. 쿠르에는 비밀스러운 것 같은 레스토랑이나 카페, 상점들도 있어 골목을 산책하는 분위기를 더한다.

생 에티엔 뒤 몽 성당

03

몽마르트르
Montmartre

위치 Abbesses 역,
Blanche 역, Anvers 역 부근

파리에서 가장 파리다운 곳으로 몽마르트르를 손꼽을 수 있다. 몽마르트르는 흔히 파리에서 가장 위험한 구역으로도 잘 알려져 있지만, 사실상 소문처럼 흉흉한 지역은 아니다. 간혹 소매치기를 만나는 경우가 있기는 하지만, 관광지와 골목 골목에 경찰도 많으니, 본인이 주의해서 다닌다면 크게 문제되지 않는다.

다만, 몽마르트르의 샤크레쾨르 성당 앞에서는 관광객들에게 팔찌를 채우고 돈을 요구하는 흑인들을 많이 만나게 되는데, 접근하지 말라는 의사표시를 확실히 하는 것이 좋다. 따라오는 흑인이

있다면 주머니에 손을 넣고 빠르게 이동하자.

몽마르트르를 소개하기 전에 안전에 대한 이야기를 먼저 하는 이유는, 몽마르트르가 안전하지 않다는 소문으로 인해 파리 여행에서 몽마르트르를 여행지 목록에서 제외하는 안타까운 여행자들을 많이 봐 왔기 때문이다.

몽마르트르는 오래 전부터 가난한 화가들과 문인들이 즐겨 찾았던 곳이고, 그들이 모여 살았던 곳이다. 한때 피카소나 고흐, 모딜리아니 등의 화가들이 이곳에서 활동했다는 생각을 한다면 그들의 흔적을 찾아서라도 몽마르트르는 한번쯤 가 볼 만한 곳이지 않을까? 지금도 마찬가지로 여전히 예술가들이 모여드는 곳이 바로 몽마르트르다. 그래서 '파리의 예술 구역'을 떠올릴 때면 늘 몽마르트르가 먼저 떠오른다.

특히 샤크레쾨르 성당 뒤쪽에 위치한 테르트르 광장은 거리의 화가나 초상화를 그려 주는 화가들이 모여 있는 곳으로 유명하다. 이 광장을 중심으로 아베쎄 역이나 블랑쉬 역 등으로 이어지는 골목들을 걷다 보면 영화 속 주인공이 된 것처럼 설렘이 가득해진다.

파리가 배경으로 등장하는 CF나 영화 속에도 늘 몽마르트르의 골목들이 등장하기 때문에 영화 속, 혹은 드라마 속 몽마르트르의 골목을 찾아보는 재미도 있다.

스위스 Switzerland

유럽의 중앙에 위치하고 있는 스위스는 알프스 산맥이 관통하고 있어 국토의 대부분이 산지로 이루어져 있다. 그만큼 아름다운 자연환경을 가지고 있어, 유럽 스타일의 골목과 자연환경이 어우러진 아름다운 풍경을 선물해 준다. 그래서 스위스에서는 대도시보다 오히려 소도시들을 산책하듯 여행하는 것이 더 즐겁다.

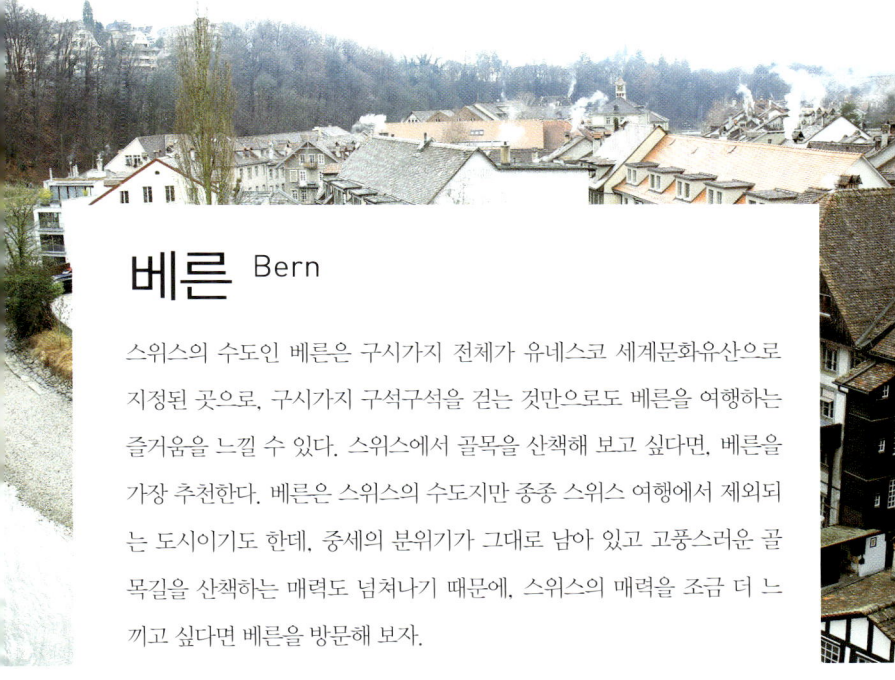

베른 Bern

스위스의 수도인 베른은 구시가지 전체가 유네스코 세계문화유산으로 지정된 곳으로, 구시가지 구석구석을 걷는 것만으로도 베른을 여행하는 즐거움을 느낄 수 있다. 스위스에서 골목을 산책해 보고 싶다면, 베른을 가장 추천한다. 베른은 스위스의 수도지만 종종 스위스 여행에서 제외되는 도시이기도 한데, 중세의 분위기가 그대로 남아 있고 고풍스러운 골목길을 산책하는 매력도 넘쳐나기 때문에, 스위스의 매력을 조금 더 느끼고 싶다면 베른을 방문해 보자.

01

슈피탈 거리 & 마르크트 거리

Spitalgasse
&Marktgasse

위치 베른 중앙역에서 도보 이동

베른 중앙역부터 감옥탑을 지나 시계탑까지 이어지는 슈피탈 거리와 마르크트 거리는 베른 구시가지의 중심 거리다. 이 거리를 걷노라면 마치 마차가 지나다니는 중세 시대에 들어온 것 같은 분위기를 느끼게 되는데, 거리를 따라 탑과 분수대들이 있어 걷는 내내 지루할 틈이 없다.

중앙역에서 성당을 지나 감옥탑까지 걷는 길에는 많은 상점들이 있다. 감옥탑은 베른의 수문장 역할을 하던 문이었는데, 1770년에 죄수들을 수용하는 감옥으로 재건축되었고 1897년까지 감옥으로 사용되었다.

감옥탑을 지나면 마르크트 거리가 이어지고, 이 거리에는 두 개의 분수대가 있다. 베른에는 유독 분수대가 많은데, 이 분수대들은 베른 시민의 생활과 신앙을 표현하고 있다.

마르크트 거리 끝에는 시계탑이 있다. 시계탑은 베른의 상징이며, 감옥탑과 같이 도시의 수문장 역할을 하던 것이다. 이 탑에 있는 시계는 1530년에 만들어졌고, 당시는 천동설을 믿었던 시기였기 때문에 지구가 세상의 중심으로 그려져 있는 모습을 볼 수 있다. 시계탑부터 시작되는 크람 거리 역시 베른에서 걷기 좋은 골목 중 하나다.

감옥탑  시계탑

02

곰 공원 &
장미 공원

Bärengraben &
Rosengarten

위치 베른 중앙역에서 도
보약 20분, 버스로 약 10분

슈피탈 거리에서 시작해 마르크트 거리를 지나
크람 거리도 지나고 쭉 걸어가다 보면, 어느덧
아르 강변을 만나게 된다. 이 강변에 있는 니데
크 다리를 건너면 만나게 되는 공원이 바로 곰
공원이다.

곰 공원을 지나 작은 골목을 따라 올라가면 장미
공원이 나온다. 장미 공원은 공원 자체도 아름답
지만, 이 길을 걸어 올라가는 작은 오솔길을 통
해서 바라보는 베른 구시가지의 모습이 매우 아
름답다. 베른 골목 산책에서 특별히 공원을 추천
한 이유가 바로 이 오솔길 때문이다.

루체른 Luzern
구시가지

알프스 산이 있고, 호수가 있고, 중세 도시가 있어 매력적인 관광 도시 루체른은 구시가지 골목골목을 산책하는 재미가 있다. 루체른의 구시가지는 루체른 역에서 나와 카펠교를 건너면서 시작된다.

카펠교는 유럽에서 가장 오래되고 가장 긴 목조 다리로, 1333년에 지어진 이래 지금까지 루체른의 호수에 세워져 있다. 목조 다리는 각종 화재 위험에서 자유롭지 못하고, 전염병 때문에 해체되었던 역사가 많았기 때문에 이 목조 다리가 더욱 특별한 것이다.

카펠교를 건너 만나는 구시가지는 좁은 골목 사이로 프레스코화가 가득한 이색적인 건물들이 이어지며, 크고 작은 광장들을 만나게 되고, 쇼핑 숍과 카페, 레

카펠교

위치 루체른 중앙역에서
도보 약 5분

스토랑, 호텔들이 즐비하게 늘어서 있다. 그래서 늘
관광객들로 북적이는 곳이 바로 루체른의 구시가지
다. 루체른을 여행할 때, 대부분 근처에 있는 리기산
이나 필라투스 산 등 알프스 등반만을 염두에 두는
경우가 많은데, 루체른은 구시가지만으로도 충분히
매력적이다.

구시가지를 둘러싸고 있는 무제크 성벽에 오르면, 루
체른 시내가 한눈에 내려다보이고, 잠시 쉬어 갈 수
있는 공원도 만날 수 있다. 구시가지 골목을 산책하
다가 잠시 호숫가로 나와 알프스를 병풍으로 두르고
있는 루체른 호수를 바라보면 그 어떤 스트레스도 다
풀리는 것 같은 기분을 느끼게 된다.

로잔 Lausanne
구시가지

스위스 골목길 산책 여행에서 로잔도 빼놓을 수 없는 도시다. 로잔은 제네바와 더불어 레만 호를 대표하는 도시 중 하나로, 특히 국제 올림픽 위원회 본부가 있는 국제 도시로 더욱 알려져 있다.

관광지로서는 스위스의 다른 도시들에 비해 조금 덜 알려져 있지만, 로잔은 구시가지만으로도 충분히 매력적이다. 또한 로잔의 우시 항구는 레만 호의 항구 중 가장 큰 항구로, 이곳에서 레만 호 건너편의 수많은 도시들로 향하는 유람선이 출도착한다.

로잔 구시가지의 중심에는 팔뤼 광장이 있다. 팔뤼 광장에는 로잔 시청사가 있고, 광장의 중앙에는 '정의의 분수'가 세워져 있어 광장의 분위기를 더욱 활기차게 만들어 준다. 로잔은 좁은 골목들과 언덕으로 이루어진 도시이기 때문에, 이 광장이 로잔에서 가장 대표적인 모임 장소가 되기도 한다.

인형극이 펼쳐지는 시계

로잔 노트르담 대성당

위치 중앙역에서 도보

광장 한 켠에는 인형 시계가 있어 매 시간마다 아름다운 인형극을 보여 주기도 하니 분수대와 시청사를 보고, 인형극도 보는 등 스위스 작은 마을의 구시가지를 충분히 즐길 수 있다.

팔뤼 광장에서 충분한 휴식을 취했다면 이제 언덕을 따라 조금 올라가 보자. 언덕 위에는 로잔의 상징인 노트르담 대성당이 있다. 이 성당은 스위스에서도 손꼽힐 정도로 아름다운 고딕 양식의 건축물이다. 고딕 건축의 특징인 내부의 스테인드 글라스 역시 아름답다.

이 성당 앞에서 바라보는 로잔 시내의 풍경도 아름다우니, 로잔의 전경을 바라보며 스위스 구시가지의 매력에 흠뻑 빠져 보자.

오스트리아 Austria

유럽의 중앙에 위치하고 있는 오스트리아는 중세 시대를 닮은 구시가지를 간직하고 있는 도시들이 많아 골목 산책을 즐기기에 매우 좋다. 각 도시별로 특별함이 느껴지는 골목이 있고 골목별로도 각기 다른 매력이 있어 발길을 머물게 하는 곳들이 많다. 독특한 수제 간판이 가득한 골목부터 멋진 상점과 카페들이 늘어서 있는 카페 골목까지. 특별한 골목 산책을 떠나 보자.

빈 Wien

오스트리아의 수도인 빈은 중세 도시를 그대로 재현해 놓은 듯 아름다운 구시가지가 펼쳐진다. 마치 중세 도시를 산책하듯 구시가지 골목을 구석 구석 둘러보는 재미도 쏠쏠하다. 특별한 관광지를 찾아가지 않아도, 특별한 것이 없어도 골목 자체가 가져다주는 빈만의 매력을 만나 보자.

01

게른트너 거리

Kärntner Straße

위치 Karlsplatz 역,
Stephans Platz 역

빈의 골목 중 가장 유명한 곳이 바로 게른트너 거리다. 게른트너 거리는 빈에서 가장 번화한 보행자 전용 도로인데, 오페라 하우스부터 슈테판 대성당까지 이어진다. 이 거리를 따라 각종 호텔이나 부티크, 레스토랑들이 이어져 있어 늘 사람들로 북적거린다.

좁은 골목을 산책하는 호젓한 기분을 느끼지는 못하지만, 돌길이 깔려 있는 빈의 번화가를 걸어 보는 것만으로도 빈의 매력을 충분히 느낄 수 있게 해 준다.

게른트너 거리 끝에 위치한 슈테판 대성당은 오

스트리아 최고의 고딕식 혼합 성당이다. 이 성당에서는 모차르트의 결혼식과 장례식이 거행된 것으로도 유명하다. 독특한 타일식 지붕은 다른 유럽 도시에서 쉽게 만날 수 없는 것이기에 더욱 특별하게 여겨진다. 성당의 남측 탑에 오르면 빈 시내를 내려다볼 수 있다.

구시가지 중심에 있는 슈테판 대성당은 케른트너 거리와 함께 빈 최대의 관광 명소라고 할 수 있다.

오페라 하우스

슈테판 성당

02

그라벤
거리

Graben Strasse

위치 Stephans Platz 역

게른트너 거리를 지나 슈테판 성당을 만난 후, 이 거리에서 좌측으로 이어지는 그라벤 거리를 따라 걸어 보자. 이 거리 역시 케른트너 거리와 마찬가지로 보행자 전용 거리다. 거리 양쪽으로 멋진 카페와 상점들이 이어져 있는데, 13세기에는 유제품 시장이 들어서 있었고 이후 육류 시장, 야채 시장 등이 들어섰던 골목이다.

거리 중심에는 1679년 세워진 페스트 기념비가 자리하고 있다. 이 탑이 세워질 당시는 페스트가 유럽 전체에 큰 문제거리였는데, 빈에서도 약 15만 명이 희생될 정도였다고 한다. 그리고 마침내

사라진 페스트에 감사하며 세운 탑이 바로 이 기념비다.

페스트 기념비 근처에는 빈에서 두 번째로 오래된 성당인 성 페터 성당이 있다. 성당의 외부는 가운데 푸른 돔과 양쪽으로 두 개의 첨탑이 있는 아담한 모습이지만 내부는 조각과 그림으로 화려하게 장식되어 있다.

페스트 기념비

성 페터 성당

03

콜마르크트 거리

Kohlmarkt Strasse

카페 데멜

위치 Stephans Platz 역

콜마르크트 거리는 그라벤 거리에서 왼쪽으로 꺾어져 호프브로이 왕궁까지 이어진다. 이 거리는 빈에서 가장 번화한 고급 쇼핑가로 명품 브랜드 매장들이 들어서 있다.

또한 세계적으로 유명한 제과점인 카페 데멜이 이곳에 위치해 있다. 카페 데멜은 오스트리아 황실 전용 베이커리로 유명하며 1785년 창업하여 200여 년 역사를 지니고 있다. 자허 커피 및 초콜릿 케이크가 가장 인기 있는 메뉴다.

콜마르크트 거리 끝에는 미하엘 광장이 있는데 이곳에는 호프브로이 왕궁으로 들어가는 푸른

돔이 솟아 있는 왕궁 출입구가 있다. 호프브로이
왕궁은 합스부르크 왕가의 겨울 궁전으로 지어
졌으며, 지금은 오스트리아 대통령의 집무실로
사용되고 있다.

왕궁을 지나 조금 더 걸어가면 미술사 박물관과
자연사 박물관이 있는 마리아 테레지아 광장이
나온다. 이렇게 빈의 오래된 골목을 걷는 것만으
로도 빈의 주요 관광지를 모두 만날 수 있다.

호프브로이 왕궁 출입구

마리아 테레지아 광장

04

게트라이데
거리

Getreidegasse

잘츠부르크

호헨 잘츠부르크 성

빈에서 기차로 약 45분 거리에 잘츠부르크가 있다. 잘츠부르크는 유럽에서도 유명한 음악 도시로, 영화 〈사운드 오브 뮤직〉의 배경이 된 곳으로도 잘 알려져 있다. 더불어 잘츠부르크의 구시가지는 전체가 유네스코 세계문화유산으로 등재된 아름다운 곳이기도 하다.

알프스가 있고, 잘자흐 강이 흐르고, 오스트리아에서 가장 인기 있는 호헨 잘츠부르크 성이 있어 아름다운 도시 잘츠부르크 역시 골목골목마다 매력이 넘친다.

특히 잘츠부르크의 메인 거리인 게트라이데 거리는 잘츠부르크에서 가장 번화한 곳으로, 상점마다 각기 다른 철재 간판이 눈길을 끈다. 게트라이데 거리는 보행자 전용 거리로, 이 거리를 따라 바로크 양식의 건물들이 즐비하다.

이 거리에 노란색의 모차르트 생가가 있다. 모차르트가 태어나서 17세까지 살았던 곳으로 현재는 박물관으로 공개하고 있다. . 게트라이데 거리에는 모차르트의 얼굴이 새겨진 초콜릿을 판매하는 상점들이 많으니 선물용으로 구매해 보자.

위치 기차역에서 도보 약 30분

게트라이데 거리를 따라 쭉 걷다 보면, 잘츠부르크 대성당을 만나게 된다. 음악 도시인 잘츠부르크답게 이 성당에는 유럽에서 가장 큰 파이프 오르간이 자리하고 있다. 모차르트가 어렸을 때 이곳에서 영세를 받고, 미사에 참석해 파이프 오르간과 피아노를 연주했다고 한다.

잘츠부르크 대성당

성 페터 성당

아름다운 대성당을 지나 잘츠부르크 성으로 올라가는 길목에서는 성 페터 성당도 만나게 된다. 성 페터 성당은 오스트리아에서 가장 오래된 베네딕트파 수도원의 성당으로, 지금은 수도원으로 사용되고 있지는 않지만 내부에 소박한 성당과 카타콤베가 자리하고 있다.

이곳을 지나 잘츠부르크 성까지 올라가 보자. 호헨 잘츠부르크 성에서 내려다보는 잘츠부르크 시내의 모습이 매우 아름답다.

프라하 Praha

동유럽의 수도라고 할 수 있는 프라하는 관광지의 모습보다 중세 시대 속으로 들어온 것 같은 골목길 모습이 먼저 떠오른다. 빨간색 지붕이 있고, 바닥에는 마차가 다닐 것 같은 돌길이 깔려 있고, 거리 양쪽으로는 아름다운 간판을 가진 상점들이 이어진다. 낭만적인 프라하의 골목을 이리저리 걸어 보는 것만으로도 프라하의 매력에 푹 빠지게 된다.

01

구시가지
Staré Město

위치 프라하 중앙역에서
도보 약 15분

구시가지는 화약탑부터 카를교 탑까지 이어지는 지역을 말하는데, 미로처럼 얽혀 있는 길들이 구시가지의 매력이라고 할 수 있다. 간혹 이 골목에서 길을 잃어 헤맨 경험이 있는 사람들의 경험담을 듣게 되기도 하는데, 헤맨다고 하더라도 즐거운 곳이 바로 프라하의 구시가지일 것이다.

구시가지가 시작되는 화약탑부터 프라하 성까지 이어지는 길을 '왕의 길'이라고 부른다. 이 길을 따라 보헤미아의 왕과 왕비들이 대관식을 치르기 위해 지나갔기 때문이다.

굳이 왕의 길을 따라 걷지 않는다고 해도 관광지

를 따라 구시가지를 걸어 카를교를 지나, 프라하 성까지 가는 것이 일반적인 프라하 여행의 도보 코스라고 할 수 있다.

화약탑

프라하 구시가지 산책길의 시작인 화약탑은 신 시가지와 구시가지의 경계에 세워진 탑으로, 구 시가지를 지키는 성문 역할을 했다. 이 탑이 화 약탑으로 불린 것은 17세기 초 연금술사들의 연 구실 겸 화약 창고로 사용되면서부터다.

화약탑을 지나 걷다 보면, 구시가지 광장과 만나 게 되는데 이곳이 프라하 구시가지의 가장 중심 이 되는 광장이다. 광장에는 구시청사와 틴 성

카를교 탑

당, 성 미쿨라셰 성당 등이 있고, 광장 중앙에는 얀후스 동상이 세워져 있으며 이 광장을 중심으로 구시가지의 많은 골목들이 이어진다.

이 구시가지에서 블타바 강변으로 걸어가면서 만나게 되는 크고 작은 골목들에는 많은 상점과 레스토랑들이 들어서 있어 복잡한 구시가지 골목을 걷다 길을 헤매게 되더라도 헤매는지도 모른 채 산책하듯 걷게 된다.

구시가지 끝에는 카를교 탑이 있다. 이 탑은 카를교와 프라하 성을 한눈에 내려다볼 수 있는 전

망대로 인기가 높다. 이 카를교 탑을 지나 카를
교를 건너면 말라스트라나 지구가 나온다. 이 지
역도 구시가지에 이어 프라하에서 두 번째로 오
래된 지역으로, 프라하 성이 있고 프라하 성을
중심으로 궁전과 공원들이 있어 프라하 여행의
필수 여행지다.

02

네루도바 거리

Nerudova

위치 카를교에서 도보 약 10분

카를교를 지나 말로스트란스케 광장을 지나 프라하 성으로 올라가는 길목에서 만나게 되는 골목이 바로 네루도바 거리다.

약간 오르막으로 이루어진 이 거리는 예전에 주소가 없을 때 각 주소를 구분하기 위해 건물마다 그림이나 문패를 달아 만들어 놓은 것이 아직도 보존되고 있어 더욱 유명하다. 프라하 성까지 올라가는 길목에 심심하지 않게 많은 레스토랑과 상점들이 길을 따라 이어진다. 그래서 이 길은 늘 관광객들로 북적인다.

만약 북적거리는 길을 따라 가는 것이 불편하다면, 네루노바 거리 옆쪽에 있는 계단을 따라 프라하 성까지 올라갈 수 있다. 이 계단은 말로스트란스케 광장의 성 미쿨라셰 성당 옆의 자메츠카 거리로 들어가 올라가면 만날 수 있다.

어디로 올라가든 두 길은 모두 매력적이다. 네루도바 거리로 올라간 후, 내려올 때는 계단을 따라 내려오는 것도 좋다.

이탈리아 Italy

유럽의 중남미에 있는 이탈리아는 지중해 기후의 도시
들과 중세의 모습을 그대로 간직하고 있는 토스카나
지방의 소도시들, 그리고 무역으로 번성한 해양 도시들
이 어우러져 이탈리아 도시 곳곳에서 그 도시만의 특
색 있는 매력을 만날 수 있다. 이탈리아 역시 다른 유럽
도시들과 마찬가지로 어느 특별한 여행지가 아니어도
골목을 걷는 것만으로도 충분히 매력적이다.

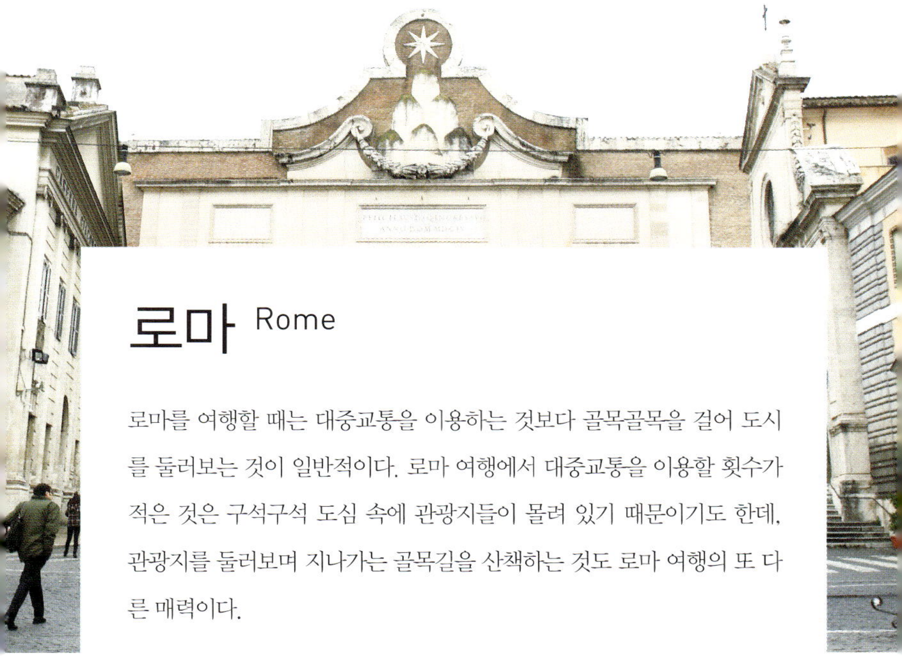

로마 Rome

로마를 여행할 때는 대중교통을 이용하는 것보다 골목골목을 걸어 도시를 둘러보는 것이 일반적이다. 로마 여행에서 대중교통을 이용할 횟수가 적은 것은 구석구석 도심 속에 관광지들이 몰려 있기 때문이기도 한데, 관광지를 둘러보며 지나가는 골목길을 산책하는 것도 로마 여행의 또 다른 매력이다.

01

코르소 거리
Via del Corso

포폴로 광장

로마 여행에서 만나게 되는 가장 대표적인 골목으로 코르소 거리가 있다. 코르소 거리는 로마에서도 꽤 오래 전에 만들어진 고대 거리로, 포폴로 문을 통과해 나오는 포폴로 광장부터 베네치아 광장까지 쭉 이어진다.

고대부터 발달된 거리답게 유난히 좁은 코르소 거리를 따라 수많은 상점과 카페, 레스토랑, 호텔 등이 이어지고 있어 관광객들의 발길이 끊이지 않는다. 또한 코르소 거리를 중심으로 로마의 수많은 관광지와 연결되는 골목들이 이어진다. 그래서 그런지 스탈당은 이 거리를 '우주에서 가

베네치아 광장

콜로세움

위치 Spagna 역에서 도보 약 5분

장 아름다운 거리'라고 평가했다. 과장된 표현일 지는 몰라도 로마에서 가장 아름다운 거리라는 것을 부정할 사람은 없을 것이다.

코르소 거리 끝에 있는 베네치아 광장을 지나면 콜로세움까지 연결되는 황제의 길이 나온다. 황제의 길을 따라 로마의 가장 오래된 고대 도시의 흔적들을 만날 수 있고, 로마의 상징과도 같은 콜로세움까지 만나게 된다.

포폴로 광장을 출발해 코르소 거리를 지나, 황제의 길을 거쳐 콜로세움까지 걸으며 로마의 오래된 길을 느껴 보자.

02

베네토
거리

Via Vittorio
Veneto

위치 Barberini 역

로마에서 가장 아름다운 거리가 코르소 거리라
고 한다면, 베네토 거리는 로마에서 가장 럭셔
리한 거리라고 이야기할 수 있다. 그래서 그런
지 1950~1960년대에는 상류층들이 주로 거닐
던 거리로 영화 속에 많이 등장했다. 아마도 이
거리를 따라 명품 매장들과 고급 레스토랑, 호텔
등이 즐비하기 때문일 것이다.

이 거리에서 특히 유명한 곳은 페데리코 펠리니
감독의 〈달콤한 인생〉 속의 배경이 된 '카페 드
파리'다. 카페 내부에는 영화 속 장면들을 만날
수 있는 사진과 유명인들의 사진이 많이 걸려 있

카페 드 파리

는데, 그만큼 유명인들도 많이 찾아오는 곳이다. 재미있는 것은 영화 속에 등장했던 사진가의 이름인 '파파라초'에서 지금의 파파라치라는 말이 생겨 났다고 한다.

이 거리는 가로수가 유난히 많다. 그래서 가로수 길이라는 별명이 붙어 있는데, 가로수 중에는 오렌지 나무도 있어 조금 특이하기도 하다. 오렌지 나무에 실제로 오렌지가 열려 있는 것을 볼 수도 있는데, 로마 시민 누구도 이 오렌지를 따서 먹지는 않는다. 아마 호기심에 한번 따 본 사람들은 두 번 다시 따지 않을 것이다. 먹을 수 없는 관상용

카페 드 파리의 내부

바르베르니 광장

오렌지 나무가 가로수로 사용되었기 때문이다.

가로수길을 조금 더 걸어 내려가면 산타 마리아 델라 콘체치오네라는 해골로 장식된 성당을 만나게 되고, 조금 더 가면 바르베리니 광장이 나온다. 이 광장에는 베르니니의 걸작인 트리토네 분수가 있어 더욱 유명하다.

이 광장에서 트리토네 거리가 이어지고, 트리토네 거리를 따라가면 코르소 거리와 만나게 된다.

산타 마리아 델라 콘체치오네

03

트라스
테베레
Trastevere

로마에서 대표적인 뒷골목을 이야기하자면 트라스테베레 지역의 골목을 떠올리게 된다. 트라스테베레 지역은 로마 여행 중에 쉽게 발길이 닿지 못하는 지역이기는 한데, '진실의 입'에서 티베레 강만 살짝 건너면 만날 수 있는 지역이다.

'트라스테베레'라는 말은 '강 건너 마을'이라는 뜻을 가지고 있다. 원래 이곳은 그리스도 교인들이 주로 모여 살았던 곳이라고 한다.

그래서 트라스테베레 지역에는 특별한 관광지가 있지는 않지만, 로마에서 순교한 성녀인 세실리

산타 체칠리아 인 트라스테베레 성당

산 피에트로 인 몬토
리오 성당의 예배당

위치 진실의 입에서 도보
이동

아의 시신이 안장되어 있는 산타 체칠리아 인 트라스테베레 성당을 만날 수 있고, 베드로가 순교했던 곳에 세워진 산 피에트로 인 몬토리오 성당도 만날 수 있다.

트라스테베레는 이렇게 그리스도교의 흔적을 만날 수 있는 곳으로, 사실 특별한 무언가를 찾아가는 것보다 그저 골목길을 산책하듯 걸어 보는 것이 좋다. 로마에서 가장 순박한 지역이라는 느낌도 들고, 뒷골목의 이미지가 강하게 느껴지는 곳이라 의외로 꽤 매력적이다.

04

스파카
나폴리

Spacca Napoli
나폴리

위치 나폴리 중앙역에서
도보 약 20분

나폴리에서 가장 걷기 좋은 거리로는 스파카 나폴리를 손꼽는다. 스파카 나폴리는 '나폴리를 가로지른다'라는 의미로, 구시가지와 신시가지를 나누어 주는 중간에 위치하며, 골목 골목에서 오래된 나폴리의 모습을 느껴볼 수 있다.

파스콸레 스쿠라 거리(Via Pasquale Scura)에서부터 동쪽으로 뻗은 포르첼라 거리(Via Forcelle)까지를 뜻하며 이 거리가 바로 나폴리의 가장 오래된 주거 구역이라고 한다. 스파카 나폴리 거리를 따라 나폴리의 맛있는 피자집을 비롯해 오래된 레스토랑이나 카페 등이 밀집해 있다.

05

두오모
주변 골목

피렌체

피렌체 중심에 위치하고 있는 두오모를 중심으로 뻗어 나간 골목들이 매우 아름답다. 특히 영화 〈냉정과 열정 사이〉에 등장했던 아카데미아 미술관 근처의 골목은 두오모를 가장 멋지게 바라볼 수 있는 골목으로 유명하다. 또한 두오모에서 '단테의 집'으로 향하는 골목길도 산책하기 좋으며, 단테에서 산타 크로체까지 이어지는 골목도 걷기 좋다.

피렌체는 다른 유럽의 도시들에 비해 구시가지가 비교적 작은 편이기 때문에 구석구석 걸어서 골목길을 여행해 보자.

Theme 8

영화 속
유럽 찾기

여행을 떠나기 전 우리는 영화 속에 등장하는 유럽의 모습을 자주 접하게 된다. 아니 어쩌면 영화를 보다가 우연히 만난 유럽에 이끌려 유럽 여행을 계획하게 되었는지도 모른다. 유럽에는 많은 도시들이 있지만 영화 속 배경지로 특히 사랑을 받는 도시들이 있는데, 바로 런던, 파리, 로마와 같은 유럽의 주요 도시들이다. 유럽 여행을 계획하고 있다면, 여행을 떠나기 전 가고자 하는 도시들이 등장한 영화를 미리 만나 보면 더욱 풍성한 여행을 계획할 수 있다. 영화배우가 된 듯, 영화 속 주인공이 된 듯, 영화 속에 등장한 유럽의 명소를 찾아보자.

![photo]

런던 London

런던은 북적거리고 고층 건물이 많은 대도시의 느낌과 공원이 많고 재래시장이 있는 소도시 같은 느낌이 모두 느껴진다. 이런 다양한 모습들이 있기 때문인지 유독 유럽을 배경으로 한 영화에는 런던이 많이 등장한다. 특히 유명한 영화로는 〈러브 액추얼리〉, 〈노팅힐〉, 〈해리 포터〉, 〈브리짓 존스의 일기〉, 〈다빈치 코드〉, 〈셜록 홈즈〉 등이 있다. 이 영화 속 배경지로 런던 여행을 떠나 보자.

01

러브
액추얼리
Love Actually

'런던' 하면 가장 먼저 떠올리는 대표적인 영화
인 〈러브 액추얼리〉는 크리스마스 시즌이 되면
끊임없이 방송되는 크리스마스 대표 영화이기도
하다. 이 영화는 옴니버스 영화처럼 여러 사람들
의 사랑에 관한 에피소드를 크리스마스와 런던
을 배경으로 보여 준다.

'당신의 사랑은 어디에 있습니까?'라고 묻는 것
같은 이 영화에는 런던에서 가장 복잡한 곳인 히
드로 공항에서의 수많은 만남과 이별의 장면을
담고 있으며, 어린아이들의 사랑과 짝사랑, 그리
고 이루어질 수 없는 사랑과 새롭게 다시 깨닫는

사랑 등을 통해 사랑이 무엇인지를 생각하게 만들어 준다.
또한 전혀 상관없을 것 같은 에피소드의 주인공들이 마지
막에 하나의 에피소드로 얽혀 있는 엔딩은 이 영화의 감동
을 더욱 진하게 전해 준다. 히드로 공항뿐 아니라 이 영화
속에서 영국 수상으로 등장했던 휴 그랜트가 머물던 다우
닝가 10번지 영국 수상들의 관저도 자주 등장한다.

02

셜록 홈즈
Sherlock Holmes

세상에서 가장 유명한 추리 소설을 손꼽자면 〈셜
록 홈즈〉가 있다. '셜록 홈즈'는 코난 도일에 의해
만들어진 소설 속 인물인데, 아마도 세계에서 가
장 유명한 탐정일 것이다. 최근에는 셜록 홈즈를
주인공으로 한 영화가 만들어지고, 드라마가 방
영되면서 런던을 배경으로 한 셜록 홈즈의 활약
상을 더욱 재미있게 볼 수 있다.

〈셜록 홈즈〉 속 주소 베이커가 221b는 실제로는

없는 곳이지만, 소설이 워낙 유명해지자 베이커 가에 이 주소가 생겨 났다. 그리고 소설 속에 등장하는 셜록 홈즈의 집으로 꾸며져 박물관으로 일반인에게 개방하고 있다. 셜록 홈즈를 좋아하는 사람이라면 이곳 셜록 홈즈 박물관을 꼭 방문해 보길 바란다. 좁은 계단을 따라 올라가면 홈즈의 방도 있고, 그의 친구이자 조수인 와트슨의 흔적도 느껴 볼 수 있다.

영화 〈셜록 홈즈〉는 영화의 배경이 런던이라는 것을 보여 주기 위해 초반에 세인트 폴 대성당이 등장한다. 그리고 셜록 홈즈가 살았던 빅토리아 시대 속의 모습으로 재현된 모습이 등장해 더 눈길을 끈다. 더불어 미스테리한 사건들과 스릴 넘치는 장면들은 피카딜리 서커스를 배경으로 연출되었다.

03

노팅힐
Notting Hill

줄리아 로버츠와 휴 그랜트 주연의 〈노팅힐〉은
소심하고 평범한 남자와 할리우드 여배우가 사
랑에 빠지는 내용을 담은 영화다. 〈노팅힐〉이라
는 제목답게 런던의 노팅힐 지역이 영화 속 배경
으로 등장한다.

노팅힐 시장 한쪽에서 여행 서적 전문점을 운영
하며 무미건조한 시간을 보내고 있는 한 남자가.
어느 날 갑자기 책방에 책을 사러 온 할리우드
여배우를 만나면서 그의 삶이 확 달라졌다. 평
범한 노팅힐 지역에서 평범하지 않은 한 여자를
만나게 된 것이다. 하지만 그녀는 워낙 스타였

햄스테드 히스의 저택

기 때문에 서로의 사랑이 쉽지 않아 결국 헤어지게 되는데, 그녀가 영국을 떠나기 전 그는 용기를 내어 그녀의 기자 회견장에 찾아가 자신의 사랑을 표현한다. 그리고 그녀는 화려한 스타의 삶을 내려놓고 노팅힐에서 그와 함께 평범하지만 행복한 삶을 살게 된다.

영화가 아니어도 노팅힐 지역은 매주 열리는 벼룩시장으로 런던 여행을 위한 필수 관광지로 자리 잡고 있는 곳이다. 하지만 영화 속 배경이 된 후, 〈노팅힐〉에 등장했던 파란색 노팅힐 서점은 금세 관광지가 되었다. 영화 속 그대로의 모습은 아니지만 아직도 노팅힐 서점을 만날 수 있으니, 영화 〈노팅힐〉을 좋아한다면 한 번쯤 방문해 보자.

더불어 줄리아 로버츠가 촬영하는 영화 촬영지로 휴 그랜트가 찾아가는 장소로 등장한 곳은 햄스테드 히스의 저택이다. 햄스테드 히스는 런던 외곽 지역에 위치한 넓은 공원인데, 이 공원도 매우 아름답다.

04

해리 포터

Harry Potter

〈해리 포터〉는 전 세계를 떠들썩하게 만들었던 동명의 소설을 영화로 만든 것이다. 소설은 오래된 마녀의 전설들을 조합해서 만든 판타지 소설이다. 전 세계 판매량을 따져 봤을 때 성경책 다음으로 많이 팔렸다고 하는 《해리 포터》 소설책 덕에 이 소설을 쓴 조앤 K. 롤링은 소설가로서는 처음으로 영국 100대 재벌에 이름을 올리기도 했다.

하지만 이 소설이 처음부터 쉽게 성공한 것은 아니다. 조앤 롤링은 처음 원고를 완성한 후, 여러 출판사에 원고를 발송했지만, 대형 출판사에서는 모두 거절 당하고, 비교적 소규모인 블룸즈버리 출판사와 계약을 했다. 당시에 겨우 500부만 간행했을 정도로 그녀의 소설이 성공할 것이라고는 누구도 짐작하지 못했다. 하지만 아동 출판사인 스콜라스틱에 의해 책의 가능성을 인정 받고 미국 출판권을 계약해 거액의 인세를 건네받았다.

킹스크로스 역   레든홀 마켓

그러면서 점차 이 책에 대한 언론의 관심이 높아지고, 결국 입소문이 퍼지면서 판매량도 서서히 늘어났다. 그리고 2부, 3부가 거듭될수록 신드롬이라고 할 수 있을 정도로 독자들의 열광적인 반응이 이어졌다. 그리고 결국 2001년 〈해리 포터와 마법사의 돌〉이라는 영화로 제작되었다.

평범하게 살아가던 해리 포터가 11살 생일 즈음 마법사의 능력을 지니고 있다는 것을 알게 되고, 호그와트 마법 학교에 입학을 하면서 모험을 경험하게 된다는 내용의 영화다.

이 영화 속에서 호그와트행 열차를 타기 위해 가는 곳이 바로 런던의 킹스크로스 역이다. 킹스크로스 9와 3/4번 플랫폼이 바로 호그와트행 급행 열차를 타기 위한 플랫폼인데, 영화 속 플랫폼을 그대로 재현해 놓은 모습을 킹스크로스 역에서 만날 수 있다. 또한 극 중에서 해리 포터가 지팡이를 사러 돌아다니던 그 시장이 바로 레든홀 마켓이다. 최근에도 해리 포터의 열기가 식지 않아서, 런던 근교에 해리 포터 스튜디오가 개장하고 해리 포터를 사랑하는 사람들의 발길이 이어지고 있다.

05

이프 온리
If Only

런던을 배경으로 한 영화로는 2004년에 개봉한 영화 〈이프 온리〉도 빼놓을 수 없다. 성공하기 위해 열심히 일하는 남자 이안과 사랑을 꿈꾸는 로맨티스트 사만다의 사랑을 그린 판타지 로맨스 영화다.

영화 속 사만다는 늘 일만해서 자신에게 소홀한 이안이 불만이다. 그리고 런던 아이를 타고 싶다고 말하는 사만다에게 늘 바쁘다는 핑계로 그녀의 부탁을 들어 주지 못하는 이안의 모습이 그려진다. 늘 일이 바쁘다는 이유로 사만다에게 소홀하던 이안이 그녀의 소중함을 깨닫게 되는 순간 그의 앞에서 그녀는 교통사고로 목숨을 잃게 된다. 사랑한다는 표현도 제대로 못한 채 그녀를 떠나보내는 이안은 슬픔을 주체하지 못하는데. 자고 일어났더니 다시 그녀가 곁에 있다. 그리고 어제

의 일상이 반복되고 있다. 그녀의 죽음을 미리 알고 있던 그는 운명을 바꾸기 위해 노력한다. 하지만 계속 같은 일들이 반복되고 결국 그녀는 죽음을 맞이한다. 그리고 또 잠을 자고 일어나면 어제로 돌아오게 되는 이안. 운명을 바꿀 수는 없다는 것을 깨닫고 그녀를 사랑할 수 있는 마지막 단 하루를 위해 최선을 다해 그녀를 위한 최고의 하루를 선물한다.

영화 속에 등장하는 런던 아이는 런던의 대표 명소로, 브리티시 에어라인에서 2000년 밀레니엄을 맞아 세운 대관람차인데, 이곳에서 바라보는 런던의 풍경이 무척 아름답다.

만약 사랑하는 사람과 함께 런던을 여행할 계획이라면, 오늘이 그 사람과의 마지막 시간인 것처럼 사랑을 해 보자. 영화 속 대사인 '그녀가 있음에 감사하고 계산 없이 사랑하라'는 대사를 되새겨 보자.

06

브리짓
존스의
일기

Bridget Jones's
Diary

2001년에 개봉한 〈브리짓 존스의 일기〉 역시 런던을 배경으로 한 영화다. 이 영화는 어쩌면 평범한 일상을 담은 보통 사람들의 이야기를 보여주고 있지만, 그 속에서 진정한 사랑을 찾는 로맨스가 느껴진다.

영화 속 주인공인 브리짓 존스는 32세의 노처녀다. 그녀는 완벽한 남자를 만나겠다는 희망을 가지고 있었고, 그녀가 생각하는 완벽한 남자로 직장 상사인 다니엘과의 관계를 맺어 나간다. 하지만 다니엘에게 다른 여자가 있음을 알게 되고, 전에 소개 받았던 인권 변호사인 마크와 계속 마주치게 되면서 첫인상에서 매력을 느끼지 못했던 마크와 조금씩 사랑에 빠지게 된다.

이 영화는 노처녀의 미묘한 심리 상태를 과장하지 않고 진솔하게 표현함으로써 더욱 감동적인 영화로 많은 사람들에게 사랑을 받았다.

영화 속에는 런던의 모습이 종종 등장하는데, 다니엘과 마크가 브리짓 존스를 두고 싸움을 하는 장면에 등장한 하이드 파크는 런던을 대표하는 공원이기도 하다. 그리고 피카딜리 서커스와 타워 브리지 등이 자주 등장한다.

파리 Paris

런던과 더불어 파리 또한 영화 속 배경으로 자주 등장한다. 로맨틱한 도시로 유명한 파리이기에 유독 로맨틱 영화 속의 배경이 되는 경우가 많다.

한국 드라마 〈파리의 연인〉 속의 배경 역시 파리였다. 물론 초반 몇 회에서만 파리를 배경으로 촬영이 되었지만, 이 드라마를 통해 파리의 많은 장소들이 한국에 알려지기도 했다. 그리고 최근에는 TvN의 〈꽃보다 할배〉가 처음으로 떠난 배낭 여행지로 파리가 등장해 선

풍적인 인기를 끌기도 했다.

이렇게 파리는 유럽을 대표하는 도시로서, 영화나 드라
마, 그리고 TV 방송이나 CF 등에 자주 등장한다. 그리
고 이런 파리를 더욱 사랑스럽게 만드는 영화들이 있
다. 파리 여행을 시작하기에 앞서 참고 삼아 보면 좋을
영화들을 찾아보는 것도 파리 여행을 준비하는 좋은
방법이 될 것이다.

01

미드나잇
인 파리

Midnight In Paris

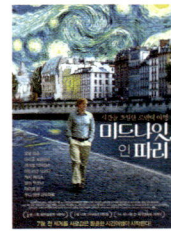

2011년 개봉한 〈미드나잇 인 파리〉는 최근에 파리를 배경으로 등장한 영화 중에서 파리가 전반적으로 중요한 배경으로 등장하고 있다.

이 영화는 소설가 길과 그의 약혼녀 이네즈의 파리 여행을 주제로 만들어진 영화인데, 파리의 낭만을 만끽하고 싶은 길과 파리의 화려함을 즐기고 싶어 하는 그녀의 상반된 성격에, 결국 길이 홀로 파리의 밤을 거닐면서 일어나는 에피소드를 다루고 있다.

길이 밤거리를 걷다 우연하게 잠시 앉아 쉬었던 생 에튀엔 뒤 몽 성당의 계단에서 밤 12시를 알리는 종이 울리자 클래식한 푸조 자동차가 한 대 나타난다. 그리고 그를 1920년대의 파리 속에 데려다 놓는다. 그는 꿈꾸던 낭만의 파리를 헤밍웨이, 피카소, 달리 등의 예술가들과 함께 보내

게 된다. 그리고 그 과거 속에서 아드리아나를 만나 사랑에 빠진다. 하지만 아침이 되면 어김없이 그는 현실로 돌아와 있다. 그래서 그는 더 과거를 동경하게 되는데, 그런 그에게 아드리아나는 과거의 사람들은 더 과거를 동경하면서 살았다는 말을 남긴다.

어디에 살든 현실은 늘 불만족스럽다. 그래서 과거를 동경하게 되고, 그 과거 속에서는 또 더 과거를 동경하며 살아간다. 그래서 결국 지금이 가장 중요한 순간이라는 것을 깨닫는 순간, 길은 그와 말이 잘 통하는 현실 속 여자와 만나게 된다.

영화 속에서 자주 등장하는 곳은 팡테옹 옆의 생 에튀엔 뒤 몽 성당의 계단이다. 그리고 그 근처의 골목들과 시테 섬, 센 강변 등이다. 영화 속에 등장하는 레스토랑인 폴리도르는 1845년에 문을 열어 지금까지 전통을 이어 오고 있는 프랑스 가정식 요리를 판매하는 레스토랑이다. 실제로 헤밍웨이나 빅토르 위고 등이 이곳을 즐겨 찾았다고 한다.

02

비포 선셋

Before Sunset

파리를 배경으로 하는 영화로는 〈비포 선셋〉을 빼놓을 수 없다. 〈비포 선셋〉은 〈비포 선라이즈〉의 9년 후의 모습을 보여 주는 영화인데, 유럽 횡단 열차에서 만난 셀린느와 제시가 다시 만날 약속을 하지만 결국 만나지 못하고, 9년의 시간이 지난 후, 베스트셀러 작가가 된 제시가 파리로 출판 홍보 여행을 왔을 때 셀린느가 그곳을 찾아가면서 함께 파리에서 저녁 시간을 보내는 내용이 담겨 있다.

9년 만에 다시 만난 그들은 9년 전에 하지 못했던 많은 이야기를 통해 서로의 사랑을 재확인하는 시간을 갖는다. 무언가 여지를 남겨 두고 엔딩을 맞는 〈비포 선셋〉의 다음 이야기가 궁금하다면 2013년에 개봉한 〈비포 미드나잇〉을 만나 보자. 〈비포 미드나잇〉은 그리스의 해변 마을 카르다밀리가 배경으로 등장한다.

영화 〈비포 선셋〉에서 처음 그들이 만나게 되는 파리의 장소는 센 강변에 있는 '셰익스피어 앤 컴퍼니' 서점이다. 원래도 영미 서적을 판매하는 서점으로 유명한 곳인데 영화 속 배경으로 등장하면서 더욱 인기 높은 파리의 관광지가 되었다.

그리고 그들은 생 미셸 지역을 걷는다. 이후에는 노을이 지는 시간에 바토뷔스를 타고 센 강을 유람한다. 바토뷔스는 센 강에서 버스처럼 타고 내리는 유람선 버스인데, 센 강변에 많은 관광지가 모여 있는 파리에서 의외로 유용한 교통수단이다.

이렇게 골목을 거닐거나 유람선을 타고 센 강변을 유람하는 모습 등이 그려지는 〈비포 선셋〉은 파리를 여행하기 전에 파리를 먼저 만나 볼 수 있는 영화로 안성맞춤이다.

03

다빈치
코드

The Da Vinci
Code

《다빈치 코드》는 2003년에 출간된 댄 브라운의 소설로, 소설 출간 이후 전 세계적인 화제를 일으킨 베스트셀러가 되었다. 그리고 이 소설이 2006년 영화로 개봉하면서 영화 역시 많은 사랑을 받게 되는데, 이 영화 속에 파리가 주요 배경으로 등장한다.

주인공인 로버트 랭던은 파리로 특별 강연을 떠나고, 그날 밤 루브르 박물관에서 자크 소니에르가 살해 당한 채 시체로 발견되면서, 그가 이 사건의 용의자로 지목되어 스스로 사건을 파헤쳐 가기 시작한다.

루브르 박물관에서 그림들을 보며 그림 속에 숨겨진 코드를 파헤쳐 나가고, 이후 쐐기돌을 찾아 로즈 라인과 오벨리스크가 있는 생 쉴피스 성당

을 찾는다.

또한 블로뉴 숲 등이 영화 속 배경으로 등장하며 파리에서의 숨막히는 추격전이 이어지는데, 추격전은 결국 런던으로 옮겨지고, 비밀을 파헤쳐 나가면 나갈수록 루브르 박물관의 거꾸로 된 피라미드로 시선이 모아진다.

루브르에서 시작해서 루브르에서 끝을 맺은 영화로. 루브르에 등장하는 레오나르도 다빈치 그림의 재해석이 눈에 띄며 꽤나 설득력이 있었다. 하지만 기존 그리스도교의 교리를 완전히 바꾸는 내용 덕분에 수많은 논란을 낳기도 했다.

논란이 있기는 했지만 영화는 영화일 뿐! 〈다빈치 코드〉 속에 등장하는 파리의 명소들을 찾아서 그 진실을 추리해 보는 것은 어떨까?

04

아멜리에

Le Fabuleux
Destin D'Amelie
Poulain

진정한 행복을 찾기 위해 노력하는 여인 아멜리에의 모습을 그린 이 영화는 2001년에 개봉한 영화지만 희망과 사랑, 그리고 행복이 담긴 밝은 영화로 아직도 파리를 생각하면 가장 먼저 떠올리는 영화로 사랑 받고 있다.

특히 이 영화에서는 파리의 몽마르트르 지역이 배경으로 많이 등장한다. 아멜리에가 살던 집, 아멜리에가 일하던 카페, 아멜리에가 자주 가던 상점도 몽마르트르에 있다.

그녀가 일하던 카페는 물랑루즈에서 레픽 거리를 따라 조금 올라가면 만날 수 있는 '카페 데 두물랑(Cafe de 2moulins)'이다. 이 카페는 현재

도 영화 속 그대로의 모습을 하고 있는데 카페 내부에는 〈아멜리에〉의 영화 포스터가 걸려 있어 아직도 많은 여행객들이 이 영화 속 배경을 찾아 카페를 찾는다는 것을 증명해 준다.

아베쎄 역 근처에는 콜리뇽 상점이 있는데 이 상점은 〈아멜리에〉 속에 등장했던 상점이다. 또한 〈아멜리에〉의 엔딩 장면에서 공중 전화 박스가 있었던 장소는 샤크레쾨르 성당 앞의 정원이다.

이렇듯 아멜리에 영화 속의 대부분의 모습에 몽마르트르가 등장한다. 파리 여행 중에 몽마르트르를 집중해서 둘러보고 싶다면 영화 〈아멜리에〉를 미리 보는 것이 많은 도움이 될 것이다.

미라벨 정원

오스트리아 Austria

오스트리아 역시 영화 속에 종종 등장하는 유럽의 대
표적인 나라 중 한 곳이다. 동유럽과 서유럽의 느낌이
섞여 있는 그 매력이 아마도 영화인들에게 오스트리아
를 카메라에 담게 만드는 원동력이 되는 듯하다. 오스
트리아에서 촬영한 영화 속으로 들어가 보자.

01

비포
선라이즈

Before Sunrise
빈

파리가 배경으로 등장했던 〈비포 선셋〉의 9년 전의 모습이 바로 〈비포 선라이즈〉다. 다르게 말하면, 〈비포 선라이즈〉 속 주인공들의 9년 후를 다룬 영화가 바로 〈비포 선셋〉이라 할 수 있다. 1995년에 개봉한 이 영화는 유럽의 기차 여행을 더욱 낭만적으로 표현하고 있다.

부다페스트에서 할머니를 만난 후 파리로 돌아가는 셀린느와 마드리드에 유학 온 여자친구를 만나러 왔다가 실연의 상처만 안고 빈으로 가서 미국행 비행기를 타려는 제시가 우연히 같은 열차에 타게 된다. 그리고 그들은 짧은 시간이지만 대화를 나누며 서로에 대한 호감이 깊어진다.

어느덧 열차는 빈에 도착하고, 제시가 용기를 내어 셀린느에게 빈에서 함께 내릴 것을 제안한다. 그렇게 그들은 빈에서의 하룻밤을 보내게 되는데, 〈비포 선라이즈〉라는 영화 제목과 같이 해가 뜨기 전까지 둘의 시간을 영화 속에서 보여 주고 있다.

둘은 빈의 밤거리를 돌아다니며 많은 대화를 나눈다. 그리고 그들에게 허락된 시간이 끝나가자 점차 이별을 준비한다. 그리고 6개월 후에 다시 만날 것을 약속하면서 각자의 일상으로 돌아간다.

이 영화에서는 빈의 모습을 자세하게 담지는 않았다. 오히려 그들의 대화에 집중하고 있다. 그들은 밤새 빈 거리를 걸었고, 프라터 공원에서 여유로운 시간을 보내며 설렘을 느꼈다. 그리고 그들의 이야기는 9년 후에 만들어진 〈비포 선셋〉에, 그리고 다시 9년 후에 만들어진 〈비포 미드나잇〉에 계속 이어진다.

02

장미의 이름

Le Nom De La Rose

멜크 수도원

이 영화는 움베르토 에코의 동명의 소설을 영화로 만든 것으로, 1989년에 만들어진 영화지만 지금 봐도 재미가 있는 완성도 높은 영화다.

이 영화는 1327년 이탈리아 북부의 베네딕트 수도원에서의 연쇄 살인 사건을 다루고 있다. 어느 날 갑자기 한 수도사가 죽은 채 발견되고, 이후 많은 수도사들이 연이어 죽음을 맞이하면서 수도원은 술렁거리기 시작한다.

그런데 죽은 수도사들은 하나같이 혀와 손가락에 검은 잉크 자국이 배어 있었다. 이때 마침 프란치스코 수도회와 그들을 반박하는 교황청 사

람들이 이 수도원에 모여 회의를 하기로 되어 있어, 멜크 수도원에 들르게 된 프란치스코 수사 윌리엄과 그의 제자 아조가 이 사건을 해결하기 시작한다.

윌리엄은 한 권의 금지된 도서 때문에 사건이 일어났다고 추론했지만 그의 의견은 묵살되고 만다. 이어 심문관이 도착해, 곱추와 여인 등을 이단으로 몰아 살인범으로 지정하고 화형에 처하기로 한다. 그들을 도울 수 있는 길은 금서를 제출하는 것이라고 생각한 윌리엄은 복잡한 구조의 도서관에 들어가게 되는데, 수도원의 도서관 사서는 그 책을 지키기 위해 불을 지르게 된다. 이 불길에 놀란 수도사들은 도서관으로 다가가고 화형 집행을 했던 심판관들은 민중의 분노로 죽음을 맞이하는 등 최대의 도서관을 자랑하던 수도원은 결국 폐허가 된다.

멜크 수도원은 〈장미의 이름〉의 배경이 된 곳으로, 소설이나 영화의 유명세가 아니어도 멜크 수도원 자체로도 이미 유명한 곳이다. 멜크 수도원은 900년이 넘는 동안 로마 가톨릭의 본거지였으며, 9만여 권의 장서가 보관되어 있는 도서관이 있고, 오스트리아 수호 성인인 성 콜만노 성인의 유해가 모셔져 있어 많은 순례객들의 발길이 이어진다.

유럽 여행을 하면서 성당은 많이 보게 되지만 수도원은 쉽게 만나지 못하는데, 멜크 수도원은 역사적 배경이나 화려함 등 여러 가지 측면에서 빈 근교 여행으로 한번 찾아가 볼 만한 곳이다. 빈에서 기차로 쉽게 찾아갈 수 있다.

성 페터 성당의 카타콤베

03

사운드 오브 뮤직

The Sound Of Music

잘츠부르크

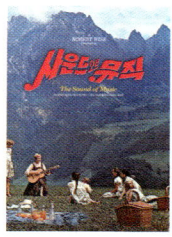

1965년에 만들어진 이 영화는 50년 가까이 지났지만 오스트리아를 여행하는 사람들에게 꾸준히 인기를 끌고 있는 영화다. 영화 속 배경의 대부분이 오스트리아의 잘츠부르크이기 때문이다.

잘츠부르크의 수도원에서 견습 수녀 생활을 하는 마리아는 노래를 사랑하는 여인이다. 늘 문제를 일으켜 수녀가 될 수 있을지 자질을 의심 받기도 하지만, 그녀의 쾌활한 성격 덕분에 위기를 모면한다. 그러던 어느 날 그녀는 퇴역한 폰 트랩 대령 일가의 가정교사로 추천 받아 아이들을 만나게 되는데, 늘 엄격한 군대식 교육을 받던 7

명의 아이들이 마리아를 만나 밝게 변하는 내용을 담고 있다. 영화 속 배경은 제2차 세계대전이 발발한 직후 독일 나치군이 오스트리아와의 강제 합병을 시도하려고 했던 시기로, 폰 트랩 대령은 이러한 합병에 반대하는 인물 중 하나였다. 결국 폰 트랩 대령 일가는 나치주의자에 의해 쫓기는 신세가 되고, 수녀원의 도움으로 수녀원의 묘지에 숨었다가 무사하게 도망치는 내용을 담고 있다.

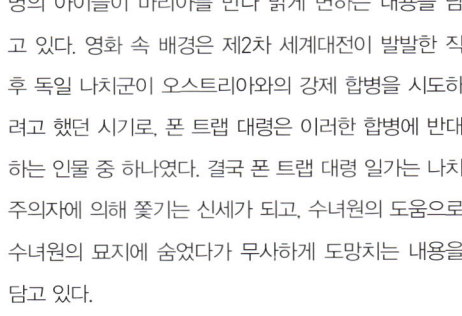

미라벨 정원

이 영화에는 잘츠부르크의 곳곳이 담겨 있다. 마리아가 수녀원으로 머물던 곳은 호엔 잘츠부르크 성 근처에 있는 논베르크 수녀원이다. 또한 처음 그녀가 아이들에게 도레미송을 가르쳐 주는 곳은 미라벨 정원이다. 미라벨 정원은 아름다운 바로크 양식의 대저택의 정원으로, 이 건물은 현재 시청사로 사용되고 있는데, 영화 덕분에 건물보다 정원이 더 유명하다. 정원은 프랑스식 정원으로 만들어져 있으며, 정원 북문 앞의 계단이 바로 도레미송을 부르던 촬영지다.

논베르크 수녀원은 714년에 세워진, 독일어권에서 가장 오래된 수녀원이다. 수녀원 내부는 공개하지 않지만, 부속 교회와 묘지는 둘러볼 수 있다. 이곳에 가려면 시내에서 언덕을 조금 올라야 하지만, 〈사운드 오브 뮤직〉 덕분에 외관이라도 보기 위해 찾아오는 사람들이 많다.

논베르크 수녀원

성 페터 성당

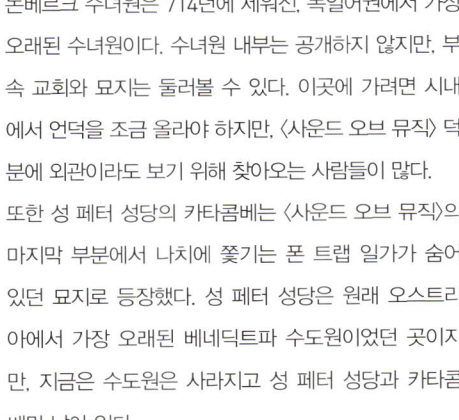

성 페터 성당의 카타콤베

또한 성 페터 성당의 카타콤베는 〈사운드 오브 뮤직〉의 마지막 부분에서 나치에 쫓기는 폰 트랩 일가가 숨어 있던 묘지로 등장했다. 성 페터 성당은 원래 오스트리아에서 가장 오래된 베네딕트파 수도원이었던 곳이지만, 지금은 수도원은 사라지고 성 페터 성당과 카타콤베만 남아 있다.

이탈리아 Italy 🇮🇹

이탈리아 역시 많은 도시들이 영화 속 배경으로 등장
했다. 이탈리아를 배경으로 하는 영화들에는 로맨틱한
영화들이 많아 이탈리아의 곳곳을 더욱 아름답게 만들
어 준다. 〈로마의 휴일〉에서는 로마가, 〈냉정과 열정 사
이〉에서는 피렌체가, 〈로미오와 줄리엣〉에서는 베로나
가 등장한다. 세 영화 모두 각기 다른 매력이 넘치는 영
화로, 이탈리아를 여행하기 전 꼭 볼만한 영화로 추천
한다.

01

로마의 휴일

Roman Holiday

로마

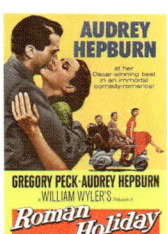

〈로마의 휴일〉은 꽤 오래된 영화다. 1953년 개봉해 벌써 60년이 지났는데도 여전히 많은 사람들이 이 영화를 기억한다. 그리고 이탈리아를 여행할 때 이 영화는 늘 추천 1순위로 선택된다.

〈로마의 휴일〉은 로마를 방문한 앤 공주의 일탈을 재미있게 보여 주고 있다. 앤 공주는 공주의 일상에 지쳐 밤에 탈출을 시도한다. 그러고는 술에 취해서 길거리에서 잠이 든다. 그 모습이 우연히 길을 지나가던 기자 브래들리의 눈에 띄게 된다. 그는 술에 취한 그녀를 자신의 집에 데리고 오게 되는데, 잠을 청하는 그녀의 얼굴을 보

다 우연히 신문에 난 앤 공주의 사진을 보고는 그녀가 앤 공주라는 것을 알아차린다.

늘 특종을 노려왔던 그는 신분을 숨긴 채 그녀와 함께 로마 시내 곳곳을 돌아다닌다. 그녀 역시 자신의 신분을 숨긴 채 자신에게 친절한 그를 따라 로마 곳곳을 둘러보는 데 재미가 난다. 브래들리는 특종을 노리고, 친한 사진사와 동행하며 그녀의 일탈을 카메라에 담는다. 하지만 그녀와 시간을 보내는 동안 브래들리는 점점 그녀를 사랑하게 되고, 특종을 노린 사진들은 공주와의 기자회견 자리에서 다시 만난 앤 공주에게 기념으로 전달해 준다. 그리고 그들의 로마에서의 달콤한 휴일은 각자의 일상으로 돌아가며 막을 내린다.

이 영화 한 편으로 신인이었던 오드리 햅번은 일약 스타가 되었다. 또한 영화 속에서 그녀가 거닐던 장소들은 인기 높은 관광지가 되었다. 영화 속 장소로는 진

실의 입과 트레비 분수, 그리고 스페인 계단 등이 있다.

진실의 입은 자신의 신분을 숨긴 오드리 햅번에게 브래들리가 짓궂게 장난을 치는 장소로, 거짓말을 하고 진실의 입에 손을 넣으면 손이 잘린다고 이야기한다. 원래 진실의 입은 로마 시대의 하수구 뚜껑으로 이 영화가 나오기 이전에는 크게 알려지지 않았었지만, 영화에 나온 이후 로마를 대표하는 관광지 중 한 곳이 되었다.

그리고 앤 공주는 트레비 분수에 동전을 던진다. 트레비 분수는 로마를 상징하는 바로크 시대의 분수로, 이 분수대가 유명한 것은 바로 동전 던지기 때문인데, 동전을 하나 던지면 로마로 다시 돌아오고, 두 개 던지면 사랑이 이루어진다는 속설이 있다.

그리고 또 한 곳 영화 속 명소로 스페인 계단이 있다. 오드리 햅번이 이 계단에서 아이스크림을 먹는 장면이 나오는데, 덕분에 한때 이 계단에는 이곳에서 아이스크림을 먹겠다고 모여드는 사람들로 발 디딜 틈 없이 북적거렸다.

02

냉정과
열정 사이

Between Calm
And Passion

피렌체

〈로마의 휴일〉이 로마를 여행하는 사람들이 필수로 보는 영화라고 한다면, 〈냉정과 열정 사이〉는 피렌체를 여행하고자 하는 사람들이 꼭 봐야 할 영화다. 이 영화는 2003년 개봉한 영화인데, 에쿠니 가오리의 동명의 소설을 영화로 만들었다.

이 영화는 옛 여인을 잊지 못하면서 피렌체에서 미술 복원 공부를 하는 준세이가 주인공으로 등장한다. 그러다 옛 사랑인 아오이가 밀라노의 보석 가게에서 일하고 있다는 사실을 알고 그녀를 찾아가 보지만, 이미 그녀는 다른 남자와 부유한 생활을 하며 화려하게 살고 있다는 것을 알게 되며 크게 실망한다. 그렇게 상심한 후 피렌체로 돌아오지만, 자신이 복원하고 있던 그림이 누군가에 의해 훼손되고, 결국 그 일로 그는 일본으로 돌아간다.

귀국 후 아오이와 헤어지게 된 오해에 대해 알게 된 준세이는 아오이에게 편지를 보낸다. 그 편지를 받은 일로 아오이는 지금의 남자와 사이가 나빠지게 되기도 한다. 한편 준세이는 피렌체 공방의 선생님이었던 조반나 선생님의 자살 소식을 듣고 다시 이탈리아로 향하는데, 이때 10년 전에 아오이와 약속했던 것을 떠올리게 된다. 바로 그의 생일날 연인들이 영원한 사랑을 약속하는 장소인 피렌체 두오모에서 만나자고 한 그녀와의 약속이다. 그렇게 그들은 피렌체의 두오모에서 다시 만난다.

이 영화 속에 등장하는 피렌체의 두오모는 '연인들의 성지'로 알려지면서 많은 연인들의 방문이 이어졌다. 물론 연인과 함께가 아니어도 〈냉정과 열정 사이〉를 좋아하는 사람이라면 피렌체 여행에서 두오모를 꼭 방문하게 된다.

그리고 영화 속에 등장했던 아카데미아 미술관 근처의 산티시마 아눈치아타 광장은 아오이와 준세이가 만나는 장면에 등장했던 장소인 만큼, 영화 속 배경이 궁금한 사람들은 이 골목을 찾아간다. 이 영화의 감독이 피렌체에서 살면서 영화를 만들었다고 하니, 이 골목은 어쩌면 피렌체에서 가장 아름다운 골목이라고 할 수도 있을 것이다.

03

베니스의 상인

The Merchant Of Venice

베네치아(베니스)

2004년에 개봉한 〈베니스의 상인〉은 이름에서 짐작할 수 있지만 베니스가 배경으로 등장하는 영화. 이 영화는 셰익스피어의 희곡을 각색해서 만든 것으로 1596년 베니스를 배경으로 이야기가 펼쳐진다.

주인공인 안토니오는 베니스의 재산가이지만 그의 모든 재산을 무역선에 투자한 상태였는데, 그의 오랜 친구인 베사니오가 사랑하는 여인 포시아에게 청혼을 하기 위해 돈이 필요하다고 찾아온다. 고민하던 안토니오는 당시 악덕 고리업자였던 유태인 갑부 샤일록에게 배를 담보로 돈을

빌리게 되고, 이 거래를 통해 샤일록은 이자 대신 심장에서 가장 가까운 살 1파운드를 요구한다. 이는 평소 안토니오를 마땅치 않게 여겼던 샤일록의 분노에 의한 처사였다.

그 돈으로 베사니오는 사랑하는 포시아와 결혼에 성공하지만, 안토니오의 무역선은 사고가 나서 파산에 이르게 된다. 이로 인해 결국 샤일록은 안토니오의 살 1파운드를 받기 위해 고소를 하게 되는데, 이 소식을 듣고 베사니오가 달려온다. 그리고 베사니오의 연인 포시아가 베니스를 찾아 몰래 재판장으로 변신한 후 이 재판을 이끈다. 샤일록에게 안토니오 대신 돈을 갚겠다는 사람들이 있었지만, 샤일록은 계약서대로 안토니오의 살을 계속 요구한다. 그러자 포시아는 살을 베어 가는 대신 계약서에는 없는 내용인 피를 흘리지 말아야 한다는 조건을 내걸고, 이 덕분에 안토니오는 다행히 목숨을 건지게 된다.

이 영화는 베니스를 배경으로 만들어진 만큼, 베니스의 곳곳이 영화 속에 등장한다. 특히 영화 속 인물들이 타고 다녔던 곤돌라가 눈에 띈다. 곤돌라는 물의 도시 베니스에서 사용되던 교통수단인데 최근에는 관광객을 위한 유람선 역할을 한다.

또한 영화 속에 등장하는 장소로 리알토 다리가 있다. 리알토 다리는 베니스를 대표하는 다리로, 베니스의 운하 중에서 가장 폭이 좁은 곳에 세워져 있다. 셰익스피어의 희곡 역시 이 다리를 배경으로 만들어진 만큼 영화 속에서도 중요한 장소로 등장한다.

04

로미오와 줄리엣

Romeo and
Juliet

베로나

〈베니스의 상인〉과 마찬가지로 〈로미오와 줄리엣〉도 셰익스피어의 희곡 중 하나로 비극에 해당하는 작품이다. 이 작품은 무명이었던 셰익스피어를 유명하게 만들어 준 계기가 된 작품이기도 하다. 운명적인 사랑이지만 비극으로 끝을 맺는 이 작품에 오래 전부터 많은 사람들이 공감을 해 왔는데, 아직도 〈로미오와 줄리엣〉은 이루어질 수 없는 비극적인 사랑의 예로 많이 거론된다. 워낙 유명한 작품이다 보니 영화로도 여러 번 각색되어 개봉되었다.

1968년에 개봉한 올리비아 핫세 주연의 〈로미오와 줄리엣〉은 오랫동안 많은 사람들의 사랑을 받아 왔다. 하지만 지금 사람들이 기억하는 〈로미오와 줄리엣〉은 1996년에 개봉한 레오나르도 디카프리오 주연의 영화다. 어떤 영화를 기억하든 영화 속 배경에는 베로나가 있고, 베로나의 오래된 앙숙 가문인 캐플릿가와 몬태규가가 나온다.

어느 날 몬태규가의 로미오가 캐플릿가의 파티에 몰래 참석하면서 줄리엣을 처음 만나게 되는데, 둘은 첫눈에 사랑에 빠진다. 그녀를 향한 사랑에 눈이 멀어 로미오는 창문을 넘어 줄리엣을 찾아가 사랑을 나누는데, 둘은 결국 수도원에서 로렌스 수사의 주례로 몰래 결혼식을 올리기에 이른다. 로렌스 수사는 이 두 가문이 이 일로 화해하기를 바라는 마음에 결혼을 허락해 준다. 행복할 줄 알았던 둘의 결혼은 로미오가 줄리엣의 사촌인 티볼트와의 결투에서 티볼트를 죽이게 되면서 비극으로 이어진다. 이 일로 로미오는 베로나에서 추방 당하게 되고, 줄리엣의 아버지는 줄리엣과 귀족 파리스와의 결혼을 서두른다.

줄리엣이 이 일로 괴로워하자 로렌스 수사가 약병을 하나 건네는데, 이 약은 24시간 동안 죽은 것 같은 상태가 되었다가 깨어나는 약이었다. 줄리엣은 로미오를 찾아가려는 마음으로 이 약을 먹고 죽은 상태가 되었다. 그리고 로렌스 수사는 이러한 사실을 담은 편지를 로미오에게 보내지만 로미오는 편지를 받지 못한 채 오히려 줄리엣이 죽었다는 소식만 듣게 된다. 그래서 그녀의 무덤을 찾아가 미리 준비해 둔 독약을 먹고 줄리엣 옆에서 죽음을 선택한다. 그리고 그 사이 깨어난 줄리엣은 로미오의 죽음을 보고 자신도 연인을 따라 죽음을 선택한다.

〈로미오와 줄리엣〉의 배경이 된 베로나에서는 로미오와 줄리엣의 흔적을 많이 만날 수 있다. 특히 영화 속에서 로미오가 줄리엣에게 세레나데를 불렀던 줄리엣의 집이 있다. 마치 전 세계 연인들의 성지인 양 많은 연인들이 이 집을 찾는다. 줄리엣의 무덤 역시 베로나에 남아 있는데, 진짜 줄리엣의 무덤인지는 근거가 없지만, 이 무덤은 희곡 속에서 그녀의 가짜 장례식이 치러진 공간이다.

Theme 9

유럽
미술관
박물관 산책

유럽에는 세계적인 미술관 박물관들이
많아서, 여행을 하며 문화 산책을 즐기기에도 좋
다. 세계적으로 잘 알려진 박물관으로는 런던의 '대
영 박물관', 파리의 '루브르 박물관', 로마의 '바티칸
박물관', 마드리드의 '프라도 미술관', 피렌체의 '우
피치 미술관' 등이 있다. 유럽의 미술관 박물관에
서는 책에서만 보던 유명한 화가의 작품을 직접 볼
수 있을 뿐만 아니라, 유럽의 문화를 이해하기에도
좋다. 유럽을 여행할 때는 적어도 한두 곳 정도의
미술관이나 박물관을 찾아서 유럽의
문화 예술과 만나 보자.

런던 London

01

대영 박물관

The British Museum

영국 최대 규모의 박물관이다. 또한 루브르 박물관, 바티칸 박물관과 함께 세계 3대 박물관 중 하나로 손꼽히며, 런던을 방문하는 사람들 대부분이 대영 박물관을 거쳐 간다. 무료 박물관인 것도 한몫하지만, 누구에게나 흥미로운 볼거리들이 가득하기 때문이다.

이 박물관은 세계 최초의 국립 박물관으로서 1753년 내과의사이자 과학자였던 한스 슬론경이 기증한 약 7만 점 이상의 유물을 기반으로 설립되었으며, 일반인에게는 1759년 처음 문을 열었다. 1778년에는 세계를 돌아보고 돌아온 제임

주소 Great Russell St, London WC1B 3DG 교통 Tottenham Court Road 역 3번 출구에서 도보 약 7분 시간 매일 10시~17시 30분(금요일 ~20시 30분) 휴관 1월 1일, 12월 24일~26일 요금 무료 홈페이지 www.britishmuseum.org

스 쿡이 가져온 세계의 다양한 유물들이 추가되었으며, 19세기 중반에 영국과 유럽의 유물들을 추가하면서 더욱 풍부한 전시품들을 갖추게 되었다.

다양한 유물들이 점점 늘어나면서 공간이 부족해지자 지금의 건물로 확장 공사를 해서 1852년 건물이 완공되었지만 여전히 유물을 전시할 공간이 부족해, 근처의 집들을 추가로 구입해서 박물관의 북관을 증축했다. 그렇지만 여전히 늘어나는 유물 덕에 이곳에 있던 전시품들은 각각 자연사 박물관, 영국 도서관 등으로 이전하게 되었

고, 지금의 대영 박물관에는 선사 시대부터 현재에 이르기까지 약 800만 점의 유물만 남게 되었다. 대영 박물관에는 엄청나게 많은 유물들이 전시되어 있기 때문에, 박물관을 제대로 관람하려면 최소 반나절 정도는 충분히 둘러보는 것이 좋다.

박물관은 고전적인 그리스 건축 양식으로 지어져 마치 거대한 그리스 신전을 떠올리게 한다. 하지만 내부로 들어서면 깔끔하고 현대적인 느낌이 든다. 작품을 감상하는 것도 영국 최고의 박물관답게 편리한 편이다. 대영 박물관은 크게 3개의 층에 100개의 전시실에 나누어 유물을 전시하고 있으며, 크게 이집트, 그리스·로마, 서아시아, 동양의 유물로 나뉘어 있다.

주요 작품

1 2 3
4 5

1 라마수 석상

2 로제타 스톤

3 네레이드 신전

4 람세스 2세의 흉상

5 이집트의 미라

02

내셔널
갤러리

National Gallery

영국 트라팔가 스퀘어에 자리 잡고 있는 내셔널 갤러리는 1824년에 38점의 작품을 전시하는 것으로 처음 개관했다. 러시아 출신 금융인이었던 존 앵거스타인이 미술 작품 수집에 관심이 많아서 여러 작품들을 소장하고 있었는데, 그가 사망한 후 그의 컬렉션 중 주요한 38점의 작품을 영국 정부에서 구입하게 되었고, 이 작품들이 내셔널 갤러리의 토대가 되었다.

그래서 처음에는 앵거스타인이 살던 집을 국립 미술관으로 꾸며 처음 문을 열었다. 그 후 부몬트 경, 윌리엄 홀웰 카 목사 등이 기증한 작품들

주소 Trafalgar Square, London WC2N 5DN 교통 Charing Cross 역 Trafalgar Square(Central Island) 출구에서 도보 약 3분 시간 매일 10시~18시 (금요일 ~21시) 휴관 1월 1일, 12월 24일~26일 요금 무료 홈페이지 www.nationalgallery.org.uk

이 추가되면서, 새로운 장소로 박물관을 이주하게 되었다. 그러던 중, 1832년 건축가인 윌킨스가 현재 트라팔가 광장의 한쪽에 있던 마구간 자리에 지금의 내셔널 갤러리를 건축하게 되면서 영국 최초의 국립 미술관으로서 자리를 잡게 되었다.

처음에는 작품 38점에서 시작한 미술관이었지만 현재는 2,300여 점이 소장되어 있을 만큼 규모도 커졌다. 회화 작품만 보면 루브르 박물관에 결코 뒤지지 않는 규모로도 알려져 있는데, 피렌체의 우피치 미술관과 마드리드의 프라도 미술

관과 더불어 유럽 3대 국립 미술관으로도 유명하다. 미술관의 규모와 다르게 무료 입장을 고수하고 있어서 누구나 편하게 걸작들을 만날 수 있다. 내셔널 갤러리는 처음 개관했을 당시에도 세계 최초로 어린이들의 입장을 허락한 미술관으로도 유명하다.

내부에는 13세기 중반에서 20세기 초반의 유럽 회화 약 2,300여 점이 소장되어 있는데, 특히 레오나르도 다빈치, 티치아노, 라파엘로 등의 작품부터 렘브란트, 고흐, 모네의 작품까지 걸작들이 많아 서양화 컬렉션으로는 세계 최고로 손꼽힌다.

주요 작품

```
1   2   3
  4   5
```

1 아르놀피니 부부의 초상 얀 반 에이크

2 암굴의 성모 레오나르도 다빈치

3 대사들 한스 홀바인

4 전함 테메레르 윌리엄 터너

5 해바라기 고흐

암스테르담 Amsterdam

01

국립 미술관

Rijksmuseum
Amsterdam

암스테르담 국립 미술관은 1800년 처음 헤이그에 문을 열었다. 하지만 당시 네덜란드의 왕인 루이 1세의 명령으로 1808년 암스테르담으로 옮긴 후 지금까지 네덜란드를 대표하는 국립 미술관으로 사랑 받고 있다.

이 미술관은 네덜란드의 황금 시대를 대표할 만한 풍부한 컬렉션을 자랑하고 있다. 특히 암스테르담으로 박물관이 이전되면서 렘브란트의 〈야간 순찰〉이 컬렉션으로 추가되어 더욱 풍부한 소장품들을 갖추게 되었다.

렘브란트, 베르메르 등 네덜란드를 대표하는 작

주소 Rijksmuseum
Museumstraat 1, 1071
XX Amsterdam 교통 트램
2, 5번 Hobbemastraat에
서 하차 시간 9시~17시 휴
관 없음 요금 성인 15유로,
18세 미만 무료 홈페이지
www.rijksmuseum.nl

가들의 걸작 외에도 유럽 미술, 아시아 미술 등을
만날 수 있는 곳으로, 미술품뿐 아니라 공예와 역
사 관련 기록 등도 전시되어 있다. 처음에는 200
여 점으로 문을 열었지만 지금은 3,000점이 넘는
풍부한 작품들이 전시되어 있는 네덜란드 대표
미술관이다.

1906년에는 렘브란트의 〈야간 순찰〉을 위한 새
로운 전시실이 만들어졌고, 1960년에는 박물관
의 안뜰에 전시 공간이 증축되고, 이후 계속된 보
수 공사를 통해 지금의 모습을 갖추게 되었다.

네덜란드에서 단 한 곳의 미술관만을 선택해서

가겠다고 생각한다면 이곳을 추천한다.

렘브란트의 걸작과 작품 수가 많지 않은 베르메르의 작품을 만날 수 있는 곳이기 때문에 더욱 의미가 있는 곳이다. 근처에는 반 고흐 미술관이 자리 잡고 있기 때문에, 국립 미술관과 함께 반 고흐 미술관을 둘러보면 네덜란드 미술을 이해하는 데 더욱 도움이 된다.

미술관 옆에는 암스테르담 최고의 공원인 폰델 공원이 있어, 미술관을 관람한 후 휴식을 취하거나 산책을 즐기기에도 좋다.

주요 작품

1	2	3
4	5	

1 야간 순찰 렘브란트

2 우유 따르는 여인 요하네스 베르메르

3 연애편지 요하네스 베르메르

4 유대인 신부 렘브란트

5 시몬과 페로 페테르 루벤스

02

반 고흐 미술관

Van Gogh
Museum

암스테르담에 있는 반 고흐 미술관은 반 고흐의 작품을 전시하고 있는 박물관 중 세계 최대 규모다. 박물관은 1963년에 건축을 시작해 1973년에 개관을 하게 되었다. 처음 건축을 맡았던 건축가 리트벨트가 건축을 시작한 지 1년 후에 세상을 떠났기 때문에 건축 기간이 지연되었다. 그리고 1999년 일본인 건축가 기쇼 구로카와가 미술관에 새로운 전시관을 추가하면서 지금의 모습을 갖추게 되었다.

내부에는 고흐의 동생 테오의 아들이 기증한 작품을 중심으로, 200여 점의 회화와 500여 점의

주소 Paulus Potterstraat
7, 1071 CX Amsterdam
교통 트램 2, 3, 5, 12번을 타
고 Van Baerlestraat에
서 하차 시간 9시~18시(금
요일 ~22시) 휴관 1월 1일
요금 성인 15유로, 17세 이
하 무료 홈페이지 www.
vangoghmuseum.nl.

데생 작품을 시대별로 나누어서 전시하고 있다.
1890년 고흐가 세상을 떠난 후, 그의 작품은 그
를 언제나 지원해 주었던 동생 테오에게 상속되
었는데, 테오 역시 고흐가 죽은 뒤 1년 후에 생을
마감했다. 그래서 고흐의 작품들은 테오의 미망
인이었던 요한나에게 상속되었고, 다행히 요한나
는 고흐의 작품을 세상에 알리고자 잘 보존해 주
었다. 요한나가 죽은 후, 다시 그 작품들은 요한나
의 아들에게 상속이 되었고, 1962년에 고흐 재단
이 창립되면서 고흐의 작품은 비로소 빛을 발하
기 시작했다.

주요 소장품으로는 〈감자 먹는 사람들〉, 〈해바라
기〉, 〈자화상〉 등이 있으며, 고흐의 초창기 작품부

터 후기 작품까지 폭넓게 전시되어 있다. 고흐는 화가로 활동한 시기가 짧기 때문에, 짧은 그의 작품 활동 시기 동안 화풍의 변천사나 스타일을 느껴 볼 수 있다.

1층과 2층에는 고흐의 회화 작품이, 3층에는 데생, 4층에는 고흐가 수집했던 작품들과 일본 판화들이 전시되어 있다. 박물관 관람은 1층부터 순서대로 하면, 시대순으로 고흐가 작업했던 장소별로 관람할 수 있다. 빈센트 반 고흐는 한국인들이 가장 사랑하는 화가 중 한 명이며, 전 세계 사람들에게도 많은 사랑을 받고 있는 화가이기 때문에, 언제나 고흐의 작품을 만나려는 관람객들이 많은 편이다. 늘 줄이 길게 늘어서 있기 때문에, 여유롭게 미술관을 찾는 것이 좋다. 암스테르담 카드를 구입하면 빠르게 입장이 가능하니 참고하자.

주요 작품

1 2 3
4   5

1 감자 먹는 사람들

2 신발

3 고흐의 방

4 해바라기

5 까마귀가 있는 밀밭

브뤼셀 Brussel

왕립 미술관

Musées Royaux
des Beaux Arts
de Belgique

브뤼셀 왕궁 근처에 있는 왕립 미술관은 1984년에 개관한 벨기에 최고의 미술관이다. 왕립 미술관의 기원은 벨기에가 네덜란드로부터 독립했던 1830년 이후, 왕실에 의해 벨기에 작가들을 위한 국립 미술관을 건립하게 되면서부터다. 1887년 지금의 건물로 옮겨 와 국립 미술관으로서 새 단장을 하게 되었고, 벨기에 왕립 미술관이라는 명칭은 1919년부터 사용되기 시작했다.

미술관 건물은 신고전주의 양식으로 1875년 ~1885년 왕궁의 수석 건축가였던 알퐁스 발라에 의해 건축되었다. 원래는 왕실의 미술품을

주소 Rue du Musée 9 / Museumstraat 9 - 1000 Brussels 교통 중앙역에서 도보 약 15분 / 27, 29, 38, 71, 95번 버스 / 92, 94번 트램 시간 화~일요일 10시~17시 휴관 월요일, 1월 1일, 1월 두 번째 목요일, 5월 1일, 11월 1일, 11월 11일, 12월 25일 요금 고전 미술관 8유로, 현대 미술관 8유로 홈페이지 www.fine-arts-museum.be

보관하기 위해 왕궁으로 지어진 건물이었는데, 1984년 벨기에의 건축가인 로제 바스팅에 의해 지하 전시실이 추가되어 20세기 현대 미술 작품까지 전시하는 공간을 만들면서 벨기에 왕립 미술관으로 개관했다. 또한 1991년에는 야외 공원을 조성해서, 내부뿐 아니라 아름다운 외부의 정원으로도 관람객들의 사랑을 받고 있다.

왕립 미술관은 15~18세기의 회화나 조각 작품이 있는 고전 미술관과 19~20세기의 근대 미술이 있는 근대 미술관으로 나뉘어 작품이 전시되고 있다. 회화 2,000점, 조각 1,000점과 드로잉

2,500점 등 플랑드르 미술을 대표할 만한 다양한 작품들이 전시되어 있어 벨기에를 대표하는 미술관으로서의 역할을 다하고 있다.

소장품들은 플랑드르 회화의 거장인 루벤스, 브뢰헐, 반 다이크 등의 대표 작품들을 중심으로 15세기부터 현재에 이르는 방대한 컬렉션을 자랑하고 있다. 벨기에 왕립 미술관을 둘러보면, 플랑드르 회화를 이해하는 데 도움이 된다.

주요 작품

1 이카로스의 추락이 있는 풍경 피테르 브뤼헐

2 베들레헴의 인구 조사 피테르 브뤼헐

3 골고다 언덕을 오르는 예수 페테르 파울 루벤스

4 마라의 죽음 자크 루이 다비드

5 스핑크스(애무) 페르낭 크노프

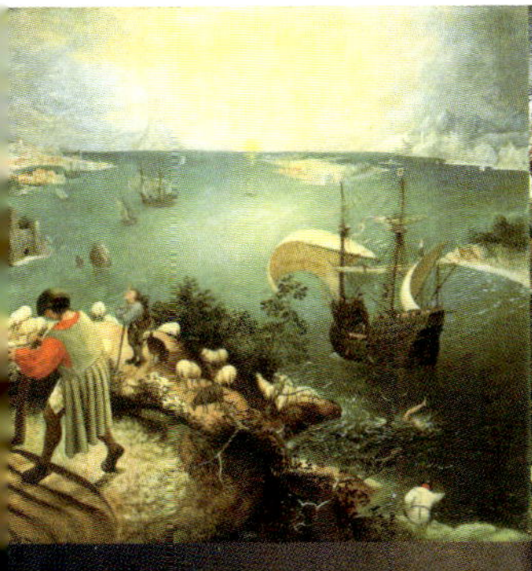

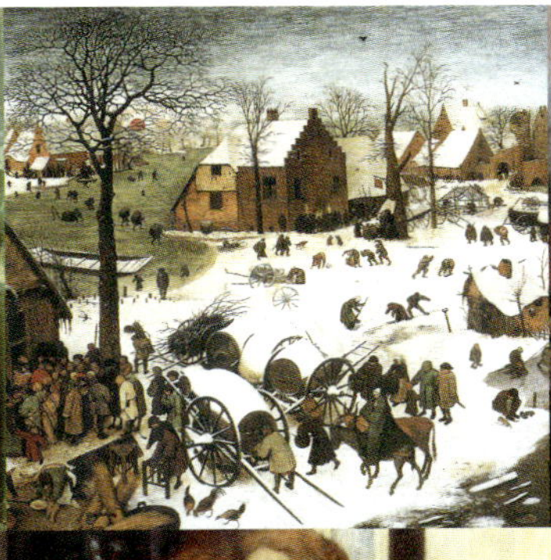

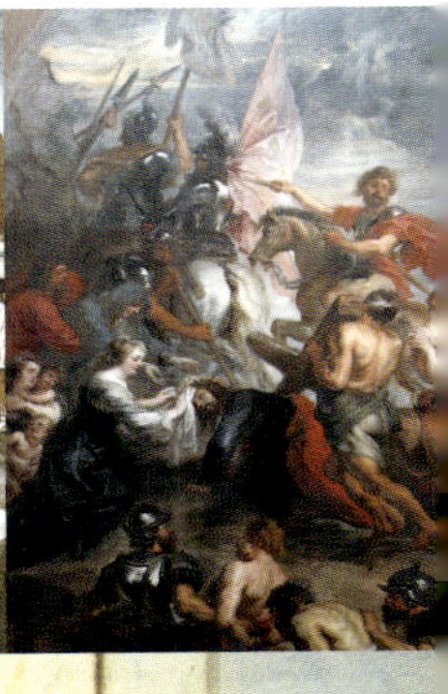

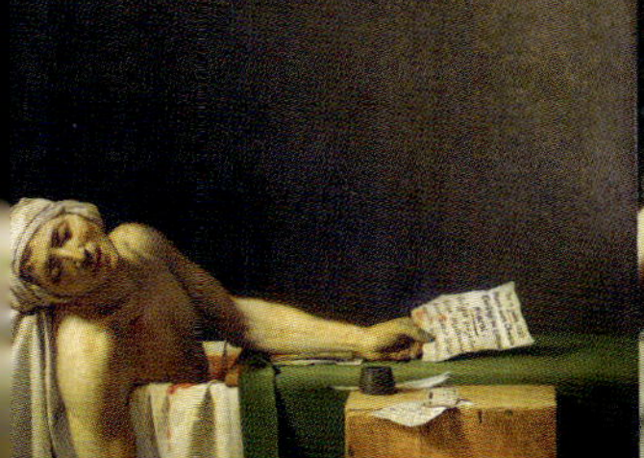

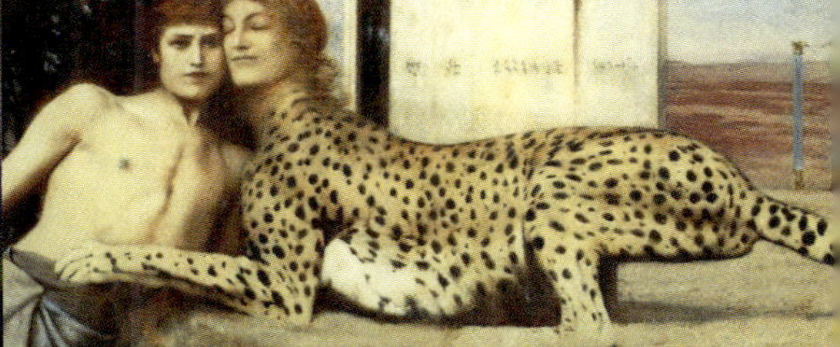

파리 Paris

01

루브르
박물관
Musée du Louvre

루브르 박물관은 프랑스를 대표하는 박물관으로, 영국의 대영 박물관, 로마의 바티칸 박물관과 더불어 세계 3대 박물관으로 손꼽힌다. 하지만 다른 박물관보다 소장된 미술품의 규모 면에서 따지면 세계 최대로, 38만 점 이상을 소장하고 있다. 전시된 작품은 고대부터 19세기까지 모든 분야에서 3만 5천 점 정도를 전시하고 있으며, 세계문화유산으로 지정되어 있다.

루브르는 원래 12세기 말 바이킹의 침략으로부터 파리를 보호하기 위해 필립 오귀스트 왕이 지은 요새였다. 그 후 프랑수아 1세가 요새와 토굴

주소 162 rue de Rivoli,
75001 Paris 교통 Palais
Royal Musée du Louvre
역에서 도보 약 5분 시간
월·목·토·일 9시~18시, 수·
금 9시~22시 휴관 화요일,
1월 1일, 5월 1일, 11월 11
일, 12월 25일 요금 상설전
시 12유로, 18세 미만 · 뮤
지엄 패스 소지자 무료 홈
페이지 www.louvre.fr

감옥을 르네상스 양식의 궁전으로 개조해 왕궁
으로 사용하게 되면서 현재의 모습을 갖추게 되
었다. 당시 건축에는 당대 최고의 조각가인 구종
이 참여해 화려함을 더했다.

그 후 프랑스 국왕이 거주하는 왕궁으로 계속 사
용되다가 루이 14세가 처소를 베르사유 궁전으
로 옮긴 후, 루브르 왕궁은 왕실이 수집한 각종
미술품들을 보관하는 곳이 되었다. 그리고 프랑
스 대혁명이나 파리 코뮌 등 시민 혁명의 무대가
되기도 하였다.

오랜 세월 동안 요새에서 왕궁, 시민 혁명의 중
심지로 사용되었던 루브르 궁전은 나폴레옹이

집권한 이후 나폴레옹이 수많은 원정 전쟁 중에 가져온 유물들을 보관하면서, 지금의 박물관 형태를 갖추게 되었다. 나폴레옹 시대에 카루젤 개선문이 건설되는 등 루브르 궁전은 새로운 장식들이 추가되었다. 그렇게 계속 장식들이 추가되다 나폴레옹 3세에 이르러 지금의 모습을 거의 갖추게 되었다.

1980년대 프랑수아 미테랑 대통령이 집권할 당시, 2000년대를 대비하는 프로젝트가 시작되었고, 이때 유리 피라미드가 세워지는 등 현재 루브르 박물관의 모습으로 탈바꿈하게 되었다.

유리 피라미드는 중국계 미국인 건축가인 아이오밍 페이가 1988년에 완공한 것으로, 루브르의 중앙 입구 역할을 하고 있다. 그 외에도 루브르 자체를 현대와 과거가 공존하는 장소로서 건물의 외관을 완전히 새롭게 만들었으며, 유리 피라미드는 피라미드 가장자리에 있는 분수대와 더불어 루브르의 아름다움을 더욱 잘 보여 주고 있다.

주요 작품

1 2 3
4 5

1 사모트라케의 니케상

2 밀로의 비너스

3 모나리자 레오나르도 다빈치

4 나폴레옹 대관식 자크 루이 다비드

5 민중을 이끄는 자유의 여신 외젠 들라크루아

02

오르세
미술관

Musée d'Orsay

오르세 미술관은 원래 오르세 궁이 있던 곳에 세
워졌다. 오르세 궁은 1804년에 지어졌는데 최고
재판소 등으로 이용되다가 1871년 파리 코뮌 시
기에 혁명으로 인해 화재로 소실된다. 그대로 소
실된 궁을 폐허로 보존하다가 새로운 건축물을
그 자리에 짓기로 하고, 1900년에 파리 만국 박
람회를 맞아 오르세 기차역으로 재건되었다.

오르세 기차역은 당시 프랑스 서남부 지역과 파
리를 오가던 기차들이 출도착하던 기차역이었다.
건물에는 기차역과 함께 호텔이 있었으며, 화려하
고 아름다운 건축물이었다. 오르세 기차역이 건축

주소 1 Rue de la Légion
d'Honneur, 75007 Paris
교통 Solférino 역, Musée
d'Orsay 역 시간 화~일 9
시 30분~18시(목요일 ~21
시 45분) 휴관 월요일, 1월
1일, 5월 1일, 12월 25일 요
금 11유로, 18세미만 무료,
매주 첫 째주 일요일 무료
홈페이지 www.musee-
orsay.fr

되고 난 후 40년 동안은 서남부 지역을 연결하
는 기차 노선과 호텔로 인해 시민들에게 많은 사
랑을 받았다. 하지만 점차 기차가 길어지고 운행
시스템이 달라지면서 오르세 기차역은 더 이상
장거리용 기차가 운행할 수 없게 되었다. 그러다
1973년 결국 호텔까지 문을 닫으면서 건물이 폐
쇄되었고, 철거될 위기까지 몰리게 된다.

하지만 1978년 프랑스 정부가 역사 기념물을 재
정비하기로 마음먹으면서, 오르세 기차역은 미
술관으로 재활용하기로 결정되었다. 그렇게 수
년간에 걸친 재건축 작업을 거쳐 1986년 12월

1일, 오르세 미술관으로 개관을 시작해 현재까지 많은 인기를 누리고 있다. 미술관은 높이 30m의 유리 돔을 이용한 자연광과 인공 조명이 어우러져 미술 감상에 최적의 조건을 만들어 내고 있다. 그래서 미술 소장품 외에 건축 자체만으로도 인기가 높다.

미술관은 총 세 층으로 구성되어 있으며, 1848년부터 1914년까지의 회화, 조각, 공예품 등이 전시되어 있다. 특히 일반인들에게 가장 많은 사랑을 받고 있는 인상파 작품들이 주로 전시되어 있는 2층이 가장 인기가 높다.

1층에는 앵그르와 들라크루아부터 밀레와 루소, 쿠르베, 마네 등 1870년 이전의 작품들이 전시되어 있고, 2층에는 19세기 말의 조각품이나 아르누보 장식품, 그리고 고흐와 고갱의 작품이 전시되어 있으며, 3층에는 모네, 르누아르, 세잔, 드가 등의 인상파, 후기 인상파의 작품들이 전시되어 있다.

주요 작품

```
1  2   3
 4    5
```

1 만종 장 프랑수아 밀레

2 풀밭 위의 점심 식사 에두아르 마네

3 발레 수업 에드가 드가

4 물랭 드 라 갈레트의 무도회 오귀스트 르누아르

5 자화상 빈센트 반 고흐

독일 Germany

01

국립
회화관

Gemäldegalerie

베를린

1830년에 처음 개관한 베를린 국립 회화관은 시대에 따라 많은 아픔을 겪었다. 1904년 박물관 섬에 있는 보데 박물관으로 박물관이 이전되었는데, 제2차 세계대전 때 이곳에 전시되어 있었던 당시 400여 점의 작품과 함께 박물관이 파괴되는 아픔을 겪었으며, 독일의 분단을 통해 남아 있던 작품들도 다시 동독과 서독으로 갈라지는 수난을 겪었다.

하지만 독일이 통일된 후, 1998년 다시 국립 회화관이 재건되면서 현재의 문화 포럼에 자리 잡은 국립 회화관으로 이전해서 다시 베를린을 대표하

주소 Matthäikirchplatz,
10785 Berlin 교통 U2,
S1, S2를 타고 Potsdamer
Platz 역 하차 후 도보 약 10
분 시간 화~일요일 10시
~18시(목요일~22시) 휴관
월요일 요금 10유로 홈페
이지 www.kulturforum-
berlin.com

는 국립 회화관으로 그 명성을 되찾게 되었다.

베를린 문화 포럼은 콘서트홀을 비롯한 다양한
문화 시설들이 복합적으로 들어서 있는 곳으로,
베를린 시에서 베를린 필하모니의 콘서트홀을
건축하면서 조성한 곳이다. 이곳에는 베를린 국
립 회화관을 비롯해 악기 박물관 등의 이색 박물
관도 위치해 있어, 미술뿐 아니라 음악을 좋아하
는 사람들에게도 인기가 높다.

베를린 국립 회화관의 주요 소장품으로는 렘
브란트, 반 다이크, 얀 반 에이크 등의 작품 등
13~18세기 유럽을 대표하는 회화들이 있으며,

72개 전시실에 1,500여 점이 나누어 전시되어 있다.

18세기 이후의 회화들은 박물관 섬에 있는 구국립 회화관인 베를린 내셔널 갤러리에 전시되어 있으니, 국립 회화관을 관람한 후 베를린 내셔널 갤러리까지 관람해 보는 것을 추천한다.

주요 작품

```
1  2  3
4  5
```

1 지오반니 아르놀피니의 초상 안 반 에이크

2 승리자 아모르 카라바조

3 수산나와 두 노인 렘브란트

4 네덜란드 속담 피테르 브뤼헐

5 진주 목걸이를 한 여인 요하네스 베르메르

02

알테
피나코테크

Alte Pinakothek

뮌헨

뮌헨에 있는 알테 피나코테크는 1836년에 바이
에른 왕국의 루트비히 1세에 의해 설립된 미술관
으로, 주로 독일 르네상스 시대를 중심으로 한 회
화 작품들이 전시되어 있다.

'알테 피나코테크'라는 말은 그리스어로 '회화 수
집관'이라는 뜻인데, 원래 이곳에 그리스 아크로
폴리스의 프로퓔라이온 봉헌상을 소장하고 있어
서 붙여진 이름이다.

세계 6대 미술관으로 손꼽히는 알테 피나코테크
에는 독일뿐 아니라 유럽 전체의 중세 회화가 소

주소 Barer Straße 27,
80333 München 교통 U
반 Königsplatz 역에서 도
보 7분 시간 화~일요일 10
시~18시(수요일 ~20시) 휴
관 월요일, 5월 1일, 12월
24~25일, 12월 31일 요금
7유로(2014~2017년 리노
베이션 중 4유로) 홈페이
지 www.pinakothek.de/
alte-pinakothek

장되어 있다. 아마도 르네상스 시대를 비롯한 오
래된 유럽의 회화들을 좋아하는 사람들에게는 흥
미로운 박물관일 것이다.

이 박물관은 제2차 세계대전 때 폭격으로 반쯤
파괴되었다가 1952년부터 약 5년 동안 복구 작
업을 거쳤으며, 다른 독일의 관광지처럼 전쟁의
아픔을 가지고 있다.

중세 이후 근대화 중심의 회화관인 '노이에 피나
코테크'도 뮌헨에 위치해 있으니, 알테 피나코테
크를 먼저 본 후 노이에 피나코테크까지 관람하
면 유럽의 전반적인 회화를 모두 둘러볼 수 있다.

주요 작품

1 2
3 4 5

1 자화상 알브레히트 뒤러

2 게으름뱅이의 천국 피테르 브뤼헐

3 레우키포스 딸들의 납치 페테르 파울 루벤스

4 수산나의 목욕 반 다이크

5 십자가에서 내려지는 그리스도 렘브란트

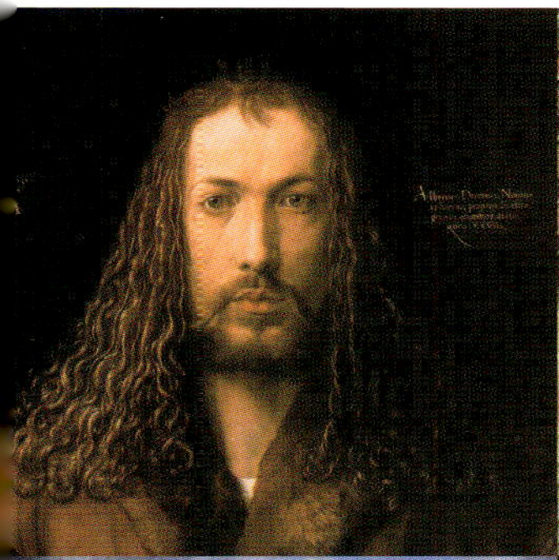

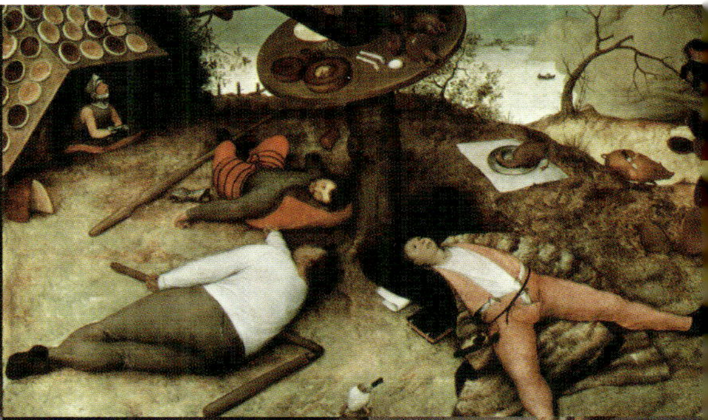

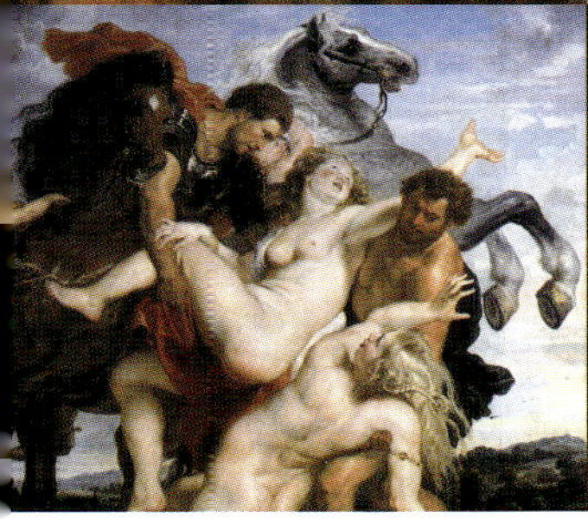

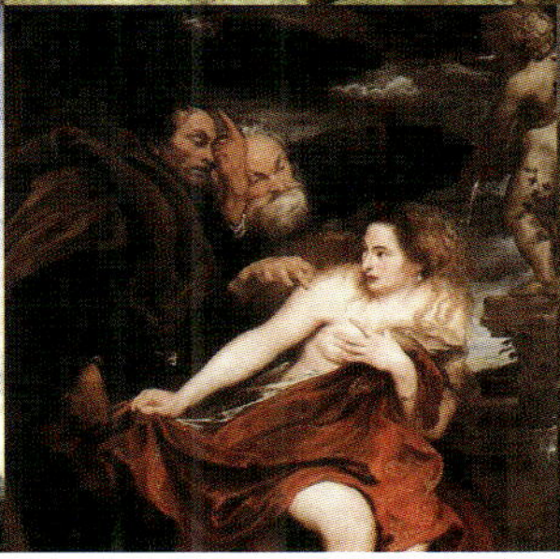

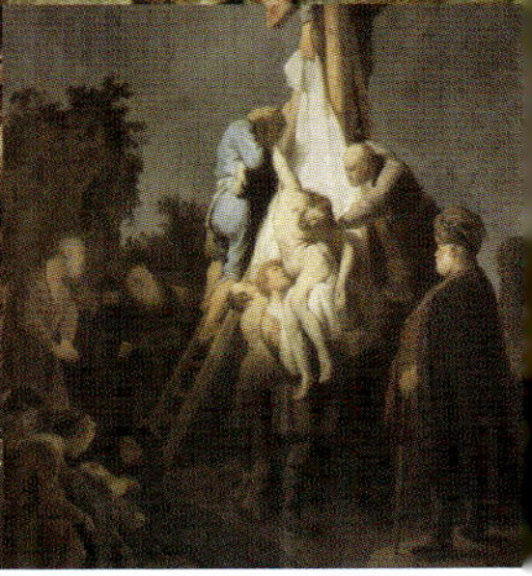

03

노이에
피나코테크

Neue Pinakothek
뮌헨

'노이에'라는 말은 독일어로 '새로운'이라는 뜻이고, 피나코테크라는 말은 '회화관'이라는 뜻으로, 노이에 피나코테크는 '근대 회화들을 모아 놓은 곳'이라는 의미가 된다. 바이에른 왕인 루트비히 1세가 황태자였던 시절부터 미술품 수집에 관심이 많았기 때문에, 그의 컬렉션이 날로 많아지자, 알테 피나코테크로부터 근대 회화들을 독립시켜 전시하기 위해, 노이에 피나코테크가 지어졌다. 주로 이곳에는 18~19세기 유럽 미술 작품들이 전시되어 있으며, 특히 19세기 미술품에 대해서는 세계적인 미술관이기도 하다.

주소 Barer Straße 29,
80799 München 교통 U
반 Königsplatz 역에서 도
보 약 7분 시간 수~월요일
10시~18시(수요일 ~20시)
휴관 화요일, 5월 1일, 12
월 24~25일, 12월 31일 요
금 7유로 홈페이지 www.
pinakothek.de/neue-
pinakothek

이 미술관은 1848년 처음 알테 피나코테크 맞은
편에 건물을 짓기 시작해서, 1853년에 완공되어
일반에 공개되기 시작했다. 당시에는 이 시기에
활동하던 화가들의 작품을 전시하는 공간으로
활용되었고. 당대에 활동하는 화가들을 위한 미
술관으로서는 최초였다.

그 후 꾸준하게 작품 수를 늘려가다가 제2차 세
계대전 때는 폐허처럼 변해 철거되었고, 재건축
을 거쳐 1981년 재개관하여 지금과 같은 형태로
자리를 잡았다.

주요 소장품으로는 독일의 낭만주의, 사실주의와 인상주의 회화들과 영국의 18~19세기 회화, 프랑스의 낭만주의, 사실주의, 인상주의 회화들이 있다. 또한 상징주의와 아르누보 작품들도 이곳 노이에 피나코테크에서 만날 수 있다.

그래서 고흐나 모네, 고갱 등 우리에게 익숙한 인상파 화가들의 작품도 만날 수 있다. 고흐의 유명한 〈해바라기〉 작품 중 한 점이 이곳 노이에 피나코테크에 있다.

주요 작품

```
1   2
3   4   5
```

1 이탈리아와 게르마니아(술람미와 마리아)
  요한 프리드리히 오버베크

2 접붙이기 장 프랑수아 밀레

3 아틀리에에서의 아침 식사 에두아르 마네

4 해바라기가 있는 꽃병 고흐

5 예수의 탄생 폴 고갱

빈 Wien

01

미술사 박물관

kunsthistorisches Museum

빈의 마리아 테레지아 광장에 있는 미술관으로, 오스트리아 최대의 미술사 박물관이다. 또한 파리의 루브르 박물관과 마드리드의 프라도 박물관과 더불어 유럽 3대 미술관으로 손꼽히고 있다. 돔 모양의 지붕이 있는 미술관 건물은 1881년 완성되었는데, 카를 하제나우어와 건축가 젬버가 지은 것으로 빈 자연사 박물관과 마주 보고 있다.

이곳에는 합스부르크 왕가의 수집품들과 레오폴트 빌헬름이 수집한 것을 토대로, 세계 미술사 전반에 걸친 다양한 작품들이 전시되어 있다. 특

주소 Maria-Theresien-
Platz, 1010 Wien 교통 U2
Museumsquartier 역에
서 도보 2분 / 트램 1, 2, D번
Burgring에서 하차하여
도보 약 2분 시간 화~일요
일 10시~18시(목요일~21
시) 휴관 월요일 요금 14유
로, 19세 이하 무료 홈페이지
www.khm.at

히 르네상스와 바로크 회화를 비롯해, 합스부르
크 왕궁의 보물과 화폐, 무기 등도 소장하고 있다.
소장된 작품으로는 브뤼헐의 〈바벨탑〉이나 베르
메르의 〈화가와 모델〉 등이 있고, 루벤스나 라파
엘로 등의 작품도 전시되어 있다. 대부분의 유명
작품들은 2층에 전시되어 있으며, 2층으로 오르
는 계단의 벽화에는 클림트의 작품이 있으니, 눈
여겨보자.

또한 2층 중심부에는 아름다운 카페가 있다. 빈에
서는 특히 아름다운 카페들을 많이 만나게 되는
데, 미술사 박물관 내의 카페 역시 아름다운 카페

들 중 한 곳으로 추천하는 곳이다. 물론 다른 카페에 비해 가격이 약간 비싸긴 하지만, 미술사 박물관에서 여유를 누릴 수 있고, 비엔나 커피라고 불리는 아인슈페너도 맛이 좋아서, 미술관을 둘러보기 전, 혹은 둘러보고 난 후 잠시 들러 여유를 가져 보자.

주요 작품

1	2	5
3	4	

1 다나에 베첼리오 티치아노

2 수산나의 목욕 틴토레토

3 바벨탑 피테르 브뤼헐

4 푸른 드레스를 입은 마르가리타 공주 디에고 벨라스케스

5 회화의 기술, 알레고리 요하네스 베르메르

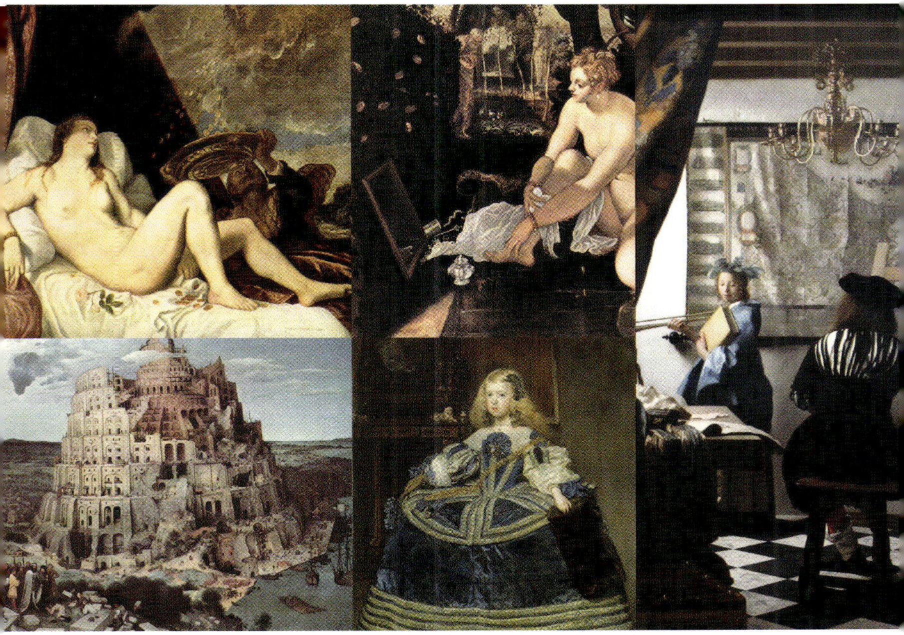

02

벨베데레 궁전

Belvedere Palace

빈 시내에서 멀지 않은 곳에 위치한 벨베데레 궁전은 구스타프 클림프와 에곤 실레의 작품을 만날 수 있는 곳으로, 오스트리아가 낳은 두 거장의 작품을 만나기 위해 이곳을 방문하는 사람들이 많다.

이 궁전은 바로크 시대의 건축가인 힐데브란트가 설계한 것으로 오이겐 폰 사보이 공이 여름 궁전으로 사용하던 곳이다. 벨베데레 궁전은 두 부분으로 나뉘어져 있는데, 아래쪽인 하궁과 위쪽의 상궁이 있다. 1716년에 하궁이 지어졌고, 그 후 10년 뒤 1723년 연회장으로 사용하는 상

주소 Prinz Eugen-Straße
27, 1030 Wien 교통 트램
D번 Schloss Belvedere
에서 도보 약 1분 시간 매
일 10시~18시(수요일 ~21
시) 요금 상궁 12.5유로,
하궁 11유로, 클림트 티켓
(상궁, 하궁, 하궁 정원)
19유로 홈페이지 www.
belvedere.at/de

궁이 지어졌다. 건축가인 힐데브란트는 당시 프
랑스 풍 바로크 양식의 건물을 처음으로 오스트
리아에 도입했다. 그래서 벨베데레 궁전은 프랑
스의 베르사유 궁전과 자주 비교되기도 한다. 아
름답기로는 두 궁전 모두 아름답기 때문에 개인
의 취향에 따라 호불호가 갈리기도 한다.

현재 벨베데레 궁전의 하궁은 오스트리아 미술
관으로 사용되고 있고, 상궁은 19~20세기 회화
관으로 사용 중이기 때문에 두 곳을 모두 방문해
보는 것이 좋다. 클림트의 작품은 대부분 상궁에
있다.

상궁과 하궁 사이에는 프랑스식 정원이 자리하고 있어서, 미술관을 관람한 후 정원을 산책하며 여유를 즐겨 보는 것도 좋다. 미술관에 관심이 없다 해도 아름다운 궁전과 정원을 둘러보는 것만으로도 이곳은 빈 여행의 랜드마크가 된다.

궁전 내부 미술관의 주요 작품으로는 클림트의 작품들이 있고, 에곤 실레 등 오스트리아 예술가들의 작품이 전시되어 있다.

주요 작품

```
1   2   4
  3   5
```

1 사랑 **구스타프 클림트**

2 유디트 **구스타프 클림트**

3 키스 **구스타프 클림트**

4 죽음과 여인 **에곤 실레**

5 가족 **에곤 실레**

우피치 미술관

Galleria degli Uffizi

피렌체에 위치한 우피치 미술관은 세계 최고의 르네상스 미술관이다. 이 미술관은 우피치 궁전에 세워져 있는데, 우피치 궁전은 1575년 메디치 가문의 코지모 1세의 명에 따라 세운 것으로, 르네상스 양식으로 지어진 건물이다.

특히 건축 당시 당대의 유명 화가이자 건축가였던 바자리와 그의 제자들이 건축과 벽면 장식을 맡은 건축물로도 유명하다. 궁전의 구조는 말 발굽 모양을 하고 있으며, 두 건물 사이는 회랑으로 이어지고 있다.

주소 Piazzale degli Uffizi
6, 50122 Firenze 교통 베
키오 궁전 바로 옆 시간 화
~일요일 8시 15분~18시 50
분 휴관 월요일, 1월 1일,
5월 1일, 12월 25일 요금
6.5유로 홈페이지 www.
uffizi.com

미술관 이름인 '우피치'라는 말은 이탈리아어로
'집무실'이라는 뜻을 가지고 있는데, 처음 이 건
물이 지어졌을 때 메디치가의 공무 집행실로 사
용되었기 때문이다.

이후 메디치가의 마지막 상속녀였던 안나 마리
아 루이자에 의해 미술관으로 변경되었고, 처음
에는 메디치가의 컬렉션들을 보관하기 위해 박
물관 형태를 갖게 되었는데, 이후 토스카나 공국
에 메디치가의 컬렉션과 함께 미술관을 기증하
면서 지금의 형태로 발전되었다.

내부에는 고대 그리스 미술부터 현대 작품까지

약 2,500여 점의 작품들이 전시되어 있으며 르네상스 회화 컬렉션으로는 세계 최고를 자랑한다. 미술관 옆에는 시뇨리아 광장이 있고, 광장 한 켠에는 베키오 궁전이 있어. 미술관 관람을 마친 후 베키오 궁전을 비롯한 시뇨리아 광장과 베키오 다리 등을 둘러보기에 좋다.

시뇨리아 광장에는 로자 데이 란치라는 회랑이 있어 15개의 조각상을 전시하고 있는데, 이곳에도 들러 모조품이긴 하지만 진짜 같은 조각 작품들을 만나 보는 것도 잊지 말자.

주요 작품

```
1   2   3
4   5
```

1 산 로마노 전투 파올로 우첼로

2 프리마베라(봄) 보티첼리

3 비너스의 탄생 산드로 보티첼리

4 우르비노 비너스 베첼리오 티치아노

5 홀로페르네스의 목을 베는 유디트
  아르테미시아 젠틸레스키

마드리드 Madrid 🇪🇸

프라도 미술관

Museo del Prado

마드리드에 있는 프라도 미술관은 1819년 개관한 미술관으로, 처음에는 페르난도 7세 왕이 소장한 막대한 미술 수집품을 전시하기 위한 공간이었다가 1868년 처음 프라도 미술관이라는 이름으로 바뀌었다.

점차 컬렉션이 늘어 나서 지금은 유럽 미술 작품들을 전시하고 있는 세계적인 미술관으로 손꼽히고 있다. 스페인에서도 단연 최고의 관람객 숫자를 자랑하는 스페인 최고의 박물관으로, 스페인 여행 중 단 한 곳의 박물관 관람을 원한다면, 주저할 것 없이 프라도 미술관이다.

주소 Paseo del Prado, s/n, 28014 Madrid 교통 Banco de Espanya 역에서 도보 약 7분 시간 월~토요일 10시~20시, 일요일·공휴일 10시~19시 휴관 1월 1일, 5월 1일, 12월 25일 요금 14유로 홈페이지 www.museodelprado.es

소장 작품으로는 회화 작품이 7,800점가량 있으며, 이 중 약 1,300점이 전시되어 있다. 전시 작품으로는 벨라스케스, 고야, 무리요, 엘 그리코와 같은 스페인을 대표하는 화가들의 작품이 많고, 12~19세기의 작품들이 주요 전시품이다.

2007년에 새로운 윙을 증축하면서, 더욱 많은 작품을 전시할 수 있는 공간이 추가되었다. 그래서 관람객들은 이전과 달리 더 많은 시간을 프라도 미술관에서 보내게 되었다. 워낙 많은 작품이 전시되어 있는 만큼, 시간적 여유를 가지고 천천히 관람할 것을 추천한다.

주요 작품

1 2
3 4 5

1 쾌락의 정원 히에로니무스 보스

2 아담과 이브 알브레히트 뒤러

3 삼위일체 엘 그레코

4 시녀들(라스 메니나스) 벨라스케스

5 아들을 잡아먹는 사투르누스 고야

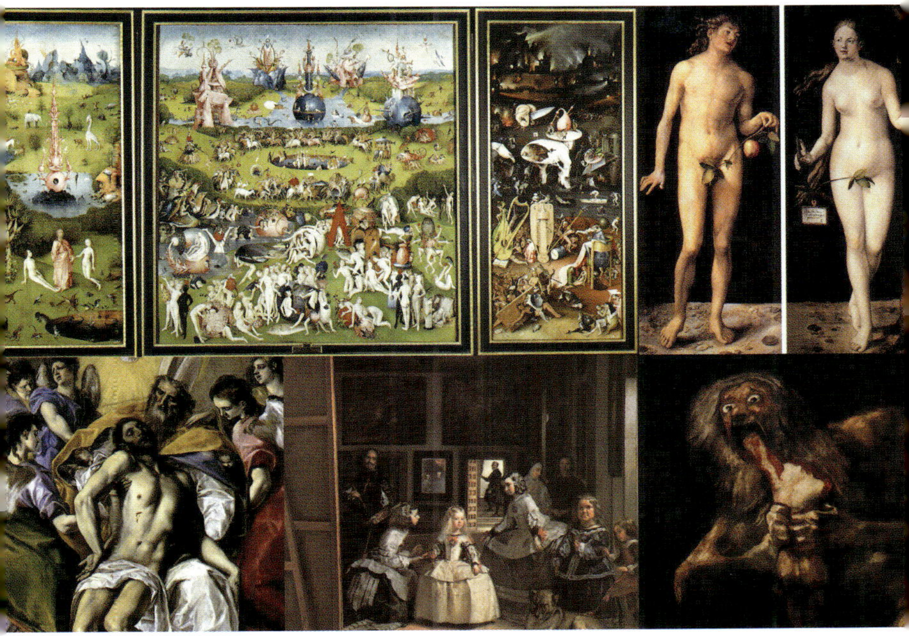

Theme 10

유럽의
건축

유럽은 수많은 건축물들이 저마다의 역사를 간직하고 있다. 오랜 역사의 흐름 속에서도 당대에 유행하던 건축 양식들이 그 모습 그대로 남아, 유럽을 여행하는 사람들에게 다양한 건축 양식을 한눈에 볼 수 있게 해 준다. 고대부터 현대의 건축물까지, 그리고 지역별 특성을 가지고 있는 다양한 건축 양식을 알고 나면, 유럽의 작은 건물 하나도 눈여겨보게 될 것이다.

런던 London

런던은 오래 전부터 영국의 수도로 꾸준하게 발전해 온 만큼 오래된 건축물들이 많지만, 현대에 들어서 생긴 모던한 건축물들도 많아 고대와 현대가 적절하게 어우러져 공존하고 있다. 특히 밀레니엄을 맞아 런던에는 현대적인 조형물과 건축물들이 많이 들어서 고풍스럽던 런던을 모던하게 만들어 주었다.

01

런던 탑
Tower of London

11세기 정복왕 윌리엄 시기부터 지어진 유럽에서 가장 오래된 성으로, 런던 시내 중심에 위치하고 있으며, 런던 역사의 중심에 서 있다. 한때 왕궁이었으며, 한때는 감옥으로 사용되기도 하는 등 그 용도는 시대에 따라 조금씩 변해 왔으나, 10여 개의 탑으로 이루어진 거대한 성은 중세 시대의 모습을 그대로 간직하고 있다.

템즈 강 너머에서 바라보면 마치 동화 속에 나오는 성처럼 아름답지만, 감옥으로 사용되는 등 어두운 역사를 많이 담고 있기도 하다. 영국 왕실의 역사를 담고 있는 이 성에 내려오는 전설 또

위치 Tower Hill 역에서
도보 약 3분

한 흥미롭다. 1483년 에드워드 왕이 죽은 후 그의 아들인 에드워드 5세가 12세의 나이로 왕위에 올랐다. 하지만 삼촌이었던 리처드에 의해 억울한 누명을 쓰고 에드워드 5세와 그의 동생은 런던 탑에 갇히게 된다. 삼촌인 리처드는 에드워드 5세를 대신해 왕위에 오르고 두 형제는 자취를 감추게 되는데, 190년이 지난 후 런던 탑 인근에서 두 구의 어린아이의 시체가 발견되었다고 한다. 이 두 구의 시체가 에드워드 5세와 그의 동생이었는지는 알 수 없지만, 아마도 삼촌이 권력을 계승하기 위해 어린 형제를 죽음으로 내몬 것은 사실인 듯하다.

더불어 이 성에는 까마귀 전설도 있다. 런던 탑 안에서 사는 까마귀들이 모두 사라지면 영국의 왕실이 망한다는 전설 때문에 이 성에 사는 까마귀들은 날지 못하도록 날개가 잘려져 있었다고 한다. 이런 재미있는 전설들을 듣고 바라보는 중세 시대의 성은 신비로운 느낌마저 든다.

성 내부에는 중세 시대의 갑옷이나 무기, 왕이 사용했던 왕관이나 장신구들이 전시되어 있다. 그중에서도 세계 최대의 다이아몬드인 530캐럿의 '아프리카의 별'이라 불리는 다이아몬드가 가장 유명하다.

02

런던 시청

City Hall

위치 London Bridge 역에서 도보 약 7분

런던 탑에서 타워 브리지를 건너면 만나게 되는 런던 시청은 고전적인 런던에 세워진 현대 건축물로서, 독특한 스타일을 하고 있다. 달걀 모양으로 만들어졌다고 해서 'The Glass Egg'라는 별명이 붙어 있기도 한 이 건축물은 친환경 건축물로도 유명하다.

노먼 포스터의 설계를 토대로 만들어진 10층 규모의 건물로, 유리로 만들어진 외벽은 자연 채광을 활용해 에너지 소비를 줄이는 실용적인 기능을 가지고 있으며, 공공 시설의 투명성을 표현하고 있다.

유리를 활용함으로써 런던 시청은 비슷한 규모의 건축물에 비해 1/4 정도의 에너지만을 소비하고 있다. 더불어 달걀 모양으로 만들어진 건물은 남쪽으로 기울어져 있어 직사광선은 피하고 자연 그늘이 형성되어 건물 유지 관리 비용도 훨씬 적게 들어간다.

03

카나리
워프

Canary Wharf

위치 Canary Wharf 역

런던의 신도시 카나리 워프는 런던 금융의 중심
지로 '런던의 월가'라는 별명이 붙어 있다. 실제
로도 이 지역은 뉴욕과 더불어 세계 금융 시장의
중심지로 알려져 있다.

원래 이 지역은 오래된 항구였는데, 항구의 기능
을 잃은 후 낙후한 슬럼 지역으로 버려졌지만,
토니 블레어 총리가 재임하던 시절, 영국에서 가
장 유명한 건축 디자이너인 노먼 포스터에 의해
이 지역에 지하철이 건설되면서 새로운 신도시
로 탈바꿈되었다.

카나리 워프 지하철역에는 대규모 쇼핑몰과 음

식점 등이 들어서 있고, 지하철 역을 나오면 HSBC, 바클레이, 모건 스탠리 등의 전 세계 금융 회사와 영국의 금융 감독청이 들어와 있다. 런던의 초고층 건물의 대다수가 이곳에 있어 현대적 도시의 전형적인 모습을 보여 준다.

이곳에 있는 건물 중 'One Canada Square', '8 Canada Square', '25 Canada Square'는 영국에서 가장 높은 3개의 빌딩이다. 이런 초고층 건축물들이 세워지기까지는 우여곡절이 많았는데 그중 하나가 바로 런던의 전통적인 건축을 보전하기 위해 만들어진 '1984 드래프트 플랜'이었다. 하지만 사업자가 적극적으로 런던 시를 설득하고, 개발 규제가 완화되면서 이곳에 현대 건축물들이 세워질 수 있었다고 한다.

파리 Paris 🇫🇷

고풍스러운 건축물과 현대적인 건축물이 어우러져 있는 프랑스 파리
는 누가 통치하느냐에 따라 상징적인 건축물이 하나씩 추가되어 왔다.
앙리 4세 때는 붉은 벽돌과 슬레이트 지붕이 특징적인 건물이 많이 지
어졌는데, 그러한 건축 양식이 남아 있는 곳이 바로 보주 광장이다. 특
히 앙리 4세 때는 퐁네프 다리가 만들어지기도 했다.

파리가 급격하게 달라지게 된 것은 나폴레옹 시대에 들어서면서부터
다. 19세기 초인 나폴레옹 1세 시대에는 개선문이나 몇 가지 궁전이
만들어졌고, 이후 19세기 중반 나폴레옹 3세 때에 들어서 본격적으로
파리 재건이 이루어졌다. 당시 좁은 골목과 많은 인구 증가로 파리의

거리는 어둡고 지저분했다. 이에 나폴레옹 3세는 조르주 외젠 오스만을 임명해 본격적으로 파리 재정비에 들어갔다. 그렇게 해서 바뀐 파리의 모습이 지금 우리가 만나는 파리 대부분의 모습이다.

이후 1889년 파리에 만국 박람회가 열리면서 에펠 탑이 건축되었고, 1980년대에 프랑수아 미테랑 대통령에 의해 루브르 박물관 내 유리 피라미드, 퐁피두 센터 등이 추가되면서 현재 파리의 모습을 갖추게 되었다. 최근에는 자크 시라크 대통령에 의해 케 브랑리 등이 만들어졌고, 현재는 레알 지역이 새로운 모습으로 변신을 준비하는 등 앞으로의 파리도 조금씩 변화가 시도되고 있다.

01

개선문
Arc de Triomphe

파리의 상징이라고 할 수 있는 개선문은 1806년 나폴레옹 1세에 의해 건축이 시작되었다. 아우스터리츠 전투에서 승리한 후, 건축가 장 프랑수아 살그랑에 의해 개선문을 만들도록 했는데, 이후 러시아 전쟁의 실패로 공사가 중단되었다. 그리고 나폴레옹이 죽은 뒤 루이 필립에 의해 완공되었다.

결국 전쟁에서의 승리를 축하하기 위해 이곳을 통과하려 했던 나폴레옹 1세의 계획은 무산이 되었고, 그는 사망 후 시신이 되어 파리로 들어올 때 이 개선문을 지나 돔 교회로 향했다.

위치 Charles de Gaulle - Étoile 역

전쟁의 승리를 기념하기 위해 세워진 만큼 개선문의 벽에는 나폴레옹이 승리로 이끌었던 전쟁의 장면들이 조각으로 새겨져 있다. 또한 개선문 중간에는 무명 병사들을 위한 묘비도 있다.

개선문 전망대에 올라가면 외젠 오스만이 정비해 놓은 파리의 도로들을 한눈에 내려다볼 수 있다.

02

에펠 탑
Tour Eiffel

파리의 상징이면서 프랑스의 상징. 혹은 유럽의 상징이라고도 이야기하는 에펠 탑은 1889년 파리 만국 박람회를 맞아 귀스타브 에펠에 의해 세워진 탑이다. 당시 하늘에서도 만국 박람회장을 한눈에 내려다볼 수 있도록 세워진 것인데, 이 당시만 해도 이 건물이 세계에서 가장 높은 건축물이었다.

에펠 탑은 오직 철로만 시공이 되었기 때문에 건축될 당시에는 많은 건축가들로부터 비판적인 평가를 받았다. 금방 무너져 버릴 것 같다는 의

위치 Trocadéro 역에서도 보약 7분

498

견이 많았기 때문이다. 하지만 그 당시 건축가들의 비판과 달리 에펠 탑은 지금까지도 파리에 남아 당당하게 그 모습을 유지하고 있다.

에펠 탑이 건축된 이후 비판은 끊이지 않았다. 당시 파리 시민들은 에펠 탑이 파리의 고풍스러운 이미지를 망친다며 '추악한 철덩어리'라고 부정적인 시선을 보냈다.

결국 1909년 이 탑은 철거될 위기를 맞게 되지만, 송신 안테나를 설치하기에 가장 적당하다는 이유로 다행히 철거 위기에서 벗어났다. 그리고 지금은 파리를 상징하는 대표적인 랜드마크 역할을 하고 있다.

03

퐁피두
센터

Centre Pompidou

위치 Rambuteau 역에서
도보약 2분

파리에서 가장 현대적인 건축물을 찾는다면 퐁
피두 센터를 가장 먼저 떠올릴 수 있다.
이 건물은 렌조 피아노와 리차드 로저스에 의해
1977년 완공되었다. 이탈리아 출신의 렌조 피
아노는 현대 건축에서 빼놓을 수 없는 건축가다.
퐁피두 센터 외에도 간사이 국제 공항이나 뉴욕
타임스 건물 역시 렌조 피아노의 건축물로 잘 알
려져 있다. 함께 퐁피두 센터의 건축을 담당했던
리차드 로저스 역시 이탈리아 출신의 건축가로
런던의 로이드 빌딩 등을 건축했다.

퐁피두 센터는 조르주 퐁피두 대통령에 의해서 지어진 것인데, 당시 뉴욕이나 런던에 비해 파리의 문화 예술 공간이 부족하다는 것을 느낀 퐁피두 대통령이 파리 시내에 문화 센터를 만들기 위해 공모전을 실시했고, 이때 렌조 피아노와 리처드 로저스의 설계가 공모전에서 우승하면서 퐁피두 센터의 설계를 두 사람이 맡게 되었다.

당시만 해도 거의 신인이었던 두 사람은 5년 완공을 목표로 공사를 시작했는데, 이 건물의 건축을 의뢰한 퐁피두 대통령은 미처 완공을 보지 못하고 세상을 떠났다.

처음 이 건물이 파리에 들어섰을 때는 주변 환경과 어울리지 않는 건물이라고 해서 파리 시민들로부터 많은 비난을 받았다. 그도 그럴 것이 건물 내부에 들어 있어야 할 많은 구조물들이 모두 밖으로 나와 있는 형태로 지어졌기 때문이다. 그래서 마치 지금도 완공되지 않은 건물 같은 느낌이 들기도 한다.

건물 밖으로 나와 있는 파이프에는 노랑, 파랑, 녹색 등의 페인트가 칠해져 있는데, 노란색은 전선이 있는 파이프, 녹색은 수도가 흐르는 파이프, 파란색은 환기구, 빨간색은 엘리베이터로 각 색깔별로 기능을 구분해 두었다.

건물 내부는 현대 미술관과 도서관, 레스토랑 등의 시설이 있는 복합 문화 공간으로 꾸며졌다.

04

케 브랑리
Quai Branly

에펠 탑 근처의 센 강변에 있는 케 브랑리는 파리 현대 건축을 대표하는 건축물 중 하나다. 이 건물은 건축가 장 누벨에 의해 2006년에 건설되었는데 유리관, 나무, 콘크리트 등이 자연과 융화를 이룬다.

케 브랑리 건물은 유리벽으로 둘러싸여 있고, 부드러운 곡선과 직선 등의 다채로운 외관을 보여주는 4개의 건물과 넓은 정원이 있다.

정원의 조경은 식물학자인 파트릭 블랑의 참여로 만들어졌다. 건물 내부는 유럽 이외 지역의 원시 문명을 전시해 놓은 박물관으로 사용되고 있다.

위치 Pont de l'Alma 역에서 도보약 2분

이 건물을 건축한 장 누벨은 파리의 현대 건축물에서 이름이 많이 거론되는데, 이 이름이 우리에게도 익숙한 이유는 그가 바로 삼성 미술관인 '리움'을 건축한 건축가이기 때문이다.

그의 건축물 중에는 파리의 '아랍 문화원'을 만나볼 수 있는데, 이 건물은 빛을 활용한 그의 작품 중 손꼽힐 정도로 아름답다.

아랍 문화원

05

라 데팡스
La Défense

현대적인 파리의 모습을 만나고 싶다면 라 데팡스를 추천한다. 라 데팡스는 프랑수아 미테랑 대통령 시절인 1958년경 만들어진 신도시로, 당시 파리에 주거 공간이 부족한 이유로 만들어지기 시작했다.

넓은 대지에 첨단 시설은 물론, 주거 시설과 고층 빌딩들이 들어서게 되었는데, 1980~1990년대까지 장기적으로 이 지역을 현대적인 건축물들로 꾸며 지금의 모습을 만들었다.

라 데팡스의 중심에는 1989년에 만들어진 신개선문이 있는데, 신개선문은 건축가 오포 폰 스프

위치 | La Défense역, Esplanade de La Défense역

렉켈슨의 설계로 만들어졌으며, 샹젤리제 거리
의 개선문과 루브르 박물관 앞의 카루젤 개선문
까지 일직선상으로 이어진다.
또한 라 데팡스의 넓은 광장에는 콜더나 미로,
세자르, 타키스와 같은 현대 미술가들의 조각들
이 세워져 있어 건물들과 조화를 이룬다.

로마 Rome

로마를 둘러보면 고대 로마 시기부터 르네상스, 바로크 시대의 건축물들을 모두 만날 수 있다. 여러 시대를 거쳐 온 수많은 건축물들만 보아도, 이 도시의 역사를 짐작할 수 있을 정도다.

고대 로마의 모습을 만나볼 수 있는 고전적인 로마의 건축물들은 도리아 양식, 이오니아 양식, 코린트 양식 등 그리스에서 도입된 건축 양식이 많이 사용되었다. 이후 초기 그리스도교 시절에는 바실리카 양식의 건물들이 주로 지어졌다. 바실리카 양식은 고대 시장에서 영감을 얻어 만들어진 만큼, 직사각형의 넓은 내부를 특징으로 한다. 이

후에는 로마네스크 양식의 건축이 주를 이루었다. 로마네스크는 고대 로마로 돌아가고 싶은 건축 양식이기에, 로마의 원형 아치 형식을 주로 만날 수 있다.

이후 르네상스 시대에 들어서는 고전 양식에서 영감을 얻어 더욱 실용적인 건축물의 형식을 만들어냈다. 또한 바로크 시대부터는 화려한 장식이 들어선 건축물이 많아진다. 로마를 여행한다면, 바라보고 있는 건축물이 어느 시대에 지어진 것인지 추측해 보는 것도 로마를 즐겁게 여행하는 방법이 될 것이다.

01

판테온
Pantheone

로마에서 가장 잘 보존된 고대 건축물로는 판테온이 있다. 판테온은 거의 완벽한 형태로 지금까지 남아 있는데, 아그리파가 세운 신전이 있던 자리에 하드리아누스 황제가 118~120년에 세운 것이다.

원형으로 지어진 본당 내부에는 7개의 벽장이 있고, 지붕은 아치형 돔으로 만들어져 있는데, 천장의 가운데 9m의 구멍이 뚫려 있는 것이 특징이다. 게다가 내부에는 돔을 지탱하고 있는 어떠한 기둥도 없어, 건물이 지금까지 무너지지 않고 보존되어 있다는 것이 놀랍다.

위치 베네치아 광장에서 도보약 10분

신전으로 사용되던 판테온은 609년 이후 그리스
도교 사원으로 용도가 바뀌었고, 지금은 이탈리
아 왕들의 석관이 있는 무덤으로 사용되고 있다.
이후에 많은 건축가들은 판테온의 건물을 보며
고대 건축에 놀라움을 표현했다. 특히 미켈란젤
로는 이 건물은 가장 완벽한 건축물이라고 극찬
을 했다. 라파엘로는 판테온 내부에 묻히고 싶다
는 이야기를 했는데, 소원대로 라파엘로의 시신
은 이곳 판테온에 안장되었다.

02
콜로세움

Colosseo

72년 베스파시아누스 황제 때 건축을 시작해 80년 티투스 황제 때 완공된 콜로세움은 도리아, 이오니아, 코린트 양식이 결합된 독특한 구조의 건축물이다.

건물은 총 4층으로 이루어져 있으며, 각 층별로 양식이 다르게 적용되어서 1층은 도리아, 2층은 이오니아, 3층은 코린트식 아치로 만들어져 있다. 5만 5천 명의 관중을 수용할 수 있을 정도의 크기는 고대 로마 유적지 중에서도 규모가 가장 큰 것으로 유명하다.

콜로세움은 원형 경기장으로 지어졌으며, 이곳에서는 목숨을 건 검투사들의 싸움이 이어졌다. 검투사끼리의 싸움뿐 아니라 맹수와의 싸움, 그리고 그리스도교 박해 시절에는 그리스도교인들의 박해가 이루어진 곳이기도 하다. 하지만 450년 호노리우스 황제 때 경기가 중지되면서 경기장으로서의 역할은 사라졌다.

이후 콜로세움은 중세 교회를 짓기 위한 재료로 사용되면서 벽이 많이 손상되었고, 지진의 영향을 받아서 망가지기도 했다. 현재는 최근 몇 년 사이에 부쩍 노후되면서 대대적인 보수 공사에 들어갔다. 보수 공사 후에는 그동안 공개되지 않았던 내부 검투사들의 방도 공개될 예정이다.

위치 Colosseo 역에서 도보 약 1분

베르니니 vs 보로미니

로마를 대표하는 건축가로 베르니니와 보로미니를 빼놓을 수 없다. 한 살 차이도 안 나는 동갑내기이며 같은 시대를 살았던 베르니니와 보로미니는 평생 라이벌이었다. 그들은 산 피에트로 대성당의 개축 현장에서 처음 만 났다. 베르니니는 당시 누구나 인정하는 최고의 건축가였고, 보로미니는 가 난한 석수였는데, 보로미니가 보여 준 몇 장의 스케치를 본 베르니니는 그 의 능력을 칭찬하며, 그에게 건축가 일자리까지 찾아주었다.

하지만 당시 베르니니는 보로미니의 천재성을 알아차리고는 그의 모든 능 력을 다해서 철저하게 보로미니의 성공을 막았다. 그래서 보로미니는 베르 니니의 벽에 가려져 늘 2인자 인생을 살아야만 했다.

01

나보나
광장
Piazza Navona

베르니니와 보로미니를 비교할 때 가장 적합한 곳이 바로 나보나 광장이다. 이 광장만 둘러봐도 두 사람이 얼마나 앙숙이었는지를 한눈에 알 수 있다. 이 광장의 중앙에는 베르니니가 만든 분수대들이 세워져 있고, 광장 한 켠에는 보로미니가 만든 성당이 있다. 산타녜세 인 아고네 성당(Sant'Agnese in Agone)은 보로미니에 의해 만들어진 것으로, 아녜스 성녀가 온몸이 벗긴 채 묶여 있던 장소에 세워진 성당이다. 순결의 상징인 아녜스 성녀는 옷이 다 벗겨졌지만, 금세 머리카락이 자라 그녀의 몸을 가려 주었다고 한다. 그녀를 기리기 위해 세워진 이 성당의 돔은 산 피에트로 대성당의 돔 이후에 가장 뛰어나다고 평가 받을 정도로 훌륭하다. 탑의 1층은 정방형으로 만들어졌고, 2층은 원형으로 만들어져 비대칭적으로 만들어졌는데 이런 비대칭의 조화가 더욱 아름답게 느껴진다.

성당 바로 앞에는 베르니니가 만든 피우미 분수가 있다. 피우미 분수는 베르니니가 만든 걸작 중에서도 걸작으로 손꼽히는 조각상인데, 4대 강을 상징하는 4개의 조각상이 장식되어 있다.

그런데 재미있는 것은 보로미니가 만든 성당인 산타녜세 인 아고네 성당을 향해 서 있는 두 개의 조각 중 하나는 성당이 보기 싫은 듯 두 눈을 가리고 있고, 하나는 성당이 마치 무너지기라도 하는 것처럼 몸을 피하려는 듯한 모습으로 조각되어 있다. 반대편의 두 조각상과는 대조되는 느낌이 든다.

위치 베네치아 광장에서 도보약 15분

02

산 카를로
알레 콰트로
폰타네 성당

San Carlo alle
Quattro Fontane

이 성당은 보로미니의 걸작으로, 로마 바로크 양식 건축물의 걸작으로 손꼽힌다.

이 성당의 내부를 만드는 것이 보로미니가 처음으로 독립적인 의뢰를 받은 것이었는데, 성당의 정면은 다시 노년의 보로미니에 의해 완성되게 된다. 마치 물결이 치는 것 같은 타원 형태의 모습이 돌로 만든 것이 아니라 찰흙으로 빚어 만든 것 같은 착각을 일으키기도 한다.

팔각형과 육각형의 조합으로 기하학적인 느낌이 드는 쿠폴라도 재미있다.

위치 Barberini 역에서 도보약 4분

03

산 탄드레아
알 퀴리날레
성당

Sant' Andrea
al Quirinale

산 카를로 알레 콰트로 폰타네 성당 근처에 있는 이 성당 역시 바로크 시대의 걸작이라고 불리는 성당이다. 이 성당은 베르니니가 건설했는데, 베르니니가 직접 건설한 유일한 건축물이며 그가 건설한 첫 번째 작품으로 알려져 있다.

이 성당의 특징은 타원형의 쿠폴라다. 위로 올라갈수록 좁아지는 리브, 그리고 하얀색과 금색으로 만들어진 육각형의 코퍼링이 매우 아름답다.

위치 Barberini 역에서 도보약 5분

바르셀로나 Barcelona

유럽 건축 여행에서 빼놓을 수 없는 바르셀로나는 천재 건축가 가우디
의 흔적이 남아 있는 곳이다. 20세기 건축가를 대표하는 천재 건축가
가우디는 평생 독신으로 살며 오로지 건축에만 몰두했던 인물로, 가우
디가 만든 7개의 건축물이 유네스코 세계문화유산으로 지정되었다. 하
지만 가우디의 죽음은 허무했다. 1926년 6월 7일 가우디는 산책 중에
전차에 치였다. 그는 늘 초라한 행색으로 다녔기에 사람들은 그가 가
우디라는 사실을 알지 못했다. 그렇게 거리에 방치된 가우디는 병원으
로 옮겨졌지만, 사고를 당한 지 3일만에 세상을 떠나고 말았다. 그의

유해는 그의 마지막 유작인 사그라다 파밀리아 성당의 지하에 묻혔다. 원래 성당 내의 무덤에는 성자들만 묻힐 수 있지만, 교황청의 배려가 있었다.

스페인에서는 가우디를 성인으로 추앙하기 위해 바티칸 교황청에 요청을 했다. 가톨릭 성인이 되려면 기적을 일으키거나 순교를 해야 하는데, 가우디는 순교한 것이 아니기 때문에 기적을 증명해야만 한다는 교황청의 요청에 대해 스페인에서는 '바르셀로나로 오십시오. 이 도시를 보면 가우디의 기적을 확인하실 수 있습니다.'라고 답변했다고 한다.

01

레이알
광장의
가로등

Plaça Reial

바르셀로나의 대표적인 거리인 람블라스 거리에서 만날 수 있는 레이알 광장에서는 가우디의 초기 작품을 만날 수 있다. 이 광장에 있는 가로등이 바로 가우디의 작품으로, 가우디가 학교를 졸업하고 만든 첫 작품이다.

이 가로등이 만들어질 때 바르셀로나 시에서 공모전을 열었는데 가우디가 입상하면서 제작을 하게 된 것이다. 원래는 바르셀로나 시 전체에 이 가로등이 만들어질 예정이었지만, 제작에 어려움이 있어서 단 두 개만 만들어진 채 마무리되었다.

위치 Liceu 역에서 도보 약 4분

02

구엘 저택

Palau Güell

위치 Liceu 역에서 도보
약 4분

구엘은 가우디의 든든한 후원자였다. 구엘 가문이 대대로 살아왔던 자리에 지은 건물로, 구엘 저택은 1886년에 건축을 시작해 3년 후인 1888년에 완공되었다. 원래는 본관에 덧붙여진 별관으로 지은 것인데, 구엘 백작이 이 건물을 마음에 들어 해서 본관으로 사용되었다고 한다.

르네상스 양식의 정면에는 두 개의 문이 있는데 하나는 지하 마구간으로 이어지는 입구고, 하나는 사람이 드나드는 현관이다. 후원자의 든든한 후원으로 지은 집이라서 그런지 건물 전체가 화려하며, 저택이지만 마치 궁전과 같다고 해서 Palau라는 말로 불렸다. 출입문 쪽에는 구엘의 이름을 딴 이니셜이 가우디만의 방식으로 아름답게 표현되어 있다.

03

까사
바트요

Casa Batllo

바르셀로나에서 명품 쇼핑의 대표적인 거리로 그라시아 거리(Passeig de Gràcia)를 손꼽는다. 그리고 이 거리를 대표하는 건축물로 가우디의 또 하나의 걸작인 까사 바트요가 있다. 길을 걷다가 우연히 이 건물을 보게 된다고 해도 누가 만든 건물일까 하고 관심을 갖게 되는 것이 바로 이 건물이다.

그만큼 아름다운 건축물로 화려하기도 하고 알록달록한 느낌도 든다. 내부는 빛에 따라 유리의 무늬가 달라져 보이는 등 빛을 활용한 최고의 건축물이라고도 할 수 있다.

이 건물의 외관은 뼈를 모티브를 삼아 만들어졌다. 그래서 '해골의 집'이라는 별명이 붙어 있기도 하다. 또한 건물 정면의 외벽은 깨진 색유리 파편과 원형 타일로 마감되어 햇빛을 받으면 형형색색으로 빛을 발하며, 시간대에 따라 그 빛이 아름답게 변한다. 그중에서도 석양 때가 가장 아름답다.

건물 내부 관람이 가능하며, 건물은 추파춥스 회사가 소유하고 있다.

04

까사 밀라

Casa Mila

까사 바트요를 지나 그라시아 거리를 조금 더 걸어가면 까사 밀라가 나온다. 이 건물 역시 가우디의 걸작으로 손꼽히는 곳이다.

가우디의 건축물들을 살펴보면 자연 그대로를 가우디만의 해석으로 옮겨 놓은 것이 많은데, 이 건물은 바다와 미역을 주제로 만들어졌다. 마치 파도 치는 것 같은 모습에 미역을 형상으로 한 검정색 창문이 특별해 보인다. 이 건물은 현재도 사람들이 거주하고 있는 아파트다.

건물 옥상에 올라가면, 스타워즈의 다스베이더에서 영감을 받았다는 조형물이 있다. 투구를 쓰

위치 Diagonal 역에서 도보약 2분

고 있는 로마 병사의 모습인데, 타일로 만든 십자가 등과 어우러져 아름다운 모습을 보여 준다. 가우디의 건축물들을 보면, 어디에든 십자가를 만들어 놓은 것을 볼 수 있다. 독실한 가톨릭 신자였던 그의 신앙심을 그의 건축에서도 찾아볼 수 있다.

05

구엘 공원
Parc Güell

바르셀로나를 대표하는 관광지 중 하나인 구엘 공원은 사그라다 파밀리아 대성당과 함께 가우디의 최대 걸작으로 손꼽힌다. 공원 전체에 가우디의 흔적이 남아 있어 마치 가우디 건축의 종합 선물 세트와도 같다.

가우디의 든든한 후원자였던 구엘은 바르셀로나에 부유층을 위한 영국식 전원 주택을 만들기로 계획하고 역시 가우디에게 일을 의뢰했다. 가우디의 손길이 닿아 알록달록한 타일 모자이크 조각들로 뒤덮인 구조물들과 건물들이 마치 동화 속의 마을처럼 만들어졌다.

위치 Vallcarca 역에서 도보 약 15분

원래는 60채 이상의 건물을 지을 계획이었지만,
1900년부터 1914년까지 14년에 걸쳐 공사가 진
행되었지만, 구엘이 사망하고 자금난이 겹치면서
몇 개의 건물과 광장, 벤치 등만 건설되고 미완
성으로 남게 되었다. 1922년 바르셀로나 시의회
에서 이곳을 사들여 공원으로 탈바꿈시켰다.
공원 입구에 있는 관리실 용도의 건물 두 채가
마치 동화 속의 집을 연상시킨다. 공원 내에는
가우디가 20년 동안 살았던 집이 있어 가우디
박물관으로 개방되고 있다.

06

사그라다
파밀리아

Sagrada Família

가우디 건축의 최고봉으로 손꼽히는 사그라다 파밀리아 성당은 바르셀로나의 가장 대표적인 관광지라고 할 수 있다. '사그라다 파밀리아'는 '성 가족'이라는 뜻으로 예수와 마리아, 그리고 요셉을 뜻한다. 1882년부터 건축이 시작된 이 성당은 1883년부터 가우디가 건축을 맡아 새로이 설계가 진행되었으며, 사그라마 파밀리아의 건축은 교황청의 지원 없이 후원자와 시민들의 기부금만으로 진행되어 오고 있다.

네오 고딕 양식의 이 건축물은 고딕 양식의 영향을 받아 만들어진 것으로, 가우디만의 독특한 건축 방법이 더해져 더욱 아름다워졌다. 성당은 아직까지 공사가 진행되고 있지만 천재 건축가 가우디의 혼이 담긴 그 웅장함과 아름다움에 벌써부터 많은 관광객들이 찾아오고 있다.

가우디는 말년에 오직 이 성당의 건축에만 몰두했을 정도로 정성을 다했다. 아쉽게도 전차 사고를 당해 가우디가 숨을 거두면서 공사가 지연되었고, 스페인 내전 동안 가우디의 드로잉을 보관하던 작업실이 불에 타면서 가우디의 설계도도 사라져 더 이상 공사를 진행할 수가 없었다.

그러자 그 어떤 건축가도 감히 가우디의 건축을 이어 갈 엄두를 내지 못하고 있었는데, 조안 리골에

의해 다시 공사가 시작되었고, 가우디가 설계한 성
당의 모습을 최대한 살리면서 자신만의 스타일을
더해 대가의 건축을 이어 가고 있다.

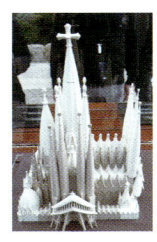

사그라다 파밀리아의 구조는 크게 3개의 파사드(출
입구가 있는 정면)로 이루어지며, 각 파사드에 각각
4개의 첨탑이 세워져 12명의 사도를 상징한다. 이
첨탑들은 높이가 모두 100m를 넘으며, 첨탑을 이
루는 돌 하나하나에 예수의 탄생을 나타내는 정교
한 조각과 성서에 기록된 장면들이 장식되어 있다.
또한 예수 그리스도를 상징하는 170m의 중앙 돔
이 세워지고, 성모 마리아를 상징하는 140m 높이
의 첨탑이 세워질 예정이다.

사그라다 파밀리아의 본당은 돔과 창을 통해 들어
오는 자연광으로 은은함을 더한다. 천장은 나뭇잎
과 열매를 표현하였으며 기둥은 나무줄기가 뻗어
나가는 모양을 나타내고 있다. 가우디는 성당의 본
당을 자연의 숲으로 나타내고자 하였다. 화려한 색
깔의 스테인드 글라스를 통해 빛이 들어오면 본당
은 그 빛에 따라 분위기가 바뀐다.

1882년 공사를 시작해 아직까지 완공이 되지 않은
엄청난 건축물, 사그라다 파밀리아는 2026년 가우
디 사망 100주기에 완공을 목표로 지금도 열심히
공사를 진행해 나가고 있다.

건축 양식으로 살펴보는 유럽의 성당들

유럽 여행에서는 크고 작은 많은 성당들을 만나게 된다. 각 도시별로 가장 중요한 관광지가 성당인 경우도 많아서 유럽 여행은 매번 성당만 간다고 투덜대는 사람도 많다. 하지만 그도 그럴 것이 유럽 자체가 종교를 중심으로 발달되었고, 대성당이 도심 속으로 들어오면서 도시도 함께 발전했다. 그래서 유럽을 이야기할 때 가톨릭과 성당을 빼놓고는 이야기하기 어렵다.

또한 시대에 따라, 도시에 따라 유행하는 건축 양식이 많이 다르기 때문에 도시별로 가장 중요한 성당을 둘러보면 그 도시가 언제 가장 번영했으며, 이 도시에 유행하던 건축 양식이 어떤 것이었는지 짐작할 수 있다.

01

피사 대성당
Duomo di Pisa
피사

로마네스크 양식

위치 피사 중앙역에서 도보 약 30분, 버스로 약 15분

피사 대성당은 이탈리아에서 가장 오래된 성당으로 알려져 있다. 피사는 피사의 사탑으로 더 유명한 도시지만, 사실 피사 대성당 자체도 오래된 성당이면서 이탈리아에 몇 없는 로마네스크 양식의 건축물로, 반드시 둘러봐야 할 명소다.

로마네스크 양식은 11~12세기에 유럽에서 많이 발달하던 건축 양식인데, 로마 시대 때의 특징인 둥근 반원형 아치와 건물을 받치는 원형 볼트 등이 특징이다.

02

산타 마리아 마지오레 대성당

Santa Maria Maggiore

로마

바실리카 양식

위치 Termini 역에서 도보 약 10분

바실리카 양식의 성당은 로마에서 많이 만나게 되는데, 그중에서도 로마의 4대 성당 중 하나인 산타 마리아 마지오레 대성당이 대표적이다. 이 성당은 성모 마리아에게 바쳐진 성당 중에서 가장 큰 성당으로도 알려져 있다.

바실리카는 고대 로마에서 시장, 관공서 등 공공의 목적으로 사용된 대규모 건물을 의미하는 말로, 콘스탄티누스 대제 때 이러한 양식의 성당이 많이 지어졌다. 공공 건물과 같은 양식이 특징이기에 내부에 들어서면 마치 대강당에 들어선 것처럼 넓은 느낌을 받는다.

03

아야소피아 성당

Ayasofya

이스탄불

비잔틴 양식

위치 Sultanahmet 역에서 도보약 3분

아야소피아 성당은 비잔틴 양식의 성당 중에서도 가장 아름다운 성당으로 손꼽힌다. 비잔틴 양식은 초기 그리스도교 건축 양식에서 많이 나타났는데, 이슬람 사원에서 많이 볼 수 있는 돔 형식의 지붕이 특징이다. 그리고 내부는 모자이크로 화려하게 꾸며져 있는 것도 돋보인다.

이런 비잔틴 양식의 대표적인 성당인 아야소피아 성당은 콘스탄티누스 대제에 의해 성당으로 처음 만들어졌다. 하지만 15세기 이후 이곳이 오스만 제국에 의해 점령되고 이슬람 사원으로 용도가 변경되면서 이슬람 사원의 특징인 4개의

미나레가 성당에 덧붙여졌다. 이때 성당 내부의 화려한 모자이크들도 회칠을 당해 가려지게 되는데, 1847년에 보수 공사 중 내부에서 모자이크를 발견하게 되고, 터키의 초대 대통령인 아타튀르크에 의해 박물관으로 지정되어 일반에 개방되고 있다.

원래는 성당이었다가 이슬람 사원으로 그 모습이 변경된 만큼 내부에 들어서면 두 종교가 섞여 있어 독특한 느낌이 감돈다. 어떤 종교의 사원이든 상관없이 이 성당이 비잔틴 양식 최고의 성당임에는 부정할 것이 없다.

04

노트르담
대성당

Cathedral of
Notre-Dame de
Paris

파리

고딕 양식

위치 Cité 역에서 도보 약 5분

12~15세기경 유럽에서 가장 유행했던 건축 양식은 고딕 양식이다. 그리고 이 시기에 유럽의 많은 도시들이 재건되거나 발전했기 때문에 유럽에는 고딕 양식의 성당들이 많다.

고딕 양식은 하늘 높이 솟은 첨탑과 긴 창문, 그리고 스테인드 글라스가 특징인데, 그런 고딕 양식을 대표하는 성당이 바로 파리의 노트르담 대성당이다.

성당 내부에서는 아름답고 화려한 '장미창'이라는 스테인드 글라스를 볼 수 있으며 종탑에 오르면 파리 시내를 한눈에 내려다볼 수 있다.

05

두오모
Duomo
피렌체

르네상스 양식

위치 피렌체 중앙역에서
도보 약 10분

르네상스 시대는 신적인 것에서 벗어나 인간적인 면을 더욱 중시하던 시대다. 그래서 고딕 양식의 화려함을 벗어나 실용적이며 합리적인 건축 양식을 추구하게 된다. 이러한 르네상스 시대에 가장 발전했던 도시인 피렌체에서 르네상스 양식으로 만든 성당이 바로 두오모다.

두오모는 르네상스 건축 양식의 발전에 큰 영향을 미친 부르넬리스키의 참여로 만들어졌는데, 그는 이 성당의 돔을 건축했다. 그래서 두오모의 돔을 부르넬리스키의 돔이라고 부르는데, 후대에 미켈란젤로도 이 돔보다 더 큰 돔을 건축하지 못했을 정도로, 두오모의 돔은 그 당시 기술로 만들어진 최고의 건축물이었다.

06

성 미쿨라셰 성당

Chrám sv. Mikuláše
프라하

바로크 양식

위치 구시가지광장

르네상스 시대가 끝나가면서 바로크 건축 양식이 등장했다. 바로크 시대의 양식은 더 극적인 느낌이 드는 것이 특징으로, 불규칙적인 많은 곡선과 화려한 장식들이 덧붙여졌다.

프라하의 구시가지 광장에 있는 성 마쿨라셰 성당은 바로크 양식을 대표하는 성당이다. 흰색 벽에 아름다운 옥색 양파 모양의 지붕이 특징으로, 내부에 들어서면 바로크 양식의 조각들로 장식되어 있다.

프라하의 구시가지 광장에는 다양한 건축 양식의 건물들이 들어서 있어, 한눈에 볼 수 있는 건축 박물관과 같다고 평가된다.

07

마들렌
성당

L'église de la
Madeleine

파리

고전주의 양식

위치 Madeleine 역에서
도보 약 2분

유럽의 17~19세기는 고전주의 건축 양식이 유
행하던 시기였다. 고전주의 건축 양식은 고대 그
리스와 로마의 건축 양식을 본떠 만든 건축 양식
을 말한다. 그리고 이러한 고전주의 양식의 대표
적인 성당이 바로 파리의 마들렌 성당이다.

마치 신전을 보는 것 같은 이 성당은 고전주의
양식의 대표적인 건축가인 비뇽에 의해 건축되
었다. 내부의 모습도 마치 신전을 보는 것 같은
느낌이 들어 고대로 돌아가고 싶어 하는 고전주
의 양식의 특징을 잘 보여 준다.

08

사그라다
파밀리아

Sagrada Familia

바르셀로나

네오 고딕 양식

18세기 후반부터 19세기 유럽에서는 네오 고딕 양식의 건축이 유행했다. 네오 고딕 양식 역시 고전주의와 마찬가지로 고딕 양식의 건축을 본받아 탄생한 건축 양식으로 유명하다. 가장 대표적인 건축물로 사그라다 파밀리아 대성당이 있다.

이 성당은 천재 건축가인 가우디의 걸작으로도 잘 알려져 있는데, 아직도 미완성인 상태로 여전히 공사중인 건축물이다. 입체기하학에 바탕을 둔 네오 고딕 양식에 가우디의 자연주의가 더해져, 완공이 되면 아마도 유럽을 대표하는 성당으로 자리 잡게 될 것이다.

위치 Sagrada Familia 역

유럽의 다리들

전 세계에서 유명한 다리들을 손꼽자면 유독 유럽의 다리들이 많다. 유럽은 역사가 오래되고 지금도 꾸준하게 발전하고 있는 만큼, 도시별로 그 특성에 맞는 많은 다리들이 건설되었고, 지금도 오래도록 보존되거나 새로운 현대적인 다리들이 생겨나고 있다.

01

카펠교

Kapellbrücke

루체른

위치 루체른 중앙역에서
도보약5분

루체른의 대표적인 명소인 카펠교는 유럽에서 가장 오래된 목조 다리로, 1333년에 건축되었으나 1993년 화재로 소실되었다가 대부분 복구되었다. 총 길이가 204m인 카펠교는 호수로 침입하는 적을 감시하기 위해 만들어진 것으로, 다리 중간에 탑이 만들어져 있다. 탑은 원래 방어를 위한 목적으로 만들어졌지만 후에 공문서를 보관하는 장소나 고문실 등 다양한 용도로 사용되었다.

다리의 천장에는 루체른의 역사와 수호성인의 판화 그림 111점이 있었는데, 1993년 화재로 대부분 소실되고 현재는 25개 정도만 남아 있다.

02

카를교
Karlův most
프라하

위치 구시가지 광장에서
도보약 10분

카를교는 프라하를 대표하는 다리로 14세기에 카를 4세에 의해 건축되었다. 체코에서 가장 처음 만들어진 석조 다리로, 블타바 강 위의 다리 중에서도 유일하게 보행자 전용 다리로 만들어졌다. 길이 520m의 다리 난간에는 30개의 성상들이 세워져 있는데 이 성상들은 성인들의 모습을 제작해 놓은 것이다. 이 성상 중에서 가장 유명한 것이 얀 네포무츠키 성인의 성상이다. 유일하게 청동으로 만들어진 얀 네포무츠키 성인의 성상에서 소원을 빌면 소원이 이루어진다고 해서 많은 관광객들이 이곳을 찾는다.

03

베키오
다리

Ponte Vecchio

피렌체

피렌체를 대표하는 다리인 베키오 다리는 1345
년에 건설된 것으로, 피렌체에서 가장 오래된 다
리다. 처음에 목조로 건설되어 있던 것을 석조
다리로 재건했다. 아르노 강의 가장 좁은 곳에
지어진 이 다리 위에서 바라보는 아르노 강의 풍
경이 매우 아름답다.

다리 위에는 금은 세공업자들의 보석 상점들이
들어서 있어, 피렌체에서 가장 고급스러운 거리
와 같은 느낌을 주기도 한다. 한때 이 다리 위에
는 정육점 등이 자리 잡고 있었는데, 비위생적이
었던 다리가 싫었던 페르디나트 1세에 의해 이
점포들이 사라지고 그 자리에 금은 세공업자들
이 모여든 것이다.

단테와 베아트리체가 이 다리 위에서 만나 운명
적인 사랑을 시작한 곳이라고 하니, 이 다리의
모습이 더욱 낭만적으로 느껴진다. 그래서 그런
지 영원한 사랑을 약속하는 열쇠고리를 다리 위
에서 쉽게 만날 수 있다.

위치 시뇨리아 광장에서
도보약5분

04

리알토
다리

Ponte di Rialto
베네치아

위치 Santa Lucia 역에서
도보 약 15분

물의 도시 베네치아의 대표적인 다리인 리알토 다리는 셰익스피어의 희곡 〈베니스의 상인〉의 무대가 되었던 곳으로 더 유명하다.

이 다리는 베네치아 운하의 가장 폭이 좁은 곳에 세워져 있는데, 목조 다리였던 것을 16세기 말 건축가 안토니오 다 폰테에 의해 대리석으로 재건되었다. 48m 길이의 다리 위에는 쇼핑을 할 수 있는 상점들이 있고, 이 위에서 바라보는 베네치아의 풍경이 아름다워 늘 관광객들이 몰린다.

05

퐁네프
다리

Pont neuf
파리

퐁네프는 현재 파리에서 가장 오래된 다리다. 퐁
네프 이전의 다리들은 목조 다리가 대부분이었
는데 다리의 노후와 전염병 등의 문제로, '새로운
다리'라는 뜻의 '퐁네프' 다리가 석조로 세워진
이후 모두 목조에서 석조 다리로 재건되었다.

퐁네프 다리가 만들어진 1607년은 앙리 4세에
의해 통치되던 시기였기 때문에 이 다리 중간에
앙리 4세의 기마상이 세워져 있다. 28m의 폭을
가진 이 다리는 당시에 세워졌던 다리 중 폭이
가장 넓은 다리였다.

위치 Pont Neuf 역

06

세체니
다리

Széchenyi
Lánchid

부다페스트

위치 성이슈트반 대성당에
서 도보약 10분

부다페스트의 랜드마크와 같은 세체니 다리는
1839년에 건설을 시작한 다리다. 부다 지역과
페스트 지역을 나누는 강인 다뉴브 강에서 가장
먼저 만들어진 다리이면서, 지금까지도 두 지역
을 연결하는 중요한 역할을 하고 있다. 1945년
독일군에 의해서 한 번 폭파되었지만, 다시 재건
되어 1949년 재개통했다.

다뉴브 강에 세워진 다리 중에서 가장 아름다운
다리로 평가되고 있는 이 다리는 낮보다 야경이
훨씬 아름답다. 다리를 따라 작은 전구들이 이어
져 있어 밤에 더욱 빛난다.

07

타워
브리지

Tower Bridge
런던

런던을 대표하는 다리인 타워 브리지는 영국 산업혁명의 표상이라고 여겨진다. 다리가 만들어질 당시에는 하루에 많은 배들이 템스 강을 오갔기 때문에 다리는 개폐식 다리로 만들어졌다.
그래서 대형 선박이 지나갈 때면 타워 브리지의 중간이 갈라져 들려 올라간다. 물론 지금은 대형 선박들이 오가는 횟수가 거의 없기 때문에 이 다리가 올라가는 모습을 보기는 힘들다.
다리 중간에는 고딕 양식의 탑이 세워져 있고, 탑과 탑을 잇는 길을 따라 전망대가 마련되어 있어 템스 강을 내려다볼 수 있다.

위치 Tower Hill 역,
London Bridge 역

Theme 11

유럽의
전망대

유럽을 여행할 때 각 도시별로
꼭 가 보기를 추천하는 곳이 바로 전망대다. 유럽
의 도시들은 하늘 위에서 바라보는 모습이 특히 아
름답기 때문인데, 이런 모습을 가장 멋지게 볼 수
있는 곳이 바로 전망대다. 높은 건물이 별로 없는
유럽 도시들의 특성상 높지 않은 전망대에 올라도
도시 전체가 내려다보인다. 거기에 아름다운 유럽
풍의 지붕과 풍경이 더해져 최고의 전망을 선물해
준다. 전망대로는 대부분 성당이나 종탑,
타워 등이 있다.

파리 Paris

아름다운 도시 풍경을 생각한다면 유럽에서는 아마도 파리를 가장 먼저 떠올리게 될 것이다. 고풍스러운 건축물과 현대적인 건축물이 묘하게 어우러져 있고, 도시를 가로지르는 센 강이 흘러 더욱 아름답게 느껴지는 파리는 관광지를 둘러보는 것도 좋지만, 그보다 파리 시내를 내려다볼 수 있는 전망대에 반드시 올라보기를 추천한다.

01

에펠 탑
Eiffel Tower

위치 Trocadéro 역에서도
보약 7분

파리의 상징이면서 프랑스의 상징, 혹은 유럽의 상징이라고도 이야기하는 에펠 탑은 1889년 파리 만국 박람회를 맞아 구스타브 에펠에 의해 세워진 탑으로, 탑에 오르면 파리 시내를 내려다볼 수 있다.

에펠 탑 전망대는 총 3층으로 이루어져 있는데 2층까지는 도보나 엘리베이터로 올라갈 수 있고, 3층은 엘리베이터로만 올라갈 수 있다.

3층 꼭대기 층의 전망대는 파리에서 가장 높은 전망대로 파리 시내를 한눈에 내려다볼 수 있다.

02

노트르담
대성당

Cathédrale
Notre-Dame de
Paris

위치 Cité역에서 도보 약 5분

노트르담 대성당은 파리를 대표하는 성당으로 파리의 가장 중심인 시테 섬에 위치하고 있다. 이 성당은 고딕 양식의 걸작이라고도 하는데, 고딕 양식의 특징인 탑과 종루를 가지고 있는 것이 특징이다. 이 탑에 오르면 파리 시내의 전경을 한눈에 내려다볼 수 있다.

노트르담 대성당의 종탑에 오르려면 오전 일찍 서두르는 것이 좋다. 탑이 워낙 좁기 때문에 10분에 20명씩만 입장이 가능하기 때문이다. 보통 1시간 이상 기다릴 여유를 가지고 가는 것이 좋다. 줄을 서서 입장한 후 약 400개의 계단을 올

라가 전망대에 오르게 된다.

전망대는 두 번에 걸쳐 만나게 되는데, 첫 번째 키메라 갤러리는 19세기 비올레르뒤크가 디자인한 동물 조각들과 함께 파리 시내를 내려다볼 수 있다. 조각들은 가고일, 플뢰롱, 찌푸린 얼굴의 머리 등 다양한 모습으로 조각되어 있다.

이후 계단을 더 올라가면 종탑 가장 꼭대기에 오를 수 있는데, 노트르담 대성당이 파리의 가장 가운데에 있는 만큼 파리의 모습을 멋지게 바라볼 수 있다.

03

몽파르나스 타워

Tour Montparnasse

위치 Montparnasse - Bienvenüe 역

몽파르나스 타워는 파리에서 가장 높은 건물이다. 높이가 210m로 총 59층으로 이루어져 있는데 56층에는 전망대가 있어서 파리의 전망을 내려다볼 수 있다.

전망대에서 다시 3층을 더 올라가면 오픈 에어의 옥상 전망대가 있는데 이곳에서는 날씨가 좋으면 전방 40km까지 전망을 볼 수 있다. 전망대에서 여유롭게 커피나 맥주를 마시며 파리의 풍경을 바라보기에 가장 좋은 장소가 바로 몽파르나스 타워다.

프라하 Praha

프라하는 유럽에서 중세의 모습을 가장 잘 보존한 도시 중 하나로, 프라하의 전망대에 오르면 아름다운 중세 시대 느낌의 시내 풍경을 내려다볼 수 있다. 화약 탑부터 프라하 성까지 왕의 길을 따라 전망대들이 많이 있으며, 이들은 각각 다른 프라하의 풍경을 선물해 준다.

01

화약탑
Prašná Brána

프라하의 신시가지와 구시가지를 경계 지어 주는 지표이자 왕의 길의 시작점인 화약탑은 꼭대기에 전망대가 있어 프라하의 전망을 내려다볼 수 있다.

프라하 신시가지와 구시가지의 경계에 위치하고 있기 때문에 두 모습을 내려다볼 수 있어서 좋지만, 생각보다는 전망대가 낮아 프라하 시내의 모습이 시원스럽게 내려다보이지는 않는다. 하지만 틴 성당이나 프라하 성의 모습까지는 한눈에 들어온다.

위치 Náměstí Republiky 역

02

구시청사

Staroměstská Radnice

위치 프라하 중앙역에서 도보 약 20분

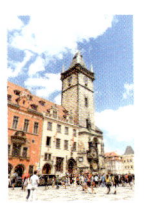

프라하에서 가장 많은 관광객들이 찾는 곳이 바로 천문 시계가 있는 구시청사다. 천문 시계가 있는 시계탑에는 전망대가 있는데, 이 전망대에 오르면 프라하 구시가지 광장의 모습은 물론 프라하 시내의 모습이 아름답게 내려다보인다.
특히 천문 시계가 시각을 알려 주는 매시 정각에는 많은 관광객들이 천문 시계를 보기 위해 모여든 모습도 내려다보인다. 구시청사 전망대에 오르면 구시가지 광장의 틴 성당이나 얀 후스 동상의 모습도 보이고, 멀리 프라하 성도 내려다보인다.

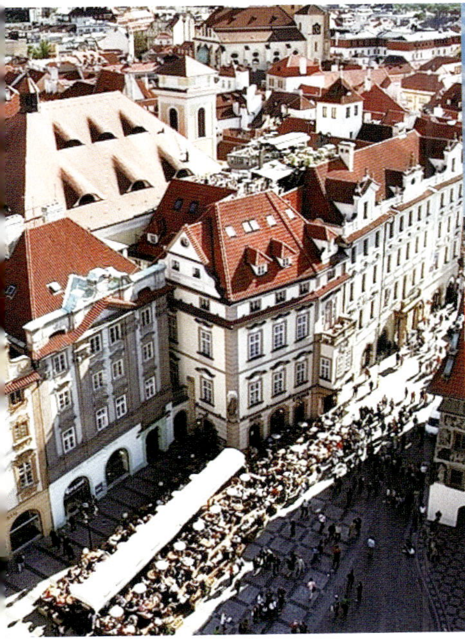

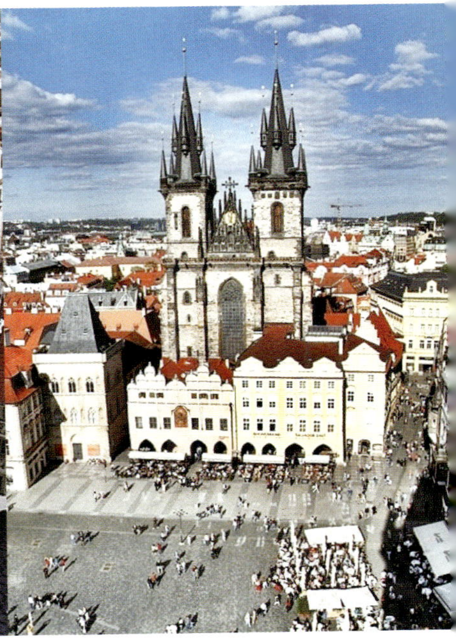

03

카를교 탑

Staroměstská
Mostecká věž

위치 구시가지 광장에서 도보 약 10분

카를교 양쪽에는 카를교를 내려다볼 수 있는 교 탑이 있다. 원래 이 문은 지나가는 사람들에게 통행료를 받았던 곳인데 지금은 전망대로 일반인에게 오픈되어 있다. 카를교 탑에 오르면 프라하의 상징과도 같은 카를교와 프라하 성의 모습을 블타바 강과 함께 멋지게 내려다볼 수 있다. 카를교 탑이 있는 카를교는 구시가지와 말라 스트라나를 이어 주는 역할을 한다. 카를교는 체코에서 가장 먼저 만들어진 석조 다리이며, 프라하의 노을과 야경을 아름답게 바라볼 수 있는 곳이기 때문에 관광객들에게 인기가 높다.

04

성 비트
대성당

Katedrála sv. Víta

위치 Malostranská 역

카를교를 지나 왕의 길을 따라가면 프라하 성이
나오고, 프라하 성 가장 중심에는 성 비트 대성당
이 있다.

신고딕 양식으로 만들어진 성 비트 대성당에는 아
르누보 양식의 대가인 알폰스 무하의 스테인드 글
라스가 있고, 바츨라프 왕의 무덤과 얀 네포무츠키
성인의 묘도 있어 많은 관람객들이 방문한다.

성당의 전망대에 오르면 카를교는 물론, 프라하
의 구시가지와 신시가지, 말라스트라나 지역까지
모두 한눈에 내려다보인다.

이탈리아 Italy

아름다운 중세 도시를 이야기하자면 이탈리아의 도시들도 빼놓을 수 없다. 이탈리아에는 크고 작은 도시들이 많이 있는데, 각 지역별로 특징적인 건축 양식들을 유지하고 있다. 빨간 지붕이 돋보이는 토스카나 지방의 멋진 전망대들과 물의 도시 베네치아의 모습을 제대로 내려다볼 수 있는 전망대까지. 이탈리아를 여행할 때는 전망대에 오르는 것을 잊지 말자.

01

두오모

Duomo

피렌체

위치 피렌체 중앙역에서 도보약 15분

피렌체 여행에서 가장 중요한 관광지인 두오모는 영화 〈냉정과 열정 사이〉에서 언급했던 것처럼 연인들의 성지로 알려져 있다. 화려하고 아름다운 성당뿐 아니라 멋진 전망대를 만날 수 있어 더욱 특별한 곳이니 피렌체 여행에서 두오모 전망은 절대로 빼놓을 수 없다.

두오모 돔에 오르려면 463개의 계단을 걸어 올라가야 한다. 올라가다 보면 돔 천장에 그려진 바사리의 프레스코화 〈최후의 심판〉을 만날 수 있다. 전망대에 오르면, 바로 앞의 조토의 종탑과 더불어 피렌체 시내가 한눈에 내려다보인다.

02

조토의 종탑

Campanile di
Giotto

피렌체

위치 피렌체 중앙역에서
도보 약 15분

두오모 바로 옆에는 조토의 종탑이 있다. 조토는
이탈리아 초기 르네상스를 이끈 인물로, 이 종탑
역시 414개의 계단을 오르면 피렌체의 전망을
내려다볼 수 있는 전망대에 오를 수 있다.

두오모에 오르면 두오모는 보이지 않지만, 종탑
에 오르면 두오모와 더불어 피렌체 시내가 모두
내려다보이기 때문에 두오모와 종탑 중 어느 전
망대가 더 아름다운지에 대해서는 순위를 가를
수 없다.

두 곳의 입장권이 통합으로 되어 있으니 체력이
된다면 두 전망대에 모두 올라 보자.

03

미켈란젤로
광장

Piazzale
Michelangelo

피렌체

위치 피렌체 중앙역에서 버스
로 약 30분

피렌체의 전망을 바라보는 장소로는 미켈란젤로
광장을 빼놓을 수 없다. 미켈란젤로 광장에는 미
켈란젤로의 다비드상이 있어서 붙여진 이름인
데, 테라스처럼 펼쳐진 전망대가 있어 인기가 높
다. 전망대에서는 아르노 강은 물론 베키오 궁전
부터 두오모까지 한눈에 내려다보인다.

미켈란젤로 광장은 늘 피렌체 여행의 마지막 코
스로 사랑을 받는다. 노을 지는 모습과 야경이
특히 아름답다.

04

피사의 사탑

Torre Pendente
di Pisa

피사

위치 피사 중앙역에서
도보 약 40분

갈릴레이가 낙하의 법칙을 실험한 피사의 사탑은 아마도 이탈리아에 있는 어떤 탑보다 가장 유명할 것이다. 이런 기울기로 서 있는 사탑이 무너지지 않는 것은 한때 세계 7대 불가사의에 선정될 만큼 이상한 것이었다. 하지만 이대로 두면 언젠가는 무너질 것이라는 경고에 1990년에 대대적인 공사를 시작해, 더 이상 기울어지지 않게 되었다.

지금은 전망대로 관람객들에게 개방되어 있어, 기울어진 사탑에 올라 전망을 내려다볼 수 있다. 전망대에 오르고 싶다면 홈페이지를 통해 미리 예약하는 것이 좋다.

05

산마르코 광장의 종루

Campanile

베네치아

위치 산마르코광장내

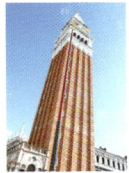

물의 도시 베네치아는 이탈리아에서도 조금 특별한 풍경을 선물해 주는 곳이다. 그래서 베네치아에서는 전망대에 꼭 올라 보는 것이 좋다.

한때 상업 도시로 번성했고, 지금도 그 번영을 이어 가고 있는 도시답게 화려한 전망을 선물해 준다. 이 종루는 특히 엘리베이터로 쉽게 올라갈 수 있어서 좋다.

만약 산 마르코 광장과 종루, 산 마르코 성당 등을 한눈에 보고 싶다면, 산 마르코 광장 건너편의 산 조르조 마조레 성당에 올라 보는 것도 좋다.

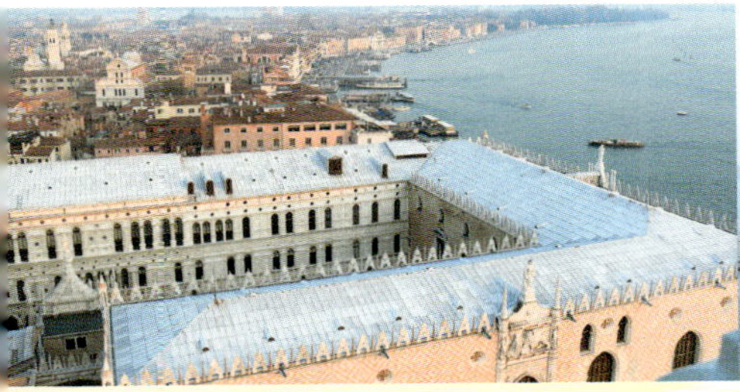

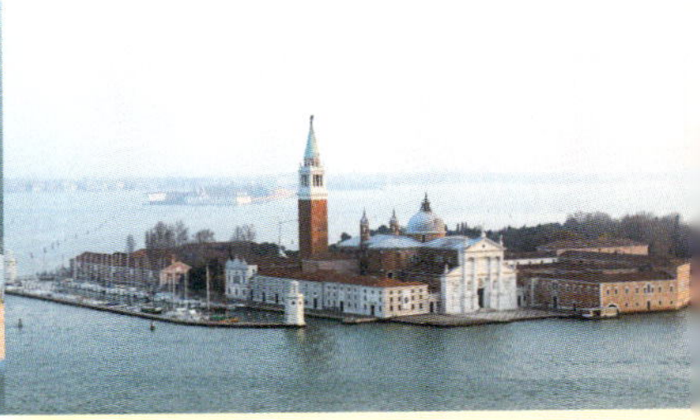

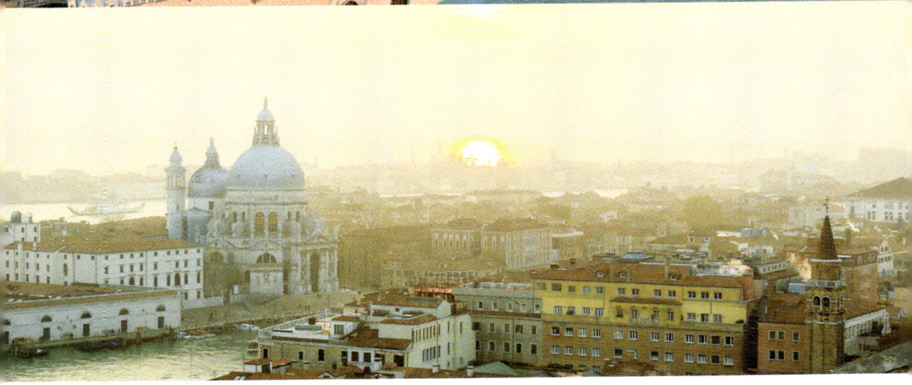

유럽의 자연 풍경

유럽은 대도시와 소도시 등 다양한 도시를 만날 수 있는데, 이런 도시들이 더욱 매력적인 것은 호수와 산이 많고, 바다가 함께 있기 때문이다. 아름다운 산악 도시들을 선물해 주고 있는 유럽의 알프스는 많은 나라에 광범위하게 걸쳐 있고, 알프스 산맥에서 이어지는 호수 도시들도 매우 아름답다. 더불어 지중해의 아름다운 해안 도시들도 여러 나라에 걸쳐 있기 때문에 바닷가 도시의 다양한 모습을 만날 수 있다. 유럽의 멋진 자연 환경을 찾아 힐링 여행을 떠나 보자.

스위스 Switzerland

유럽의 멋진 자연 풍경을 이야기할 때 스위스를 빼놓
고는 이야기할 수 없다. 스위스는 알프스 산맥에 자리
잡고 있는 나라이기 때문에 도시별로 알프스의 풍경이
멋지게 병풍처럼 둘러싸여 있다. 유럽인들의 여행지로
도 사랑 받고 있는 스위스는 사계절 모두 알프스의 각
기 다른 모습을 만날 수 있기 때문에 비수기가 없을 정
도로 인기가 높다. 겨울이면 스키 여행을 떠나기에도
좋다.

01

레만 호
Lac Léman

제네바와 로잔을 끼고 있는 넓은 레만 호는 호수 주변으로 아름다운 휴양 도시들이 많다. 재즈 페스티벌로 유명한 몽트뢰와 스위스에서 가장 아름다운 성으로 잘 알려진 시용 성, 그리고 찰리 브라운이 생애 마지막 순간을 보냈다는 브베까지 모두 레만 호를 끼고 있는 도시들이다.

레만 호는 스위스와 프랑스의 국경이기 때문에 프랑스의 도시도 함께 만날 수 있다. 생수 브랜드로 잘 알려진 에비앙도 레만 호에서 만날 수 있는 프랑스의 도시 중 한 곳이다.

02

인터라켄
Interlaken

스위스 알프스의 하이라이트라고 할 수 있는 곳
들을 이어 주는 거점 도시가 바로 인터라켄이다.
인터라켄 주변으로는 알프스 산맥 중에서 가장
유명한 융프라우가 있고, 아이거 등이 있으며,
툰 호수와 브리엔츠 호수도 곁에 두고 있어 산과
호수 여행을 모두 쉽게 할 수 있다.

융프라요흐
전망대
Jungfraujoch

알프스 산 중에서 유일하게 유네스코 세계문화
유산으로 등록된 융프라우 산의 가장 높은 곳에
있는 전망대가 바로 융프라요흐 전망대다.
유럽에서 가장 높은 곳에 있는 전망대로 유명한
융프라요흐 전망대는 알프스 산을 오르는 비용
면에서도 Top이다. 하지만, 단 한 군데의 전망대
에 오를 수 있다면 당연히 융프라요흐 전망대를
추천한다.

위치 인터라켄 동역 - 그란덴발트 - WAB 등산 열차 - 클라이네 샤
이데크 - JB 등산열차 - 융프라요흐
인터라켄 동역 - 라우터브룬넨 - WAB 등산열차 - 클라이네 샤이데
크 - JB 등산열차 - 융프라요흐

쉴트 호른
전망대

Schilthorn

위치 인터라켄 동역 - 라우
텐브룬넨 - 케이블카 - 등산
열차 - 뮈렌 - 케이블카 - 쉴
트호른전망대

융프라우나 아이거 같은 봉우리를 제대로 감상하
기 위해서는 쉴트 호른 전망대가 훨씬 매력적이
다. 특히 쉴트 호른 전망대는 제임스 본드의 영화
〈007〉에 등장해서 더욱 인기가 높아졌다.

맑은 날에는 융프라우나 아이거는 물론, 몽블랑
을 비롯해 다양한 알프스의 주요 봉우리들이 내
려다보인다. 그리고 360도 회전 레스토랑에서는
그다지 비싸지 않은 비용으로 맛있는 식사도 할
수 있어, 인터라켄에서 갈 수 있는 전망대 중에서
도 특히 인기가 높다. 쉴트 호른 전망대와 더불어,
아름다운 뮈렌 마을도 함께 둘러보면 좋다.

03

툰 호수와 브리엔츠 호수

Thunersee &
Brienzersee

인터라켄 도시 바로 옆에는 툰 호수와 브리엔츠 호수가 있는데, 두 호수 모두 알프스의 만년설이 녹아 만들어진 것으로, 옥색 빛의 호수가 매우 아름답다. 인터라켄에 머물면서 융프라요흐 전망대만 오르기보다는 두 호수 마을도 함께 둘러보면 좋다. 툰 호수에서 인기 높은 마을은 스피츠로, 마을을 산책만 해도 좋고, 호숫가에 있는 스피츠 성을 방문해도 좋다. 또한 브리엔츠 호숫가의 브리엔츠 마을도 작은 동화 마을처럼 아름답다.

위치 스피츠나 브리엔츠 모두 열차로 쉽게 갈 수 있다. 스피츠로 향하는 열차는 인터라켄 동역에서 베른으로 향하는 열차를 이용하게 되며, 브리엔츠로 가는 열차는 인터라켄 동역에서 루체른행 열차를 탑승하면 된다.

04

루체른의
리기

Rigi

위치 루체른 역 앞 유람선 선착장에서 피츠나우 (Vitznau)행 유람선을 타고 피츠나우에서 내린 후, 바로 연결되어 있는 등산 열차 리기반(Rigi Bahn)을 타고 리기산 정상 리기쿨름(Rigi Kulm)까지 올라간다.

루체른은 아름다운 루체른 호수가 있어 관광 도시가 되기도 하지만, 루체른에서 갈 수 있는 알프스의 영봉들에 의해 더욱 인기가 높다. 리기, 필라투스, 티틀리스 등이 루체른에서 만나게 되는 알프스 산이다. 루체른에서 갈 수 있는 산들 중 가장 인기가 높은 '알프스의 여왕'이라는 별명을 가진 리기 산은, 알프스에서 사람이 등산할 수 있는 최초의 봉우리로 잘 알려져 있다. 알프스 최초의 등산 열차도 1871년 이곳에 세워졌다. 리기 산 자체가 특별하게 아름답거나 한 것은 아니지만, 이곳에서 바라보는 풍경이 매우 아름답다.

오스트리아 Austria

스위스와 더불어 알프스의 멋진 풍경을 바라볼 수 있는 곳으로 오스트리아도 인기가 높다. 오스트리아는 알프스의 전망대에 오를 수도 있고, 멋진 호수 풍경이 있고, 중부 유럽의 멋진 도시까지 어우러져 매력이 넘친다.

01

인스부르크
제그루베

Seegrube

위치 Congress에서 등산 열차를 타고 종착역에서 내린 후 다시 케이블카를 타고 산 정상까지 올라간다.

인스부르크는 동계 스포츠가 잘 발달된, 알프스 산맥에 자리를 잡은 오스트리아 도시다. 그래서 겨울이면 더욱 인기 높은 관광지가 되는데, 이곳에서 스키를 타는 사람들이 많기 때문이다.

제그루베 전망대는 스위스의 알프스 전망대에 오르는 것보다 훨씬 저렴한 비용으로 오를 수 있기 때문에 인기가 높다.

전망대에 오르면 알프스 산을 한눈에 내려다볼 수 있는데 전망대 꼭대기에서 15분 정도 도보로 올라가면 산 정상까지 갈 수도 있다.

02

할슈타트

Hallstatt

오스트리아 최고의 휴양지로는 할슈타트를 손꼽는다. 이 마을은 그림 같은 호수와 산으로 둘러싸여 있어 아름다운 풍경을 선물해 준다. 사실 도시 내에는 소금광산 외에 특별한 관광지가 없는데, 어떤 관광지보다 그저 호수의 풍경을 바라보고 있는 것만으로도 충분히 힐링을 느낄 수 있다. 마을의 풍경과 호수와 산의 모습을 더욱 아름답게 보려면 마을 골목을 따라 조금 더 위로 올라가 보는 것이 좋다. 위에서 내려다보는 할슈타트는 말로 표현할 수 없는 정도로 아름답다.

위치 Hallstatt 기차역에서 페리로 약 5분

베네치아 Venezia

이탈리아의 베네치아는 118개의 섬과 400여 개의 다리로 이루어져 있는 물의 도시다. 중세 시대에는 이탈리아 최강의 공화국이기도 했지만, 18세기에 들어서 세력이 약해졌고, 지금은 이탈리아에서 가장 아름다운 물의 도시로 사랑 받는 관광 도시로 그 명성을 이어 나가고 있다.

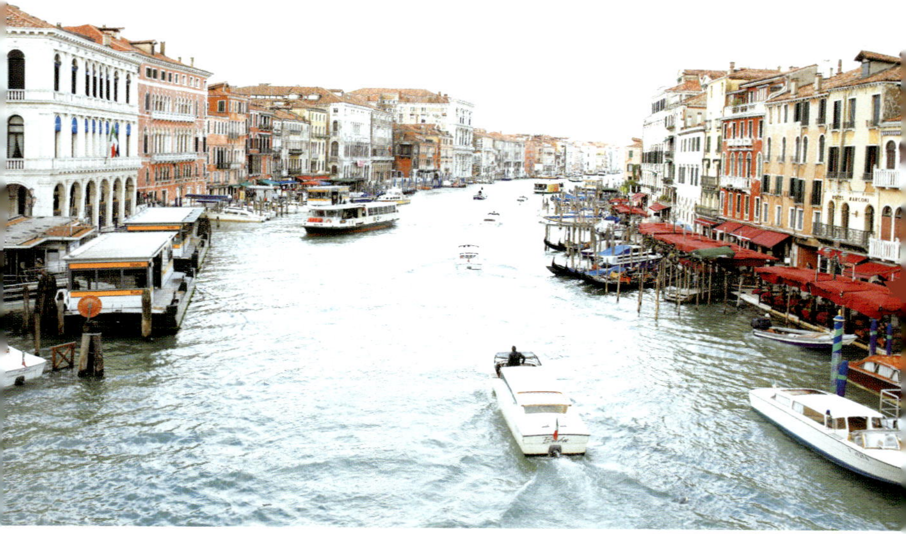

베네치아 즐기기

위치 Santa Lucia 역 부근

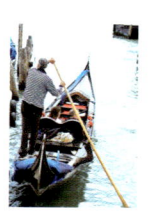

베네치아는 여러 섬으로 이루어진 만큼 베네치아 본섬에서 아름다운 섬으로의 여행을 떠날 수 있는데, 유리 세공으로 유명한 무라노 섬이나 아름다운 건물로 유명한 부라노 섬, 그리고 해안가가 아름다운 리도 섬 등으로 섬 여행을 떠날 수 있다.

베네치아의 바다를 더욱 아름답게 즐기려면 곤돌라를 타 보아야 한다. 이 배는 원래 야만족이 침입해 도시의 처녀들을 빼앗기게 되었을 때 이 섬의 남자들이 여자들을 되찾아 오려고 만들어 사용했던 것인데, 지금은 베네치아의 상징으로 남아 있다.

슬로베니아 Slovenia

유럽의 아름다운 자연환경이 있는 나라로는 슬로베니아를 빼놓을 수 없다. 유럽 발칸 반도에 위치한 슬로베니아는 아드리아 해와 알프스 산맥을 모두 만나고 있기 때문에 매우 아름다운 자연을 형성하고 있다. 슬로베니아는 특히 유럽에서도 가장 안전한 나라로 잘 알려져 있고, 지중해성 기후이기 때문에 여행하기에도 좋은 조건을 지니고 있다.

01

피란
Piran

슬로베니아에도 많은 관광 도시들이 있지만, 휴
양 도시인 피란을 빼놓을 수 없다. '아드리아 해
의 숨은 보석'이라는 이 도시를 방문하는 사람은
누구라도 이 도시의 매력에 빠지게 될 것이다.

피란 여행은 타르티니 광장에서 시작되어 타르
티니 광장에서 끝이 난다. 워낙 작은 도시이기
때문에 이 광장에서 시작해 걷다 보면 어느새 이
광장으로 다시 돌아오기 때문이다.

또 하나 피란에서 놓치지 말아야 할 관광지는 바
로 성벽이다. 피란의 성벽에 올라가면 피란 시내
가 한눈에 내려다보인다.

위치 류블랴나, 베네치아
등에서 버스

02

블레드
호수

Blejsko jezero

블레드 호수는 알프스의 만년설과 빙하가 녹아
내려 만들어진 빙하 호수로, '알프스의 눈동자'
라는 별명이 붙은 아름다운 호수다. 블레드 호
수 내에 작은 섬인 블레드 섬도 있고, 블레드 호
수를 둘러싸고 있는 산 위에는 블레드 성이 있어
호숫가의 풍경을 내려다보기에도 좋다.

특히 호수에서 섬으로 들어갈 때는 플레트나라
고 하는 작은 배를 타게 되는데, 이 배는 블레드
호수의 상징이라고도 할 수 있다. 섬에는 성당이
있고, 성당 내에는 종이 있는데 이 종을 세 번 치
면 소원이 이루어진다고 한다.

위치 류블랴나에서 버스

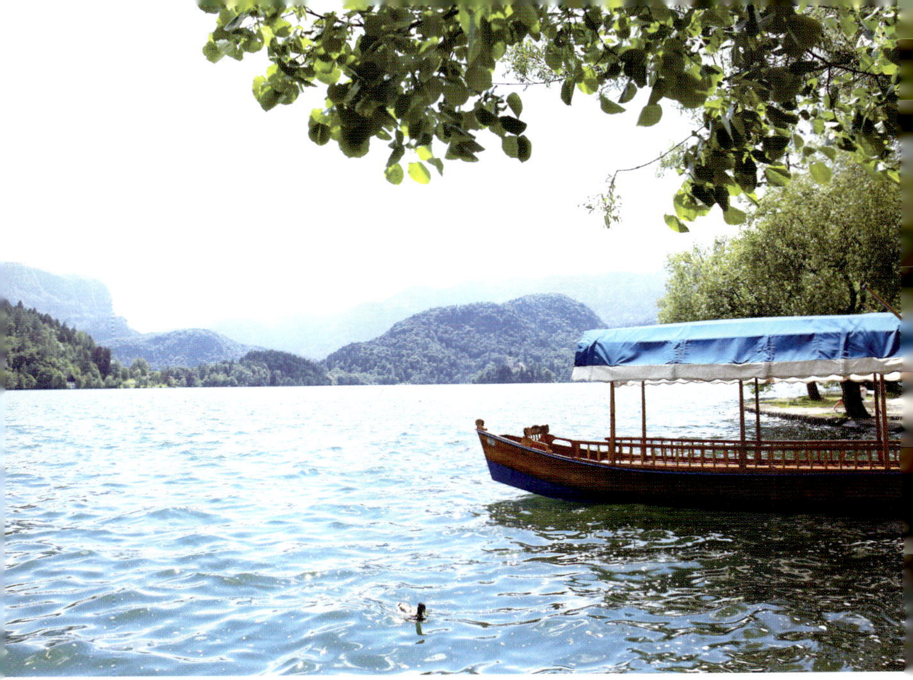

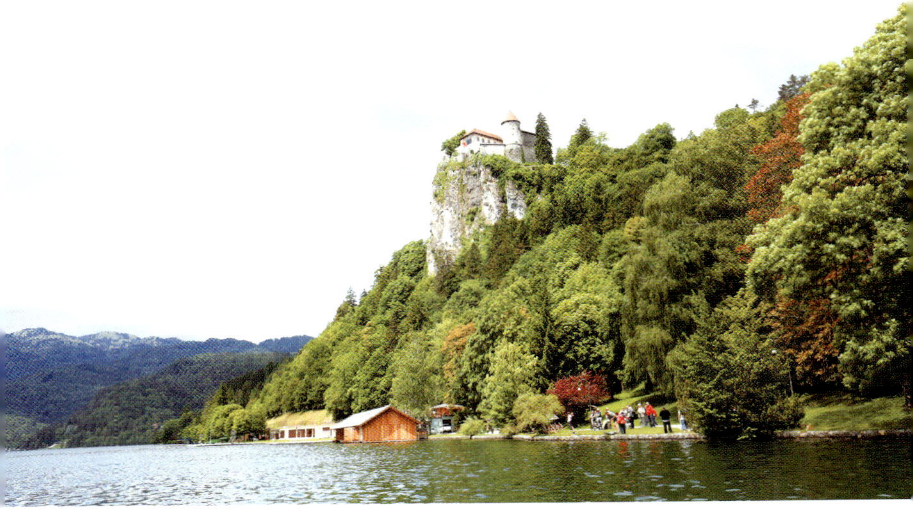

크로아티아 Croatia

유럽 발칸 반도에 있으며 아드리아 해를 끼고 있는 크로아티아는 유럽 최고의 휴양 도시들을 가지고 있는 관광 국가다. 특히 최근에는 한국에서도 다양한 방송에 소개가 되면서 한국인들에게 인기 높은 여행지로 자리 잡고 있다. 또한 지중해성 기후이기 때문에 겨울에도 크게 춥지 않아 사계절 여행에도 적합하다. 바다를 좋아한다면 크로아티아로 여행을 떠나 보자!

01

플리트비체 호수 공원

Plitvice Lakes
National Park

위치 자그레브, 자다르 등
에서 버스

플리트비체 국립 호수 공원은 크로아티아 최고의 여행지라고 생각될 정도로 멋진 호수 공원이다. 호수는 상층부의 큰 호수와 하층부의 작은 호수로 나뉘어 있고, 100여 개의 폭포들이 흐르고 있으며, 에메랄드 빛 호수가 환상적이다.

특히 죽기 전에 꼭 가 봐야 할 관광지로 선정되면서 이곳을 찾는 관광객들이 늘었는데, 실제로 가 보면 왜 꼭 가 봐야 하는 관광지인지 누구나 알 수 있다.

유럽, 아니 전 세계에서 플리트비체의 호수를 뛰어넘는 호수는 아마도 없을 것이다.

02

자다르

Zadar

위치 자그레브, 자다르 등
에서 버스

자다르는 3,000여 년의 역사를 간직하고 있는
오래된 도시다. 고대 도시이면서 해안가를 끼고
있는 아름다운 휴양 도시이기도 한데, 유적지가
함께 있는 도시이기 때문에 크로아티아의 관광
지 중에서도 특히 인기가 높다.

자다르에서 놓치지 말아야 할 곳은 바로 바다 오
르간과 태양의 인사인데, 이곳에서 바라보는 바
다의 풍경이 매우 아름답다. 특히 태양의 인사는
낮에 모아 놓은 태양열로 밤이 되면 화려한 조명
을 밝혀 주어 더욱 아름답다.

03

스플리트
Split

위치 자다르, 두브로브니크 등에서 버스

스플리트에서는 로마 시절의 아름다운 디오클레티안 궁전을 만날 수 있으며, 구시가지에서 로마 시대의 유적들을 볼 수 있다. 또한 크로아티아의 종교 지도자인 그레고리우스 닌의 거대한 동상이 있어 흥미를 끈다. 이 동상의 왼쪽 엄지 발가락을 만지면서 소원을 빌면 소원이 이루어진다고 한다.

스플리트가 관광지로 유명한 것은 도시 자체의 매력도 있지만, 이 도시에서 갈 수 있는 섬 여행 덕분이기도 하다. 대표적인 섬 여행지로 흐바르 섬이 있다.

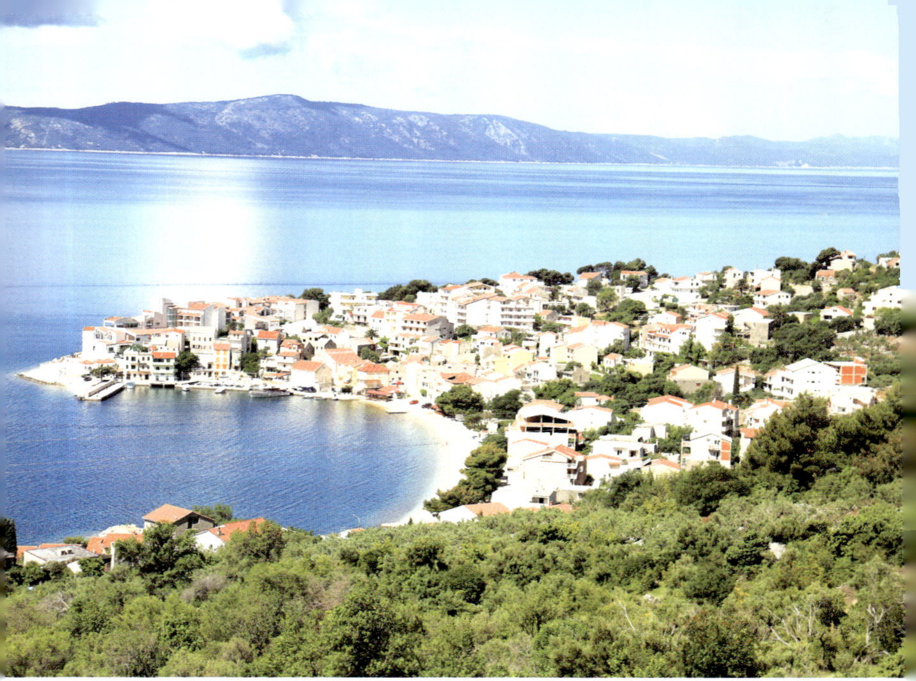

04

두브로브니크

Dubrovnik

위치 스플리트, 코토르 등에서 버스

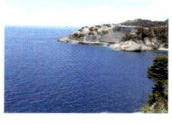

'아드리아해의 진주'라는 별명이 붙어 있는 두브로브니크는 크로아티아의 대표적인 관광지다. 멋진 해안은 물론, 언덕에서 바라본 구시가지의 모습과 에메랄드 빛 바다는 환상 그 자체다. 또한 구시가지는 고대의 모습 그대로 아름다움이 멈추어 있는 듯한 느낌이 든다.

골목을 걷기만 해도 좋은 두브로브니크는 당연히 크로아티아의 최고의 관광지로 손꼽힌다. 크로아티아 여행에서 두브로브니크는 절대로 빼놓지 말아야 한다.

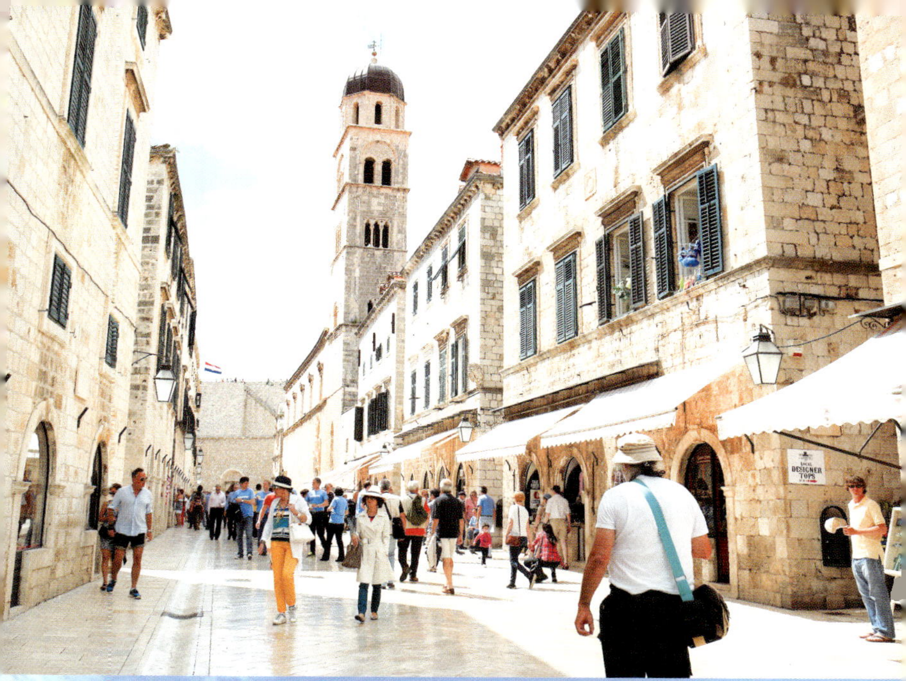
LOCAL
DESIGNER
TOPS

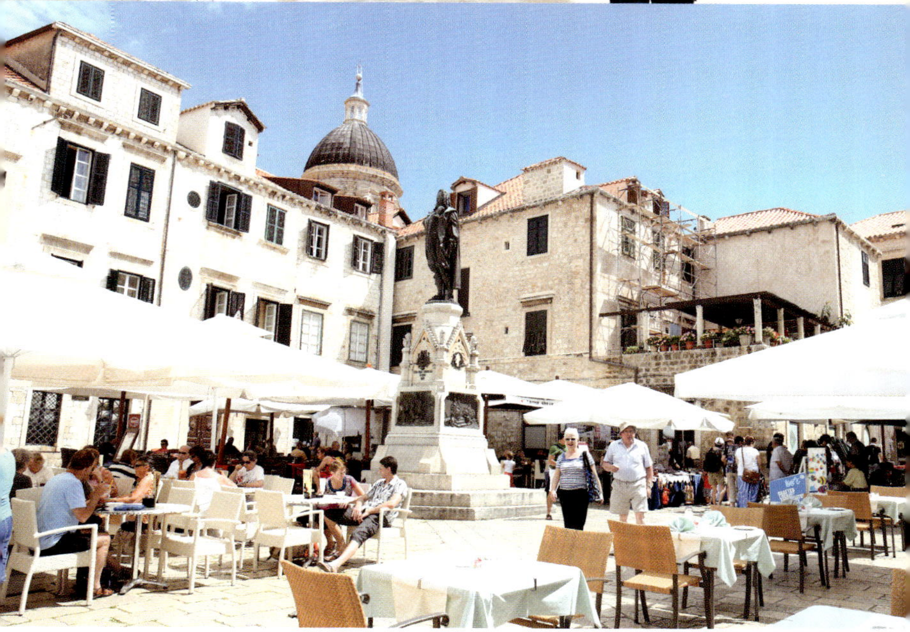

몬테네그로 Montenegro

코토르

Kotor

유럽 여행에서 피요르드 지형을 만날 수 있는 곳 중 한 곳인 코토르는 크로아티아 근처에 위치한 몬테네그로의 한 도시다.

몬테네그로는 아직 우리에게는 생소한 나라이지만, 크로아티아와 함께 여행을 하기에 좋은 곳이기 때문에 크로아티아를 여행한다면 독특한 지형의 코토르도 꼭 방문해 보길 바란다.

코토르에서 코트로 성벽으로 향하는 뒷산으로 올라 보자. 성당을 지나 한참을 더 올라가면 코토르 성벽을 만나게 된다. 1시간 정도의 등산을 해야 하는 길이지만, 이 성벽에서 바라본 풍경이 매우 아름답기 때문에 코토르 여행에서 반드시

위치 두브로브니크, 포드 고리차등에서버스

올라봐야 하는 곳이다.

그리고 이 성벽에 올라야지만 유럽 최남단의 피요르드 지형을 볼 수 있다. 보통 북유럽에서만 만날 수 있다고 알고 있는 피요르드 지형을 동유럽에서도 만날 수 있다는 것만으로도 코토르는 몬테네그로 여행의 핵심 도시가 된다.

또한 코토르의 근교 도시인 부드바는 아름다운 해변이 있어 해수욕을 즐기기에 좋다.

Theme 13

유럽의 동화 마을

유럽에는 동화 속에 등장하는 마을이나 동화 같은 모습의 소도시들이 많다. 동화 속 스토리를 따라가는 여행도 좋고, 그저 동화 속에나 있을 것 같은 느낌의 동화 같은 마을을 여행해 봐도 좋다. 어떤 이야기를 가지고 여행을 하든, 유럽의 동화 마을은 유럽을 여행하는 가장 즐거운 테마 여행이 될 것이다.

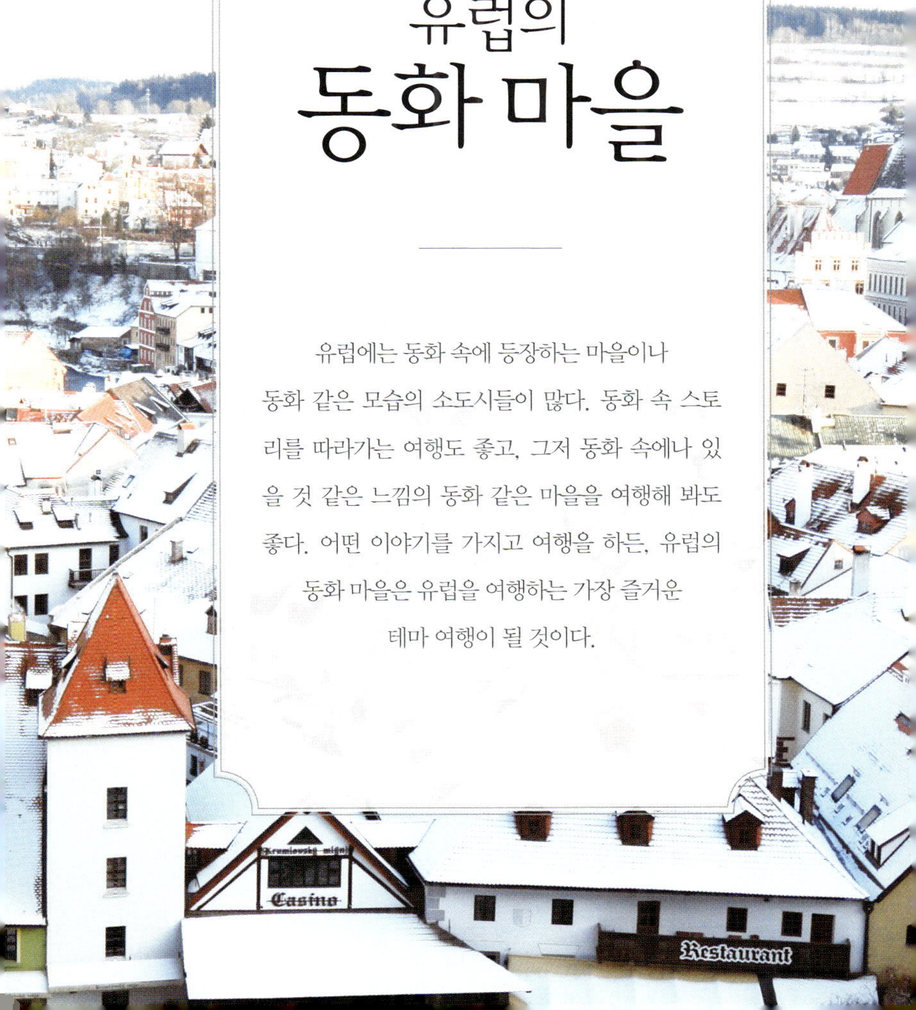

스페인 Spain

동화 속 유럽의 나라를 떠올려 보면, 의외로 스페인을
떠올리게 되는 일이 많다. 유럽의 서쪽 이베리아 반도
에 위치한 스페인은 로마 시대부터 이슬람 문화를 거
쳐 오면서 유럽에서 가장 복합적인 문화를 가진 나라
가 되었다. 그리고 중세 시대 그대로의 모습을 간직한
곳과 돈키호테 이야기가 있는 지역까지 마치 동화 속
을 여행하는 것 같은 느낌의 도시들이 많다.

톨레도 Toledo

스페인의 중세 도시를 대표하는 도시가 바로 톨레도다. 톨레도는 6세기부터 한동안 스페인의 수도 역할을 했지만 15세기에 마드리드로 수도가 옮겨지면서 중세의 도시 모습 그대로 남겨졌다. 톨레도는 타호강이 마치 도시를 감싸듯 휘감아 돌고 있어 더욱 아름다운 풍경을 보여 주는데, 도시 중심을 걷다 보면 어느 중세 도시를 걷는 듯한 기분을 느낄 수 있다.

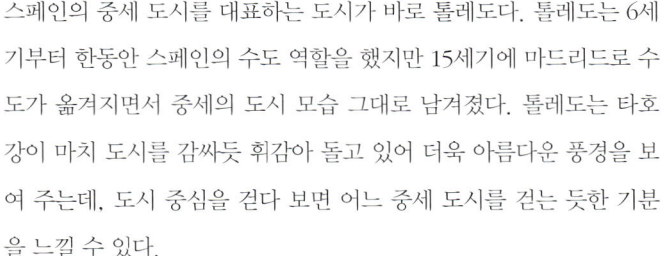

톨레도 대성당

Catedral

위치 알카사르에서 도보 약 3분

스페인 가톨릭의 총본산인 톨레도 대성당은 톨레도의 가장 대표적인 관광지다. 이 성당은 1225년에 이슬람 세력을 물리친 것을 기념하기 위해 지어졌는데, 처음에는 고딕 양식으로 지어졌지만 이후 증개축을 거듭하면서 지금의 모습을 갖추게 되었다.

내부는 마치 작은 박물관처럼 되어 있는데, 특히 보물실과 성물실은 빼놓지 말고 보아야 한다. 성물실에는 엘그레코와 고야의 작품이 전시되어 있다.

세고비아 Segovia

스페인 최고의 동화 마을은 바로 세고비아일 것이다. 세고비아에는 디즈니 애니메이션 〈백설공주〉의 배경이 된 성 알카자르가 있기 때문이다. 물론 세고비아에는 이 성 외에도 볼거리가 많다. 1세기에 건축되어 거의 그대로 보존되고 있는 로마 수도교도 있고, 아름다운 카테드랄 성당도 있다. 카테드랄은 마치 귀부인이 스커트를 펼치고 있는 듯한 모습을 연상시키는 독특하면서도 아름다운 모습의 성당이다.

01

알카자르
Alcázar

세고비아의 가장 대표적인 관광지인 알카자르는 디즈니 애니메이션 〈백설공주〉에서 성으로 등장해 유명해진 곳이다. 그래서 알카자르라는 명칭보다 '백설공주 성'이라고 더 많이 불린다.
원래 이 성은 고대 로마 시대에 요새가 있던 자리에 세워진 것으로, 스페인 왕들의 흔적이 느껴지는 곳이다. 성 탑에 오르면 세고비아의 멋진 전망을 한눈에 내려다볼 수 있다.

위치 카테드랄에서 도보 약 7분

02

로마
수도교

Acueducto
Romano

스페인에서 가장 오래된 수도교인 로마 수도교
는 1세기에 건축된 그대로 아직도 보존되고 있
다. 이 수로는 세고비아로 식수를 공급하기 위해
만들어졌는데, 167개의 아치와 728m 길이의
규모로 만들어졌다.
특히 접착제를 사용하지 않고 순전히 돌을 끼워
맞추는 형식으로만 만들어진 것이라 더욱 놀랍다.

위치 버스정류장에서 도보 약 10분

체코 Czech

동유럽에서 가장 아름다운 동화 마을로 체스키 크롬로프를 꼽을 수 있다. 이 도시는 '보헤미아의 진주'라고도 불리는데, 유럽에서 가장 아름다운 도시로 알려져 있다. '체스키 크롬로프'라는 말은 '체코의 오솔길'이라는 뜻으로, 이름처럼 아름다운 오솔길을 따라 산책하듯 둘러보기에 좋은 곳이다.

체스키
크롬로프

Český Krumlov

체스키 크롬로프 성을 비롯해 파스텔 톤의 귀여운 건물들이 있는 스보르노스티 광장이 동화 속에 들어와 있는 듯한 기분을 느끼게 한다.

체스키 크롬로프 성은 체스키 크롬로프를 대표하는 관광지다. 프라하 성에 이어 보헤미아 지역에서 두 번째로 큰 규모를 자랑하는 성인데, 이 성에 오르면 블타바 강과 구시가지의 모습이 한눈에 내려다보인다.

구시가지는 르네상스와 바로크 양식의 다양한 건축물들이 어우러져 있어 위에서 내려다보는 풍경이 아름답다.

루마니아 Romania

유럽의 동화 속 마을이라고 해서 반드시 아름다운 이야기만 담고 있는 것은 아니다. 루마니아는 드라큘라 이야기가 탄생한 나라로 루마니아에서는 드라큘라와 관련된 관광지들을 많이 만날 수 있다. 물론 드라큘라 이야기가 담긴 곳들이 무시무시한 곳들은 아니기 때문에 상상의 나래를 펼치며 여행을 해야 하지만, 드라큘라의 본고장이라는 이유로 루마니아는 꾸준하게 호기심 많은 관광객들의 사랑을 받고 있다.

01

시기
쇼아라

Sighisoara

드라큘라 이야기는 루마니아의 시기쇼아라에서 탄생되었다. 블라드 체페슈가 바로 드라큘라 소설의 모티브가 된 사람인데, 그의 생가가 도시에 남아 있어 지금은 레스토랑으로 관광객들을 맞이한다. 드라큘라 이야기가 있어 무시무시한 느낌이 감돌 것 같지만 사실 시기쇼아라는 알록달록한 귀여운 건물들이 많은 중세 도시다. 그래서 드라큘라 이야기와 조금도 어울리지 않는다는 느낌이 들기도 한다.

드라큘라의 모델이 된 블라드 체페슈는 루마니아의 백작이면서 전쟁에 참여한 기사였다. 그는 오스만투르크와의 전쟁에서 포로를 잔인하게 죽이는 성격 때문에 잔인한 사람으로 여겨졌다. 그는 결국 투르크를 따르는 한 귀족에 의해 살해당한 후 무덤에 묻혔는데, 나중에 블라드가 묻힌 곳을 파 보았더니 그의 시신이 사라졌다고 한다. 우연하게 이 이야기를 들은 아일랜드의 소설가 브람 스토커에 의해 다른 흡혈귀 전설과 더해져 《드라큘라》 소설이 탄생했다. 이 소설 덕분에 블라드 체페슈는 드라큘라로 유명해졌고, 이곳 시기쇼아라를 비롯한 루마니아의 도시들이 관광 도시로 자리 잡게 되었다.

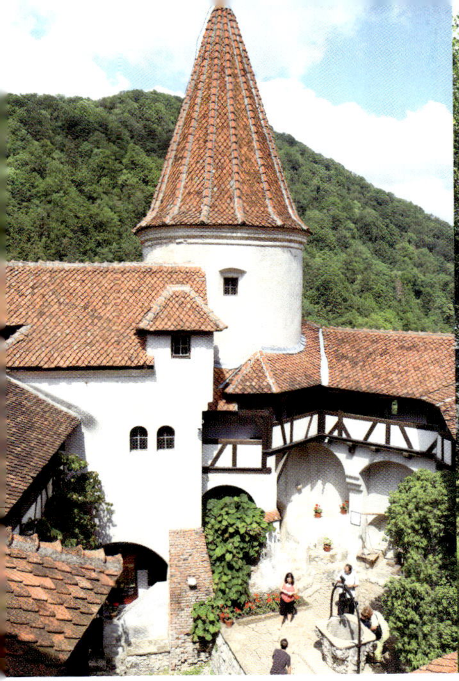

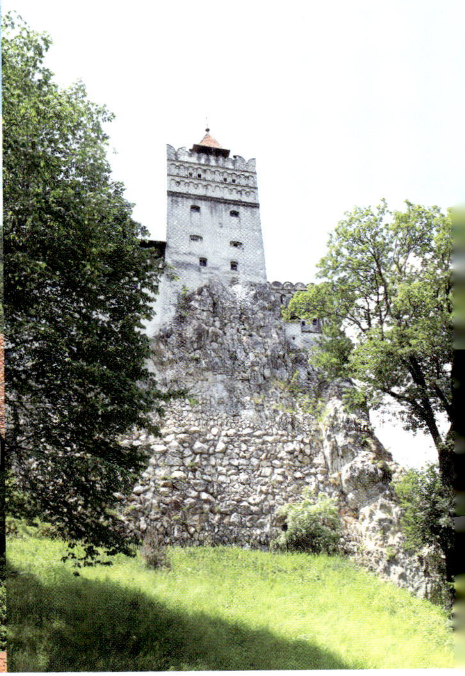

02

브란 성

Castle Bran

위치 브라쇼브에서 버스

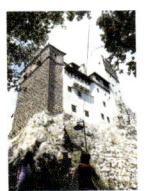

루마니아에서 드라큘라의 성으로 잘 알려져 있는 곳이 바로 브란 성이다. 브란 성이 있는 브란은 마을 자체보다 브란 성이 유명한데, 이 성이 유명한 것을 보면 드라큘라가 얼마나 사람들에게 흥미로운 이야기인지 짐작할 수 있다.

하지만 아이러니하게도 드라큘라 백작은 이곳에 머문 적이 없다고 한다. 그리고 이 성은 생각보다 음침하거나 어둡지 않다. 이 성이 드라큘라 성으로 알려지게 되고 관광객들이 많이 몰리는 데는 드라큘라 소설 속에서 드라큘라가 사는 성이 이 성의 분위기와 비슷하다는 이유 때문이다.

독일 Germany

독일 역시 유럽에서 동화 마을로 손꼽히는 아름다운
도시들이 많다. 아름다운 강이 흐르고 호수도 있고 알
프스 산도 있는 독일에서는 전반에 걸쳐 아름다운 소
도시들을 많이 만날 수 있다. 중세를 그대로 담고 있는
아름다운 마을들을 산책하며 동화 같은 유럽 여행을
즐겨 보자.

01

브레멘

Bremen

독일 북부 지역에 위치한 브레멘은 그림 형제의
동화인 〈브레멘의 음악대〉로 잘 알려진 도시다.
그림 형제는 독일의 형제 작가로 우리에게도 익
숙한 많은 동화를 집필했다. 그중에서 〈브레멘
의 음악대〉는 음악가가 되고 싶어 하는 당나귀가
브레멘으로 향하는 도중 사냥개, 고양이, 수탉을
만나 함께 가게 되는데, 힘없고 늙고 쓸모 없어
지고 버림 받은 동물들이 힘을 합쳐 살아간다는
이야기를 담고 있다.
브레멘에서는 〈브레멘 음악대〉의 동상을 만날 수
있는데 이 동상은 브레멘의 상징으로 여겨진다.

이 동상에 있는 당나귀의 다리를 양손으로 잡고
소원을 빌면 소원이 이루어진다는 속설이 있다.
혹은 당나귀의 코를 만지기도 한다.

브레멘은 그림 형제의 동화가 아니어도 충분히
아름다운 도시다. 고딕 양식의 아름다운 구시청
사가 있고, 시청사 앞에는 5.5m 높이의 브레멘
의 수호신상인 로랜드 상이 있으며, 건축된 지
1,000년이 넘었다는 대규모의 장크트 페트리 성
당(성 베드로 성당) 등 볼거리가 많다.

작은 골목인 뵈트허 거리에는 붉은색의 벽돌 건물
이 가득해 중세의 거리를 걷는 듯한 느낌을 주는

구시청사

로랜드 상

장크트 페트리 성당

뵈트허 거리

뵈트허 거리의 시계

데, 이 거리는 커피 상인이자 예술 애호가인 '루드비히 로젤리우스'에 의해 만들어졌다. 거리 중간에는 시계탑이 있어 정해진 시간이 되면 아름다운 종소리와 함께 부조가 움직이는 것을 볼 수 있다. 또한 브레멘 여행의 하이라이트라고 할 수 있는 슈노어 지구에는 거리 구석구석 아기자기한 캐릭터 숍과 기념품점 등이 있고, 예쁜 카페들도 만날 수 있다.

브레멘은 동화책으로 인해 찾아가게 되는 도시지만, 동화보다 더 동화 같은 모습에 금세 브레멘의 매력에 빠지게 된다.

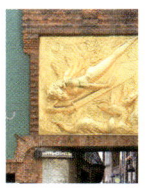
뵈트허 골목의 입구

슈노어 지구의 거리

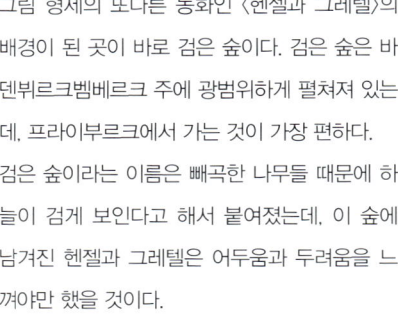

02

검은 숲

슈바르트발츠

Schwarzwald

그림 형제의 또다른 동화인 〈헨젤과 그레텔〉의 배경이 된 곳이 바로 검은 숲이다. 검은 숲은 바덴뷔르크벰베르크 주에 광범위하게 펼쳐져 있는데, 프라이부르크에서 가는 것이 가장 편하다.

검은 숲이라는 이름은 빼곡한 나무들 때문에 하늘이 검게 보인다고 해서 붙여졌는데, 이 숲에 남겨진 헨젤과 그레텔은 어두움과 두려움을 느껴야만 했을 것이다.

하지만 실제로 검은 숲은 그렇게 어두운 느낌은 아니다. 전망대에 올라 풍경을 바라보면 멋진 풍경이 펼쳐진다.

03

퓌센

Fussen

독일의 대표적인 동화 마을로 퓌센이 있다. 퓌센은 아름다운 성과 호수, 산이 있는 아름다운 도시다. 특히 디즈니랜드 성의 모델이 되었다는 노이슈반슈타인 성은 유럽에서 만나는 성 중에서도 손에 꼽힐 정도로 아름답다. 노이슈반슈타인과 더불어 호엔슈반가우 성 역시 퓌센의 대표적인 성이다.

호엔슈반가우 성

노이슈반
슈타인 성

Neuschwanstein

미국 디즈니랜드 판타지 성의 모델이 되어 준 노이슈반슈타인 성은 루드비히 2세에 의해 만들어진 성인데, 그는 정치보다 오로지 아름다운 성을 짓는 데 공을 들였다고 한다.

하지만 이렇게 아름다운 성을 지은 그는 성이 완성된 지 3개월 만에 성 뒤편 호수에서 의문사한 채 발견되었다. 그가 왜 죽음을 택했는지는 모르지만, 그의 열정으로 만들어진 이 성은 아름다운 성으로 남아 많은 관광객들을 불러모은다.

성을 제대로 보려면 마리엔 다리까지 가 보자. 이곳에서 바라보는 풍경이 매우 아름답다.

프랑스 France

동화 속 마을을 이야기할 때 프랑스를 빼놓기는 아쉽
다. 프랑스는 도시마다 많은 동화 속 이야기를 가지고
있으며, 아름다운 소도시도 상당히 많다. 마치 동화 속
에 들어와 있는 것 같은 기분을 느낄 수 있는 프랑스의
아름다운 소도시를 찾아 여행을 떠나 보자.

01

스트라스부르

Strasbourg

프랑스의 대표적인 동화 마을인 스트라스부르는 프랑스와 독일의 국경 지대에 위치하고 있어 프랑스의 모습과 독일의 모습을 모두 가지고 있다. 또한 알퐁스 도테의 소설 《마지막 수업》의 배경이 된 도시로도 잘 알려져 있다.

이 소설은 독일과 프랑스 사이의 전쟁인 '프로이센 – 프랑스 전쟁'을 배경으로 하고 있다. 프랑스가 전쟁에서 패하자 알자스 지역에서는 프랑스어 수업을 금지하고 대신 독일어를 가르치는 수업을 진행해야 했다. 소설은 프랑스어로 하는 마지막 수업 시간의 모습을 담고 있다. 국경 도시

의 슬픔이 전해지는 잔잔한 소설이다.

하지만 스트라스부르는 소설 속 내용처럼 우울한 곳은 아니다. 프티 프랑스라고 불리는 구시가지의 아름다운 골목들과 아름다운 고딕 건축의 스트라스부르 대성당이 있어 프랑스의 소도시 중에서도 특히 인기가 높은 관광 도시다.

스트라스부르에서 출발하는 더 작은 소도시 여행으로도 유명한데, 콜마르나 리크비르 등의 도시가 인기가 높다.

02

위세 성

Château d'Ussé

프랑스 중부의 르와르 고성 지대에 있는 위세 성은 〈잠자는 숲속의 공주〉의 배경이 된 곳이다.

아마도 숲 속에 파묻혀 있는 것 같은 성의 외관 덕분에 '잠자는 숲속의 공주'가 탄생된 것이 아닐까 생각이 되는데, 이곳에 살면 공주처럼 잠만 잘 것 같은 고요함이 감도는 성이다.

성은 1485년에 건축되었고, 아름다운 첨탑이 있어 더욱 묘한 분위기를 자아낸다.

벨기에 Belgium

안트베르펜

Antwerpen

벨기에의 도시인 안트베르펜은 우리에게 〈플란다스의 개〉로 유명하다. 〈플란다스의 개〉는 할아버지와 함께 살던 소년 네로와 그의 개인 파트라슈의 이야기를 담고 있다.

파트라슈와 네로는 매일 아침 우유를 배달하며 살아간다. 화가가 꿈이었던 네로는 아로아라는 소녀에게 초상화를 그려 주기도 하지만, 아로아의 아버지는 가난한 소년과 자신의 딸이 어울리는 것을 탐탁치 않게 여긴다. 그래서 네로의 할아버지가 돌아가시자마자 네로와 파트라슈를 마을에서 쫓아낸다. 생계가 막막해진 네로는 파트라

슈와 함께 평소 동경하던 루벤스의 그림을 만나러 안트베르펜의 성모 마리아 성당으로 향하고, 루벤스의 〈십자가에서 내려지는 예수 그리스도〉 작품 아래에서 파트라슈와 함께 숨을 거둔다.

이 소설은 영국의 작가인 위다가 쓴 것이지만 우리에게는 일본의 애니메이션으로 유명한데, 애니메이션 속에 등장하는 안트베르펜의 성모 마리아 성당이 매우 사실적으로 묘사되어 있다.

안트베르펜의 성모 마리아 성당은 16세기 중반까지는 플랑드르 지역에서 가장 큰 규모의 고딕 성당이었다. 그리고 루벤스의 많은 걸작이 남아 있어 마치 미술관과 같은 느낌이 든다.

유럽
그리스도교
성지 순례

그리스도교의 역사를 찾아서. 예수와
제자들의 흔적을 찾아 성지 순례를 계획하고 있다
면, 그리스도교의 중심이기도 하며 그리스도교가
시작된 유럽으로 여행을 떠나 보자. 유럽 각지에는
예수와 그의 제자들, 그리고 예수를 믿었던 많은 성
인과 성녀의 흔적이 고스란히 남아 있다.

터키 Turkey

그리스도교의 시작을 찾아 떠나려면 우선 터키에서 시작하는 것이 좋다. 터키는 그리스도교의 시작점이라고 할 수 있다. 터키에 있는 아라랏 산에서 노아의 방주가 발견되었고, 예수의 조상인 아브라함의 탄생지가 있으며, 예수의 오른팔 제자인 베드로가 처음으로 미사를 드린 초대 교회도 터키에 있다. 그리스도교의 시작과 그 역사를 알고 싶다면 터키로 성지 순례를 떠나 보자.

01

노아의
방주 터

아라랏 산

터키 동부에 있는 작은 도시인 도우베아즛 근처에 아라랏 산이 있는데 이곳에서 노아의 방주 터가 발견되면서 터키 성지 순례의 중심이 되었다. 아라랏 산은 해발 5,165m의 높이에 터키에서 가장 높은 산으로, 정상은 일년 내내 만년설이 덮여 있다.

아라랏 산의 4,000m 지점에서 노아의 방주 터가 발견되었고, 1987년 터키 정부가 이를 공식 발표했다. 노아의 방주 터는 거대한 축구장만한 크기로 창세기에 기록된 아라랏 산의 중턱 위에서 발견되었다.

노아의 방주는 〈구약성서〉에 등장하는 내용으로, 하느님의 계시를 받은 노아가 방주를 만들어 대홍수에도 살아 남았다는 이야기다. 당시 노아는 유일하게 신에게 순종하던 인물로, 인간에게 노한 하느님이 유일하게 그를 살아남게 하면서, 노아에게 노아의 식구들과 함께 땅위의 모든 동물의 암컷과 수컷을 쌍으로 데리고 방주에 들어가도록 명했다. 노아가 가족과 동물들과 함께 노아의 방주에 들어가자 홍수가 찾아왔고, 40일간의 홍수 동안 지구상의 모든 생물들이 죽었다.

비가 그친 후, 노아는 땅의 물이 마를 때까지 노아의 방주에서 기다렸고, 그렇게 노아의 방주는 아라랏 산에 멈추게 되었다. 하느님은 이때 더 이상 세상의 모든 생물을 전부 벌하는 일은 없을 것이라고 말하며, 그 약속의 징표로 무지개를 만들었다고 한다. 그래서 지금도 비가 그친 후에는 약속의 징표인 무지개가 보인다고 한다.

02

아브라함 탄생지

산르우르파

아브라함은 이스라엘의 시조일 뿐 아니라 그리스도교, 유대교, 이슬람교 등 여러 종교들의 공통 조상으로 숭배 받고 있는 성인이다. 그는 조상들과 달리 유일신인 하느님만을 신앙한 인물이어서 '믿음의 조상'으로 불린다.

아브라함이 태어난 동굴은 바위산 아래의 메블리드 할릴 자미 안에서 만날 수 있다. 이곳에는 언제나 성수가 솟아나는 샘이 있고 이 물이 병을 치유하는 힘이 있다고 믿어서 성수를 받으러 오는 사람들이 많다.

아브라함 탄생지 옆에는 성스러운 물고기의 연못

이 있다. 전설에 의하면 이곳이 님토르 왕이 아브
라함을 화형에 처하려고 했던 장소라고 한다. 하
지만 화형에 처하려는 순간 기적이 일어나서 타
오르던 불이 물로 바뀌고 쌓아 두었던 장작은 물
고기로 변했다고 한다. 그래서 이곳에 사는 물고
기는 성스러운 물고기라 하여 신성시 여겨진다.

주소 Göl Mh. 63200 Şanlıurfa
위치 사파히바자르에서 도보 약 5분

03

욥의 동굴과
우물

산르우르파

욥은 〈구약성경〉의 욥기에 등장하는 성인으로, 욥은 굉장한 부를 지닌 선한 인물이었는데, 신의 시험을 받아 재산과 자식들을 한꺼번에 잃고, 건강까지도 잃게 된다.

욥은 심각한 피부병과 문둥병으로 7년 동안이나 고통을 받게 되는데, 병에 걸린 그는 이곳 우물 옆 동굴에서 은둔 생활을 하게 된다. 그러면서 이 우물에서 나오는 물로 목욕을 하고, 물을 마시자 병이 말끔히 나았다. 이는 동굴 옆 우물이 하느님의 천사가 판 우물이었기 때문이라고 한다.

이곳의 수도에서 나오는 물은 천사가 판 우물의 것이라고 하며, 많은 사람들이 이 물을 받기 위해 여전히 이곳을 찾는다.

주소 Eyyüp Nebi Mh. 63200 Şanlıurfa 위치 시내에서 버스로 약 10분

04

베드로의
동굴 교회

안타키아

그리스도교 성지 순례의 중심이 되는 도시, 안타키아에는 베드로가 처음으로 미사를 드렸던 동굴 교회가 있다. 당시 그리스도교 박해를 피해 그리스도교 신자들이 이곳에 숨어 미사를 드렸는데, 이곳에서 처음으로 '그리스도교인'이라는 말이 시작되었다고도 한다. 동굴 안에는 만일의 경우를 대비해 만든 대피 통로도 있어서 당시 그리스도교인들이 얼마나 절박한 상황에서 신앙을 지켜 가고 있었는지 짐작할 수 있게 한다.
이곳은 베드로와 초대 그리스도교의 흔적이 고스란히 담겨 있어 더더욱 순례자들의 발길을 이끈다.

주소 Petros Kilisesi 위치
이스티클랄 거리에서 15번
버스로약 10분

05

메리예마나
성모
마리아의 집

셀축

주소 Meryemana, 35920 Selcuk 위치 셀축에서 택시 투어를 하는 것이 가장 일반적이다.

셀축에서 약 10km 떨어진 산 속에 있는 이 작은 집은 성모 마리아가 여생을 보내고 선종 후 승천할 때까지 살았던 집으로 알려져 있다.

성모 마리아는 예수가 죽은 후, 사도 요한과 함께 예루살렘에서 약 3,000km 떨어진 이곳까지 피난을 와서 이곳에서 여생을 보냈다. 431년 에페스에서 열린 공의회에서 성모 마리아가 이 집에 살았던 것을 공식적으로 인정 받게 된다.

이 집이 세상에 알려지게 된 것은 독일의 수녀인 카타리나 엠메리크 수녀 때문인데, 그녀는 생애

마지막 순간에 자주 예수와 성모의 발현을 목격하게 되었고, 그녀가 본 성모 마리아의 생애 이야기를 책으로 펴내 세상에 알렸다. 그 책을 읽은 신부님들을 통해 책의 내용에 담긴 성모 마리아의 집과 비슷한 건물과 풍경을 확인하게 되었고, 융 신부와 마리 드 망다 그랑시 수녀에 의해 이곳에 조그만 성당이 세워진다.

그리고 교황청으로부터 가톨릭 교회의 성소로 인정 받으면서 지금은 그리스도교 성지 순례의 중요한 성지로 각광 받게 되었다.

06

성 필립보
순교 기념
교회

파묵칼레

성 필립보 순교 기념 교회는
히에라폴리스 내에 있다.

주소 Pamukkale Mh.,
20280 Dinizli 위치 석회
봉 꼭대기 뒤편 광장 옆

필립보는 그리스도의 12사도 중 한 사람이다. 그
는 예수를 전적으로 믿고 따르지 못해 여러 번
깨우침을 받았으며, 예수의 죽음 이후 그리스도
교 복음을 전파하며 살아갔다. 하지만 그리스도
교 박해가 심했던 80년 도미티아누스 황제 때
이곳에서 포교를 하다 돌에 맞아 순교했다.

5세기 무렵 그의 묘 위에 순교를 기념하는 교회
가 지어졌다. 하지만 최근까지도 필립보의 무덤
을 찾지 못하다가 2011년 7월 말경 건물 잔해에
서 필립보의 무덤을 찾았다. 무덤은 원래 무덤이
있다고 알려진 곳에서 40m가량 떨어져 있었다.

이탈리아 Italy 🇮🇹

이탈리아는 그리스도교를 박해하고, 그리스도교를 공인했으며, 지금은 그리스도교의 중심에 있는 나라다. 그래서 유럽으로 떠나는 그리스도교 성지 순례에서는 이탈리아를 빼놓을 수 없다. 이탈리아에서는 그리스도교의 가슴 아픈 역사를 만나볼 수 있고, 기적 같은 일들이 어떻게 일어났는지 그 흔적들을 찾을 수 있으며, 그리스도교를 중심으로 한 예술의 변천사도 한눈에 확인할 수 있다.

로마 Rome

그리스도교의 역사에서 로마를 살펴보자면, 그리스도교의 박해를 먼저 이야기할 수밖에 없다. 로마에서는 예수의 제자인 베드로가 십자가에 거꾸로 못박혀 순교했으며, 사도 바오로는 참수 당해 순교했고, 성녀 세실리아는 끓는 물과 참수형으로 순교했다. 그리고 많은 그리스도교인들이 콜로세움 등에서 순교의 길을 걸었다.

그리스도교 박해가 심하게 일어났던 곳 로마, 그리고 결국은 그리스도교를 공인하여 현재 그리스도교 중심지로서의 역할을 하는 곳도 바로 로마다. 그리스도교의 박해가 심하게 일어났던 만큼, 로마에서는 많은 기적도 일어났다. 그래서 기적이 일어난 곳, 그리고 그리스도교와 관련된 수많은 장소에 많은 성당들이 세워져 있다.

로마에서 만나는 베드로의 흔적

베드로는 예수가 가장 사랑했던 제자이고, 예수의 오른팔이었던 인물이다. 베드로는 예수의 12제자 중 한 사람으로 예수가 죽고 승천한 후에, 초대 교회의 교황이 되어 그리스도교를 이끌었던 지도자다. 그리고 그의 흔적들이 로마에 많이 남겨져 있다. 그의 무덤이 이곳 로마에 있고, 그가 순교한 장소도 이곳 로마다. 그리고 그가 배신을 했던 곳도, 그가 다시 돌아온 곳도, 그가 갇혀 있던 감옥도 모두 로마에서 만날 수 있다.

01

도미네
쿼바디스

Domine
quo vadis

'주여 어디로 가시나이까?'라는 의미의 '도미네 쿼바디스'라는 말처럼 이 성당은 베드로가 그리스도교의 박해를 피해 로마를 빠져나가기 위해 로마의 오래된 길인 아피아 가도를 걷다가 예수를 만나, '주여, 어디로 가시나이까?'라고 물었던 장소에 세워졌다.

베드로는 그리스도교를 전파하겠다는 사도의 마음으로 그리스도교 박해가 한참인 로마를 탈출하게 되지만, 예수의 예언대로 새벽닭이 울기 전에 세 번 예수를 부정하게 된다. 그렇게 고뇌하던 중, 이곳에서 예수를 만나게 되는데, 놀라서 예수에게 '주여, 어디로 가시나이까?'라고 묻게 된 것이다. 그러자 예수는 '다시 십자가에 못 박히러 간다'라는 답변을 한다. 예수의 말을 들은 베드로는 그 길로 반성하고 다시 로마로 돌아와 십자가에 거꾸로 매달려 순교하게 된다.

성당 내부에는 베드로의 발자국으로 추정하는 발자국이 있는데, 순례객들은 이 발자국에 입맞춤을 하거나 발을 대보는 등 베드로의 흔적을 보기 위해 찾아온다.

이 성당 근처에는 지하 묘지인 카타콤베가 있는데 그리스도교의 박해가 심하던 시절, 로마의 그리스도교인들의 피난처로 사용되던 곳이다. 당시 박해를 피해 살던 그리스도교인들은 로마 병사들의 침입을 막기 위해 미로와 같은 길을 만들었다고 한다. 그래서 카타콤베는 개별 입장이 불가능하고 반드시 가이드 투어로 관람해야 한다.

주소 Via Appia Antica 51, 00179 Roma 전화 +39 06 512 0441 위치 아피아 가도 중간에 위치하며, 118번이나 218번 버스 이용.

02

마메르티노 감옥

Mamertino

주소 Via Clivo Argentario 1,
00186 Roma 전화 +39 06
6992 4652 위치 캄피톨리
오 광장에 있는 카피톨리니
박물관에서 도보 약 3분

이곳은 원래 고대 로마의 포룸 내에 있던 감옥인
데, 베드로와 바오로가 투옥되었던 장소로 더 유
명하다. 베드로는 로마를 빠져나가려다 예수를
만난 후 다시 돌아와 로마군에게 붙잡히게 되었
고, 로마군에게 붙잡힌 후 이곳 마메르티노 감옥
에 수감되었다.

원래 로마군은 베드로를 이곳에서 굶겨 죽이려
고 했는데, 샘에서 물이 솟아나 베드로는 그 물
을 마시고 버텼다고 한다. 게다가 그 물로 로마
군 2명에게 세례를 주기도 했다고 하니 이곳은
기적과도 같은 곳이다.

03

산 피에트로 인 빈콜리 성당

Basilica di San
Pietro in Vincoli

이 성당은 베드로가 로마 군사들에게 붙잡혔을 때 그를 묶었던 두 개의 쇠사슬이 보관되어 있는 곳이다. 두 개의 쇠사슬은 연결된 상태로 보관되어 있는데, 처음 발견했을 때부터 함께 묶여 있었다고 한다.

또한 성당 내부에는 미켈란젤로의 걸작 중 하나인 〈모세상〉이 있어서 이 작품을 보러 오는 관광객들로 성당은 늘 북적거린다. 〈모세상〉은 미켈란젤로가 그의 후원자였던 교황 율리오 2세의 무덤 장식의 일부로 만든 것인데, 결국 무덤을

베드로의 쇠사슬

완성하지 못한 채, 〈모세상〉만 완성되어 남아 있다. 이 조각의 특징 중 하나는 모세의 얼굴에 뿔이 달려 있다는 것이다. 미켈란젤로가 '후광'이라는 말과 '뿔'이라는 말을 잘못 알아들어서, 후광을 만들어야 했는데 뿔로 잘못 만들었다는 설과 모세가 분노한 모습을 표현하여 사람들에게 두려움을 주기 위해서 일부로 뿔을 넣었다는 등 여러 가지 설이 있다.

미켈란젤로의 모세상

주소 Piazza di San Pietro in Vincoli 4/a, 00184 Roma 전화 +39 06 9784 4952 시간 8시~12시 30분, 15시 30분~18시 30분 위치 Colosseo 역에서 도보 약 5~7분

04

산 피에트로 인 몬토리오 성당

San Pietro in Montorio

주소 Piazza di San Pietro in Montorio 2, 00153 Roma 전화 +39 06 581 3940 위치 115번 버스 홈 페이지 www.sanpietroin montorio.it

산피에트로 인 몬토리오 성당은 베드로가 십자가에 거꾸로 매달려 순교한 장소에 세워진 성당이다.

성당에는 템피에토라는 예배당이 있는데 이 작은 예배당은 산 피에트로 대성당을 건축한 브라만테가 산 피에트로 대성당을 세우기 전에 지은 것이다. 이 예배당이 후에 산 피에트로 대성당 돔의 모델이 되었다고 한다. 브라만테는 이 템플을 건축한 후, 그 명성으로 산 피에트로 대성당의 설계를 맡게 되었다.

05

산 피에트로 대성당

성 베드로 대성당

Basilica di San Pietro

주소 Piazza San Pietro, 00120 Vatican City 전화 +39 06 6988 1662 위치 Ottaviano 역, San Pietro 역에서 도보 약 10분 시간 4~9월 7시~19시, 10~3월 7시~18시 홈페이지 www. stpetersbasilica.org

베드로의 무덤 위에 세워진 산 피에트로 대성당은 가톨릭의 총본산으로 바티칸에 위치하고 있으며, 로마 그리스도교 순례의 가장 중심이 되는 곳이다.

베드로는 최초로 미사를 집전한 성인으로 그리스도교의 초대 교황이기 때문에 산 피에트로 대성당은 더더욱 신성한 곳으로 여겨진다.

베드로가 순교했던 시대는 그리스도교 박해가 심했던 때라 그의 무덤이 발견된 것은 후대에 들어서였다. 네로의 치하에서 순교한 베드로의 시신은 바티칸 언덕에 묻혀 있다고 전해졌는데, 4세

기에 콘스탄티누스 황제에 의해 그 위에 교회가 세워지고, 이후 16세기 초에 교황 율리우스 2세의 재건축 계획에 따라 브라만테, 라파엘로, 미켈란젤로, 베르니니 등 당대 최고의 예술가들이 참여해 1667년 산 피에트로 대성당과 광장이 완성되었다.

최근 고고학적인 발굴을 통해 산 피에트로 대성당이 단순히 추측이 아닌 진짜 베드로의 무덤 위에 세워진 교회라는 것이 입증되었다.

산 피에트로 대성당의 쿠폴라에 올라 내려다보면 성당과 광장, 그리고 길이 함께 어우러져 하나의 커다란 열쇠 모양을 이루는데, 이것은 베드로의 상징인 '천국의 열쇠'를 의미한다.

로마에서 만나는 사도 바오로의 흔적

사도 바오로는 유대인이자 로마 시민권을 가진 인물로, 당시 엄격한 바리사이파였기 때문에 그리스도교의 열렬한 박해자였다. 하지만 그리스도교인들을 잡으러 가던 중 예수의 환시를 보게 된다. 그는 '사울아(예수를 만나기 전까지 그의 이름은 사울이었다) 네가 왜 나를 박해하느냐?'라는 그리스도의 음성을 들었고, 강한 빛에 시력을 잃은 후 사람들의 손에 이끌려 다마스커스로 들어가 그곳의 교회 지도자인 아나니아에게 인도되어 갔다. 주님의 예시를 받은 아나니아는 사울에게 '주님께서 당신의 눈을 뜨게 하고 성령을 받게 하라고 하셨다'며 안수를 했다. 그러자 사울은 시력을 되찾았고, 이후 완전히 새 사람이 되어 그리스도교를 믿게 되었다.

이렇게 바오로가 새로운 사람이 된 것을 기리는 회심축일인 1월 25일은 교회력 속에서도 중요한 날로 여겨진다. 한때 그리스도교인들을 가장 박해하던 인물이 그리스도교의 복음을 전파하는 도구로 거듭난 날이기 때문이다. 바오로는 〈신약성서〉의 많은 부분을 집필한 필자이며, 3회에 걸친 전도 여행을 통해 그리스도교를 전파하는 데 앞장섰다.

01

산 파올로 알레 트레 폰타네 성당

사도 바오로의 순교 터

Chiesa del Martirio di San Paolo alle Tre Fontane

이곳은 사도 바오로의 순교 터다. 바오로는 아시아와 유럽에 걸쳐 광범위한 지역을 돌며 전도 여행을 다녔으며, 이후 로마로 끌려가 감옥에 갇혔다 67년경 이곳에서 참수형을 당해 순교한다. 참수형을 당한 바오로의 두상은 세 번 통통통 튀었으며, 그 자리마다 분수가 솟아 올랐다고 한다. 지금도 그 분수가 남아 있어 여전히 물이 솟아 오르고 있다. 또한 바오로의 순교 터에는 세 분수 성당이 세워져 순례객들의 발길을 이끈다.

주소 Via delle Acque Salvie 1, 00142 Roma 시간 여름 8시~13시, 15시~19시 / 겨울 9시~13시, 15시~18시
위치 Laurentina 역에서 San Paolo행 761번 버스를 타고 세 번째 정류장에서 하차후, 버스 진행방향으로 가다가 오른쪽 길로 진입 홈페이지 www.sanpaolotrefontane.org

02

산 파올로 푸오리 레 무라

성벽 밖의 성 바오로 성당

Basilica di San
Paolo Fuori le Mura

주소 Piazzale San Paolo
1, 00146 Roma 전화
+39 06 6988 0800 시
간 7시~18시 30분 위치
San Paolo 역에서 도보
약 5분 홈페이지 www.
basilicasanpaolo.org

로마의 4대 성당 중 하나인 이 성당은 사도 바오로의 유해를 모시기 위해 세워진 성당으로, 사도 바오로의 유해는 중앙 제대 밑에 안치되었다.

사도 바오로는 예수가 살아 있을 때 예수를 직접 본 적이 없는 인물이지만, 이방인들의 사도로서 전통적으로 예수의 제자로 인정 받고 있다. 특히 베드로 성인과 더불어 바오로 성인은 가톨릭에서 중요한 성인으로 추앙 받고 있다.

중앙 제대에는 사도 바오로의 유해 말고도 바오로를 묶었던 쇠사슬도 함께 보관되어 있어 눈길을 끈다.

아시시 Assisi

로마와 피렌체 사이, 이탈리아 중부에 있는 작은 도시인 아시시는 성 프란체스코 성인의 도시라는 이유만으로 이탈리아에서 가장 사랑 받는 도시 중 하나다. 성 프란체스코 성인을 알지 못한다고 해도, 아시시는 이탈리아 소도시 여행지로 유명하다.

'성 프란체스코 성인'은 그리스도교에서 예수 다음으로 추앙 받고 있는 성인으로, 프란체스코 수도회의 창시자이자 '주여, 나를 평화의 도구로 써주소서'라는 기도문으로 유명하다.

그는 1182년 아시시의 부유한 집안에서 태어나 방탕한 젊은 시절을 보냈다. 하지만 전쟁에 나가 1년 동안 포로로 억류되었다가 돌아온 후, 여러 가지 종교적 환각과 기적을 겪게 된다. 그리고 마침내 깨달음을 얻게 된 프란체스코는 모든 부와 명예를 미련 없이 버리고 기도, 청빈, 순결, 복종을 중시하는 프란체스코 수도회를 창립하여 평생을 가난하고 병든 자들을 위해 일생을 바치다가 1226년 아시시에서 생을 마감했다. 이후 1228년 교황 그레고리오 9세에 의해 성인으로 시성되었다.

프란체스코 성인은 만년에 오상(그리스도가 십자가에 못 박혔을 때 생긴 손발의 다섯 군데의 상처)을 받은 것으로도 유명하다. 그는 1224년 8월 15일부터 9월 29일까지 라베르나 산에서 단식 기도를 하던 중, 9월 17일 기도를 하던 중에 갑자기 십자가에 못 박힌 세라핌을 목격하게 되고, 이때 그의 몸에 그리스도가 받은 다섯 상처가 생기게 되는데, 이것이 로마 가톨릭 최초로 공식적으로 확인된 성흔이다.

특히 2013년 위임된 교황이 그동안 감히 누구도 사용하지 않았던 교황명으로 프란체스코 성인의 이름을 사용하면서 프란체스코 성인에 대한 인지도가 더욱 높아졌다.

01

산 프란체 스코 성당

San Francesco

주소 Piazza San Francesco 2, 06081 Assisi 전화 +39 075 819001 시간 6시~19시 위치 버스정류장에서 도보 약 10분

성흔을 받는 성 프란체스코

프란체스코 성인의 유해가 모셔져 있는 이 성당은 아시시를 대표하는 성당이며, 2000년에 세계문화유산으로 지정되었다. 이 성당은 프란체스코 성인이 죽은 뒤 2년 후인 1228년에 착공을 시작해 1239년 완성되었다. 이후 여러 차례 증개축을 거듭하면서 지금의 모습이 되었다.

비스듬한 경사면에 세워진 성당은 2층으로 구성되어 있는데, 1층에는 프란체스코 성인의 묘소가 있고, 2층에는 미사가 집전되는 성당이 있다. 2층에 있는 조토의 벽화는 프란체스코 성인의 일생을 28개의 작품으로 나누어 묘사하고 있으며, 이탈리아에서 가장 훌륭한 프레스코화로 손꼽힌다. 또한 조토 외에도 치마부에, 마르티니와 같은 화가들의 작품도 성당에서 만날 수 있다.

02

산타 키아라 성당

성녀 클라라 성당

Basilica di
Santa Chiara

주소 Piazza Santa Chiara 1, 06081 Assisi 전화 +39 075 812216 시간 6시 30분~12시, 14시~18시 위치 산 프란체스코 성당에서 도보 약 25분

클라라 성녀는 아시시의 귀족의 딸로 태어나 부유한 삶을 살았지만, 프란체스코 성인의 삶에 깊은 깨달음과 감동을 받아 그를 따르며 그와 같은 삶의 방식을 택해 평생 수도 생활을 하며 하느님에 대한 기도로 일생을 바쳤다.

이 성당은 그녀의 유해를 안치하기 위해 건축한 것인데, 그녀가 죽은 지 4년 후인 1257년 건축을 시작해 3년 후 완공되었다. 성당의 지하에는 클라라 성녀의 무덤이 있으며, 내부에는 그녀의 생애를 묘사한 프레스코화와 그녀의 옷, 그리고 그녀가 기도를 바쳤던 십자가 등이 남아 있다.

✚ Plus Tip 아시시에서의 특별한 하룻밤

아시시에서 특별한 하루를 보내고 싶다면 수녀원에서 운영하는 숙소를 이용해 보자. 한국인 수녀원이 있기 때문에 한국인 수녀원 숙소를 이용할 수 있고, 수녀님들이 직접 만들어 주는 식사도 함께 즐길 수 있다.

아시시 수녀원 예약하기 blog.naver.com/srstsb

프랑스 France

프랑스는 그리스도교의 오랜 역사가 담겨 있는 나라는 아니지만, 그리스도교를 받아들인 이후, 그리스도교가 꾸준하게 발전했고, 그리스도교를 중심으로 나라가 이끌어져 오는 가톨릭 국가다. 특히 14세기경에는 한때 교황청이 아비뇽으로 거처를 옮기기도 했었고, 프랑스 가톨릭이 어려울 때마다 성모가 발현해 기적을 일으켜 가톨릭을 계속 이어 나가는 힘이 되기도 했다. 그래서 프랑스로의 그리스도교 성지 순례는 그리스도교의 현재, 그리고 성모 발현지와 기적이 일어났던 지역을 중심으로 여행하게 된다.

01

기적의
메달 성당

Chapelle Notre
Dame de la Médaille
Miraculeus

파리

주소 140 rue du Bac,
75007 Paris 전화 +33 1
49 54 78 88 위치 Sèvres
- Babylone 역에서 도보약
2분 홈페이지 www.chap
ellenotredamedelamed
aillemiraculeuse.com

파리에서 만나는 가톨릭 성지 중 한 곳인 파리 기적의 메달 성당은, 성모 마리아가 발현한 성모 발현 성지로 유명하다. 이 성당은 파리에 있는 빈첸시오 바오로 자비 수녀원에 있는 작은 소성당으로, 이곳에서 카타리나 라부레 수녀가 기도하던 중 성모의 발현을 목격했다.

그녀는 1830년 7월 18일~19일 저녁 처음 성모의 발현을 목격했고, 1830년 11월 27일 성모의 두 번째 발현을 목격하는데, 두 번째 발현 때 성모께서 메달을 라부레 수녀에게 보여 주면서 가지고 있는 사람에게 커다란 은총이 있을 것이

라고 하셨다. 이런 두 번의 성모 발현 이야기를 제대 내에 그림과 조각으로 표현해 놓았으며, 성모 발현지라는 사실 때문에 많은 순례객들이 이곳을 찾는다.

성당 내에는 카타리나 라부레 수녀의 시신이 모셔져 있다. 그녀의 시신은 사망한 후 57년이 지난 1933년 시복을 위한 시신 발굴 당시에도 전혀 부패되지 않은 상태로 발견되었다고 한다.

기적의 메달은 카타리나 라부레 수녀에게 성모가 발현해서 알려 준 모양으로, 이 메달을 몸에 지니고 있으면 기적이 일어난다고 해서 기적의 메달이라고 불린다.

02

소화 테레사 생가와 기념 성당

Basilica of
Saint Thérèse

리지외

파리에서 기차로 약 2시간 정도 거리에 위치한 리지외는 프랑스에서도 추앙 받고 있는 성녀인 소화 테레사 수녀의 생가와 기념 성당이 있어서 가톨릭 성지 순례로 많이 찾는 곳이다.

테레사 수녀는 1873년 1월 2일 리지외에 있는 작은 마을에서 태어났는데, 두 살 때부터 수녀가 되겠다는 생각을 할 정도로 어린 시절부터 신앙심이 깊었다. 또한 어려서부터 환시를 많이 보았고, 기도를 통한 은혜도 체험했다.

14세가 되던 해인 1888년 4월 9일 리지외의 맨발의 가르멜 수도원에 들어갔으며, 1894년 말

언니인 예수회의 아녜스 원장의 권유로 어린 시절부터의 추억을 자서전으로 쓰기 시작했다. 그러던 중, 당시 유행하던 결핵에 걸려 1896년 9월 30일, 23세의 나이로 숨을 거두게 된다.

그녀는 죽을 때까지 평생 동안 조용히 수도하며 기도 생활을 했고, 이웃 사랑에 전념했으며, 특히 꽃을 사랑했다고 한다. 그녀의 신조를 담은 자서전이 출간되자 당시 많은 신자들에게 감동을 주었다. 그녀는 지극히 평범한 일에서 최대의 가치를 찾았던 인물이었기 때문이다.

테레사 수녀는 1923년 복자품을 받았고, 1926년 수호자로 선포되었다. 그녀는 사는 동안 특별한 것 없이 가르멜 수녀원 내에서 기도를 한 것 이외에 다른 활동을 하지 않았는데, 그럼에도 불구하고 소화 테레사를 선교사로서의 수호자로 선포한 것은 그녀의 내면의 업적 때문이다.

당시 교회의 위기와 선교의 침체 상황에서 그녀는 기도만으로 기적을 일으켰다. 그리고 지금도 그녀의 삶을 찾아 이곳 리지외로 순례를 오는 순례객들의 발길이 끊이지 않는다. 리지외에는 소화 테레사의 생가와 그녀의 시신을 안치하기 위해 세워진 기념 성당이 있어 순례객들을 맞이하고 있다.

주소 Avenue Jean XXIII, 14100 Lisieux 전화 +33 2 31 48 55 08 위치 리지외 기차역에서 도보 약 10분 홈페이지 www.therese-de-lisieux.catholique.fr

03

성모
발현 성지

Notre Dame
du Rosaire de
Lourdes

루르드

프랑스에서 가톨릭 성지 순례로 가장 손꼽히는 곳은 누가 뭐래도 루르드다. 루르드는 프랑스 피레네 산맥에 있는 아주 작은 마을인데, 성모의 발현지로 전 세계 순례객들의 발길을 이끌고 있는 가톨릭의 대표적인 성지다.

1858년 2월 11일 당시 14세였던 소녀 베르나데트 스비르 앞에 성모가 나타났고, 7월 16일까지 무려 18번에 걸쳐 같은 장소에 성모가 나타나는 것을 목격했다.

처음 베르나데트 스비르가 성모를 보았을 때는 암굴 속에서 기도를 하던 중이었다. 그렇게 그녀

는 여러 번 여인을 만나게 되었고, 8번째 만났을 때 여인에게 당신이 누구냐고 물자 '원죄 없이 잉태한 자'라는 대답이 돌아왔다고 한다. 결국 그 말로 인해 그녀가 진짜 성모를 만났다는 것이 증명이 되었다.

당시 그녀가 성모 발현을 목격했다는 이유로 많은 순례객들의 발길이 이어졌지만, 베르나데트 외에는 아무도 성모의 모습을 보거나 말을 듣지 못했기에, 그녀가 진짜로 성모 발현을 목격한 것인지에 대한 의문이 일었다. 그러자 성모 발현에 대한 의혹을 풀기 위해 그녀를 조사하게 되었는데, 문맹에다 아무런 사욕이 없는 그녀의 모습과 성모 발현에 관한 일관된 이야기를 통해 그녀의 말이 사실이라는 것을 믿게 되었으며, 더욱이 '원죄 없는 잉태'라는 말은 베르나테르가 성모를 만나기 겨우 3년 전에 가톨릭에서 공인된 교리로서 당시 시골 소녀였던 그녀가 그 말을 알 수는 없는 일이었기에 더욱 사실이라고 믿게 되었다.

또한 아홉 번째로 여인을 만났을 때 여인은 샘으로 가서 물을 마시고 얼굴을 씻으라고 했다. 그녀는 열 살에 콜레라를 앓아 평생 질병으로 고생하고 있었기 때문에 여인의 말을 듣고 동굴 근처의 땅을 파 보자 샘이 솟아나기 시작해, 그 물로 그녀의 병이 치유되는 기적이 일어났다.

그 물은 지금까지도 많은 병자들을 치유한 기적을 보인 '기적의 샘물'이다. 이후 프랑스 남서부의 작은 시골 마을이었던 루르드는 전 세계에서 끊임없이 순례객들이 찾아오는 가톨릭 최대의 성지로 자리 잡게 되었다.

성모 발현을 목격한 베르나데르는 이후 사람들의 관심을 피해 사랑의 자매 수녀회에서 보호를 받으며 생활했고, 수녀원에 입회하기를 희망했지만 건강상의 이유로 받아들여지지 않았다.

그러던 중 1866년 느베르의 성 질다르 수련소에 입회하여, 마리 베르나르라는 수도명으로 수도 생활을 시작했고, 남은 인생 동안 그곳에 은둔해 기도 생활을 하며 지냈다.

1876년 원죄 없이 잉태된 성모 대성전이 축성되었고, 성모 발현을 목격했던 베르나데르의 시신이 이곳에 안치되었는데, 그때까지 그녀의 시신은 부패하지 않았다고 한다. 그녀는 1925년 복자품에 오른 후, 1933년 교황 비오 11세에 의해 시성되어 성녀가 되었다.

주소 1 Avenue Monseigneur Théas, 65108 Lourdes 전화 +33 9 63 47 20 61 위치 파리에서 기차로 약 6시간, 보르도에서 약 3시간 홈페이지 fr.lourdes-france.org

스페인 Spain 🇪🇸 &
포르투갈 Portugal 🇵🇹

그리스도교의 기원을 터키에서 찾고, 그리스도교의 박해와 역
사를 로마에서 찾고, 그리스도교의 발전과 기적을 프랑스에서
찾았다면, 이제 그리스도교의 과거와 현재, 그리고 미래를 만
날 수 있는 곳, 스페인과 포르투갈로 성지 순례를 떠날 차례다.
다른 지역에서 성지를 찾아가는 여행을 했다면, 스페인과 포르
투갈에서는 성지를 찾는 것보다 길 위에서 만나는 나를 찾아
순례를 떠나려는 사람들이 많다. 그 중심에는 스페인의 산티아
고 순례길과 같은 도보 순례길들이 있다.

01

아빌라
산타 테레사
수도원

Convento de
Santa Teresa

스페인

주소 Plaza de la Santa
2, 05001 Ávila 전화 +34
920 21 10 30 위치 아빌
라 기차역에서 도보 약
30분 홈페이지 www.
teresadejesus.com

스페인으로 성지 순례를 떠난다면 반드시 들르는
곳이 바로 아빌라다. 그 이유는 바로 대 테레사라
고 불리는 성녀 테레사의 고향이기 때문이다.
아빌라의 테레사가 대 테레사라고 불리는 이유는
리지외의 소화 테레사 수녀와 구분하기 위함이기
도 한데, 대 테레사는 그녀의 이름에 붙은 '대(大)'
라는 수식어답게 교회에 큰 업적을 남겼다.
대 테레사 수녀는 1515년 3월 28일 아빌라에서
태어났다. 어릴 때부터 가톨릭 집안에서 가톨릭
정신을 배웠고, 순교자들과 성인들의 자서전을
보고 자란 그녀는 12세에 어머니를 여의고, 성모

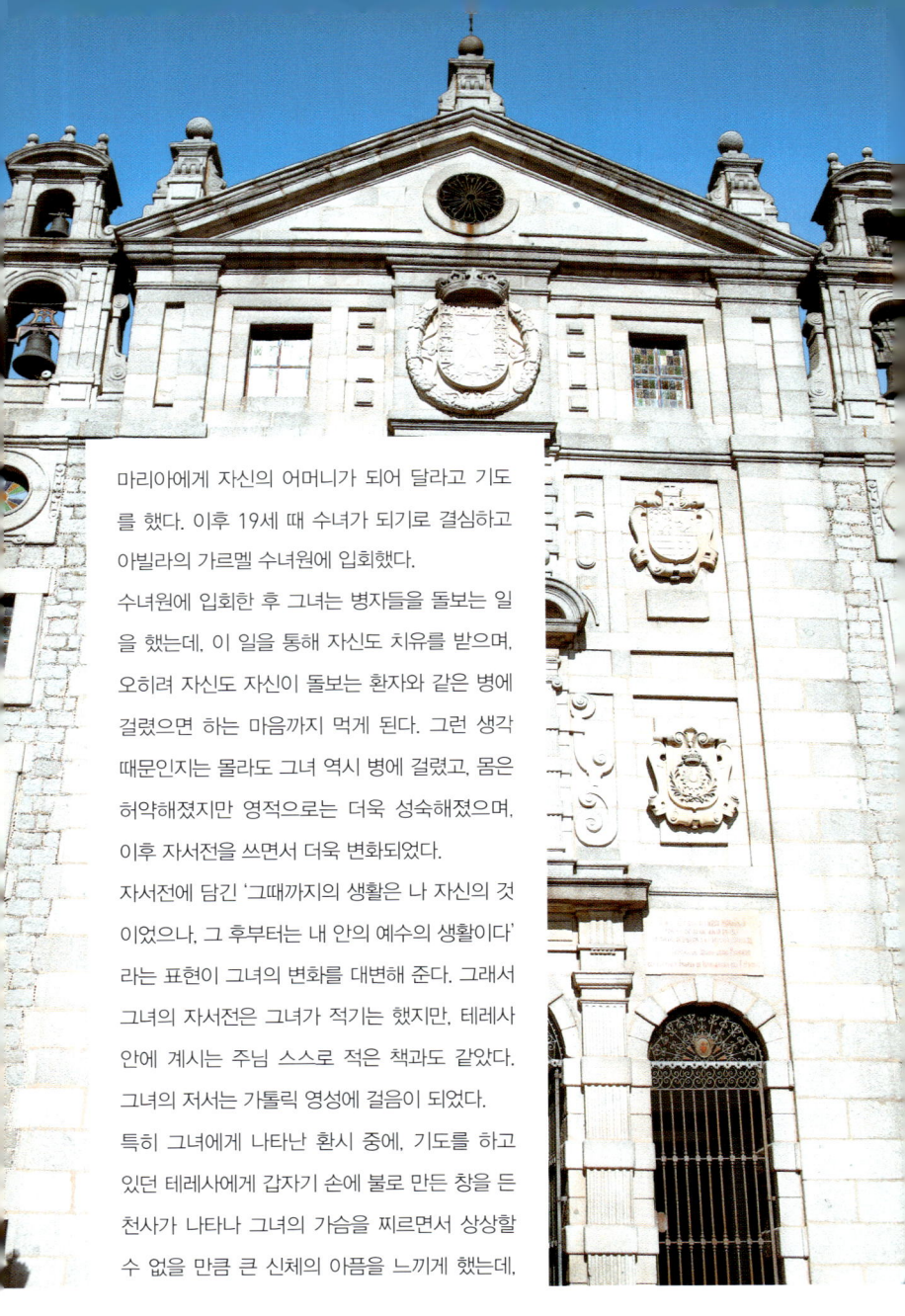

마리아에게 자신의 어머니가 되어 달라고 기도를 했다. 이후 19세 때 수녀가 되기로 결심하고 아빌라의 가르멜 수녀원에 입회했다.

수녀원에 입회한 후 그녀는 병자들을 돌보는 일을 했는데, 이 일을 통해 자신도 치유를 받으며, 오히려 자신도 자신이 돌보는 환자와 같은 병에 걸렸으면 하는 마음까지 먹게 된다. 그런 생각 때문인지는 몰라도 그녀 역시 병에 걸렸고, 몸은 허약해졌지만 영적으로는 더욱 성숙해졌으며, 이후 자서전을 쓰면서 더욱 변화되었다.

자서전에 담긴 '그때까지의 생활은 나 자신의 것이었으나, 그 후부터는 내 안의 예수의 생활이다'라는 표현이 그녀의 변화를 대변해 준다. 그래서 그녀의 자서전은 그녀가 적기는 했지만, 테레사 안에 계시는 주님 스스로 적은 책과도 같았다. 그녀의 저서는 가톨릭 영성에 걸음이 되었다.

특히 그녀에게 나타난 환시 중에, 기도를 하고 있던 테레사에게 갑자기 손에 불로 만든 창을 든 천사가 나타나 그녀의 가슴을 찌르면서 상상할 수 없을 만큼 큰 신체의 아픔을 느끼게 했는데,

그로 인해 테레사의 심장에 성흔이 박히게 되었고, 이러한 환시로 그녀가 속했던 가르멜 수녀회의 개혁을 단행해 맨발의 가르멜 수도원을 세웠다. 이후에도 여러 곳에 엄격한 규율로 다스리는 수도원을 설립했다. 그중에서 산 호세 수도원이 그녀가 처음 설립한 수도원으로 유명하다.

가톨릭에 많은 변화를 가져온 그녀는 1582년 10월 4일 중병으로 숨을 거두었다. 그녀는 '주님, 저는 거룩한 교회의 딸입니다'라는 말을 남기고 숨을 거두었다고 한다.

그녀는 1514년에 시복되었고, 1617년 스페인의 수호자로 선언되었으며, 1622년 교황 그레고리오 15세에 의해 시성되었다. 또한 1970년 교황 바오로 6세는 그녀를 여성으로서는 최초로 교회학자로 선포했다.

아빌라에서는 대 테레사 성녀의 흔적을 많이 만나게 되는데, 그녀의 생가에 세워진 산타 테레사 수도원에서는 그녀의 유품도 만날 수 있다. 그녀가 가장 먼저 세운 산 호세 수도원도 여전히 수도원으로써 그녀의 업적을 이어 가고 있다.

02

산티아고 데 콤포스텔라 대성당

Cathedral of
Santiago de
Compostela

스페인

그리스도의 12제자 중 한 명인 '성 야고보'는 갈릴레아 출신으로 고기잡이를 하던 사람이었는데, 예수의 부름을 받고 곧바로 자신의 동생 사도 요한과 함께 배를 버리고 예수를 따라갔다. 이러한 그의 믿음 덕분에 성 야고보는 예수로부터 특히 사랑을 받았던 제자 중 한 명이었다. 예수의 수난의 순간 마지막 기도에도 예수는 베드로와 야고보, 그리고 그의 동생 요한만을 데리고 갈 정도로 사랑했다고 한다.

그는 예수가 죽은 후 복음 선포와 전도에 매진했고, 특히 스페인에서 그리스도교를 전도하다 붙잡혀 예루살렘에서 헤로데 아그리파 1세에 의해 44년에 참수를 당하면서 사도로서는 첫 번째 순교자가 되었다.

야고보의 유해는 순교하자마자 예루살렘에 안장되었는데, 정확히 어디에 묻혀 있는지 확인되지 않았었다. 그러다 9세기 즈음 하늘에서 내려온 별빛을 따라가 보니 숲 속의 한 동굴에서 야고보의 무덤이 나타났다고 한다. 그 후 야고보의 유해는 스페인으로 옮겼고, 그 유해 위에 웅장한 대성당을 건축했다.

야고보를 기념하기 위해 세워진 산티아고 데 콤포스텔라 대성당은 로마네스크 양식으로 건축되었는데, 이후 몇 번의 증개축을 통해 바로크 양식이 추가되었다. 내부의 중앙 제대 뒤쪽 아래에는 성 야고보의 유해뿐 아니라 그의 두 제자였던 테오도르와 아타나시우스가 매장되어 있다.

산티아고 데 콤포스텔라 대성당은 우리에게 산티아고 순례길의 마지막 종착점으로 더 유명하다. 산티아고 순례길이 바로 성 야고보의 전도 여행길을 따라 만들어진 길이기 때문에, 그 종착점이 산티아고 데 콤포스텔라 대성당이 되는 것이다. 그래서 순례객들은 산티아고 순례길의 마지막에 이 성당에 도착한 후, 성당의 중앙 문 기둥에 손을 대고 순례가 끝났음에 대해 감사 기도를 했다고 한다.

또한 순례객들을 맞이하는 이 성당의 정오 미사는 거대한 향로와 함께하는 향로 미사로 거행된

주소 Praza do Obradoiro s/n, 15704 Santiago de Compostela 전화 +34 981 56 93 27 위치 산티아고 데 콤포스텔라 기차역에서 도보약 30분

다. 오랜 시간 순례 여행으로 더러워진 순례객들의 질병을 예방하고, 걸어온 순례객들의 악취를 씻기 위해 향을 피운 것이 유래가 되었다고 한다. 만약 유럽으로 진정한 순례 여행을 떠나고 싶다면, 산티아고 순례길을 따라 걸어 이곳 산티아고 데 콤포스텔라까지 가는 여행을 추천한다.

03

파티마
성모 발현
성지

Santuário de
Fátima

포르투갈

주소 Apartado 31, 2496-
908 Fátima 전화 +351
249 539 600 위치 리스본
에서출발하는투어상품을
이용하는 경우가 많다. 홈
페이지 www.santuario-
fatima.pt/portal

포르투갈의 리스본 근교 도시인 파티마는 작은
도시지만 전 세계적으로 유명한 성모 발현 성지
로, 가톨릭 성지 순례에서 빼놓을 수 없는 지역
이 되었다. 특히 세계 3대 성모 발현 성지로 유
명하다.

1917년 5월 13일, 파티마의 세 어린이가 성모
를 목격하게 된다. 당시 성모는 아이들에게 세
가지의 비밀을 털어 놓았으며, 아이들에게 죄인
들의 회개를 위해 기도를 하라고 당부를 했다고
한다. 그런 성모의 발현이 있은 후, 파티마로 사
람들이 몰려들기 시작했고, 이 사건이 포르투갈

을 분열시키려는 시도라고 믿은 당시 행정관들은 아이들을 협박해 비밀을 털어 놓으라고 했지만 아이들은 성모와의 비밀을 굳게 지켰다.

그리고 또다시 아이들에게 성모가 발현했고, 이후 매월 13일마다 나타날 것이라고 말하고 성모는 사라졌다. 세 번째 발현인 9월 13일, 성모는 아이들에게 발현이 실제 일어났다는 것을 사람들이 믿게 해 주겠다고 했으며, 마지막 네 번째 발현 때는 성모의 약속대로 그 자리에 모여 있던 3만 명이 넘는 군중뿐 아니라 수km 떨어진 곳에서도 성모의 발현을 확인할 수 있었다고 한다. 당시 아이들에게 알려 준 성모의 비밀 세 가지는 첫 번째는 지옥의 모습, 두 번째는 제2차 세계대전과 공산주의의 대두였고, 마지막 세 번째는 교황청의 종말에 대한 경고였다고 한다.

당시 성모를 목격했던 아이 중 한 명인 루치아는 1925년 수녀원에 입소해, 이후에도 수도원을 옮겨다니며 수도 생활을 했으며, 계속해서 성모의 발현을 여러 번 목격했다. 그녀는 성모의 메시지를 따라 기도 생활과 신앙 생활을 하다가 2005년 2월 13일 97세의 나이로 숨을 거두었다. 파티마에는 루치아 수녀의 생가도 보존되어 있다.

2008년 교황 베네딕토 16세 때, 통상 사후 5년의 유예 기간을 두고 시복 조사를 시작했던 것을 깨고 루치아 수녀에 대한 시복 조사를 즉시 열었으며, 현재도 복자가 되기 위한 시복 절차를 진행하고 있는 중이다. 성모의 발현을 목격했고 평생 수도 생활을 하며 살았던 루치아 수녀가 복자가 되는 것은 어렵지 않을 것이라 생각된다.

파티마의 성모 발현지에는 기념 성당이 세워져 있고, 아직도 성모 발현의 기적을 느끼기 위해 찾아오는 순례객들의 발길이 끊이지 않는다.

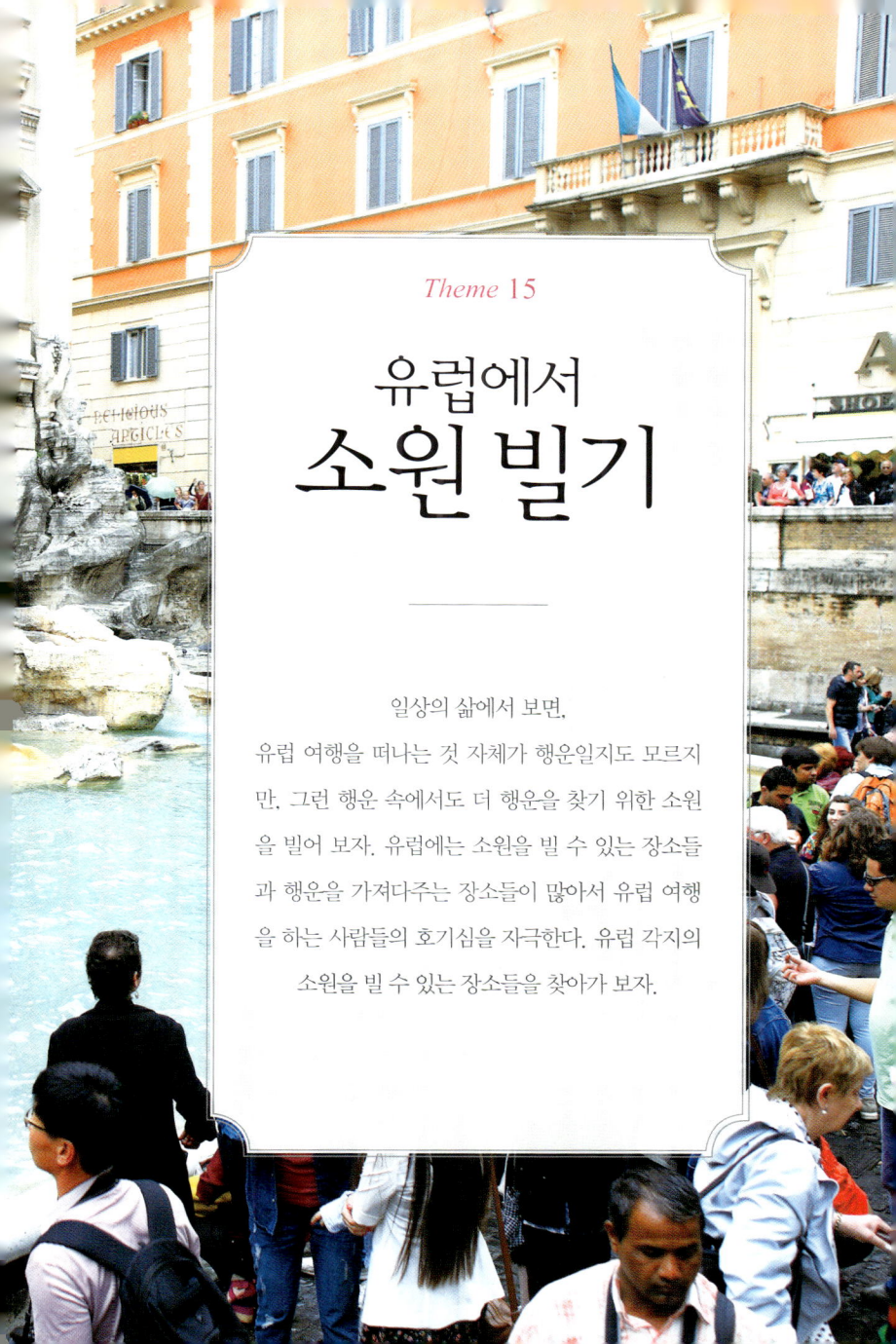

유럽에서
소원 빌기

일상의 삶에서 보면,
유럽 여행을 떠나는 것 자체가 행운일지도 모르지
만, 그런 행운 속에서도 더 행운을 찾기 위한 소원
을 빌어 보자. 유럽에는 소원을 빌 수 있는 장소들
과 행운을 가져다주는 장소들이 많아서 유럽 여행
을 하는 사람들의 호기심을 자극한다. 유럽 각지의
소원을 빌 수 있는 장소들을 찾아가 보자.

01

트레비
분수

Fontana di Trevi

로마

트레비 분수는 고대 로마의 상수도에서 가져온 물로 만든 분수대로, 분수대 중간에는 바다의 신 넵튠이 있고, 그 주변에 트리톤이 있는 모습으로 만들어져 있다.

분수대에 소원을 비는 방법은 분수 두 번째 층 난간에 뒤돌아서서 오른손으로 동전을 쥐고 왼쪽 어깨 너머로 동전을 던져 넣는 것이다. 동전을 하나 던지면 로마로 다시 돌아오고, 두 개 던지면 사랑이 이루어지고, 세 개 던지면 지금 하는 사랑과 헤어진다는 속설이 있어 동전 갯수에 따라 원하는 소원이 달라지니 신중하게 던져야 한다.

02

비토리오 에마누엘레 2세 갤러리

Vittorio Emanuele II Gallery

밀라노

밀라노에 있는 비토리오 에마누엘레 2세 갤러리는 유럽의 3대 갤러리 중 한 곳으로 손꼽힌다. 내부에는 명품 브랜드 숍과 레스토랑 등이 있어서 밀라노 쇼핑의 중심지이며, 프라다 본점이 있는 곳으로도 유명하다.

이 갤러리가 소원을 비는 장소로 유명한 이유는 바로 갤러리 중간 즈음에 있는 황소 모양의 모자이크 바닥 때문이다. 황소 그림은 이 갤러리에 그려져 있는 농업·예술·산업을 상징하는 그림 중 농업을 상징하는 것인데, 이 황소 그림의 생

식기를 밟고 한 바퀴 돌면 행운이 온다는 소문
덕분에 황소의 생식기 부분만 닳아 있는 것을 볼
수 있다.

더불어, 비토리오 에마누엘레 2세 갤러리 정문
앞에 있는 밀라노 두오모 대성당의 중앙 문에 있
는 부조 중 예수가 태형을 당하는 장면이 담긴
부조를 만지면 행운이 온다는 속설도 있으니 놓
치지 말자.

밀라노 두오모 대성당

03

단테
기념관

Museo casa di
Dante

피렌체

로마, 밀라노에 이어 피렌체 역시 소원을 비는 곳이 있다. 바로 단테 기념관 바로 앞에 있는 단테의 흉상 바닥인데, 바닥에 새겨진 단테의 모습은 생각보다 찾기가 어렵다. 물을 뿌리지 않으면 단테의 얼굴이 제대로 보이지 않기 때문이다. 단테의 얼굴을 찾은 후, 이 얼굴을 밟으면 행운이 온다고 하니, 살짝 밟고 지나가 보자.

단테 기념관은 두오모와 시뇨리아 광장 사이 좁은 골목길에 있으며, 벽에 붙은 단테의 흉상이 그곳을 대표한다. 1865년 단테 탄생 600주년을 기념해 만든 곳으로 단테의 생가 안에 작은 박물관을 만들었다.

04

줄리엣의 집

Casa di Giulietta

베로나

로미오와 줄리엣의 도시인 베로나에도 소원을 비는 장소가 있다. 바로 줄리엣의 집에 있는 줄리엣 동상인데, 특이하게도 이 동상의 가슴 부분을 만지면 행운이 온다고 해서, 이곳을 찾은 사람들은 민망함을 무릅쓰고 줄리엣의 가슴을 만지며 기념사진을 찍는다.

세기의 사랑이라고 불리는 셰익스피어의 희곡인 〈로미오와 줄리엣〉의 두 주인공처럼, 이곳은 사랑하는 연인들이 많이 찾아오는 곳이다. 혼자 오면 또 어떠랴. 줄리엣의 가슴을 만지며 다가올 사랑의 행운을 빌어 보자!

05

포앙 제로

Point Zero

파리

로마로 다시 돌아오게 해 주는 트레비 분수가 있다면, 파리에는 포앙 제로가 있다. 포앙 제로는 파리 노트르담 대성당 앞에 있는 원점 포인트인데, 파리와 각 도시간의 거리를 측정할 때 기점이 되는 곳이다.

포앙 제로를 밟으면 파리로 다시 돌아온다는 속설이 있어 여행자들은 파리 여행을 할 때 이곳을 꼭 밟고 간다. 밟은 후 비비면 효험이 없다고 하니, 그냥 살짝 밟아 주는 걸로 다음의 파리를 기약해 보자.

06

노트르담
대성당

Église
Notre-Dame
de Dijon

디종

'노트르담'이라는 말은 프랑스어로 '성모 마리아'라는 뜻으로, 각 도시별로 노트르담 대성당이 있다. 디종을 대표하는 성당 역시 노트르담 대성당이다. 이 노트르담 대성당은 파리의 노트르담 대성당과 마찬가지로 고딕 양식으로 지어진 성당이다.

이 성당 역시 소원을 비는 장소가 있는데, 성당 벽면에 있는 부엉이를 왼손으로 만지면 소원이 이루어진다고 한다. 많은 사람들이 만지고 지나가서 많이 닳아 있지만, 그만큼 많은 소원을 들었을 부엉이를 우리도 꼭 만져 보자.

07

카를교
Karlův most
프라하

프라하의 대표적인 관광지 중 한 곳인 카를교 역시 소원을 비는 장소가 있다. 카를교는 체코에서 처음 만들어진 석조 다리인데, 이 다리는 얀 네포무츠키 성인의 일화로 더욱 유명하다.

얀 네포무츠키 성인은 바츨라프 4세 왕비의 고해성사를 왕에게 고하지 않아 고문을 당하고 혀가 뽑혀 이 다리 위에서 강에 던져졌다. 카를교 중간에는 얀 네포무츠키 성인의 성상이 있는데, 이곳에서 소원을 비는 것이다.

우선 구시가지에서 가까운 카를교 부근 얀 네포무츠키 성인이 떨어진 곳에 세워진 동판과 그 아

래 다섯 개의 별이 있는 십자가 모양이 있다. 그 다섯 개의 별에 다섯 손가락을 올려 놓고 아래쪽 바닥에 있는 동그란 못을 밟고 서서 소원을 빈다. 그 다음, 말을 하지 않고 동판을 만졌던 손은 아무것도 만지지 말고 얀 네포무스키 성인의 성상이 있는 곳까지 걸어가, 별을 만진 손으로 네포무츠키 성인의 동상 아래에 있는 두 가지 동판 중에 순교를 당하는 성인의 이야기를 담은 오른쪽 동판에서 떨어지는 모습의 얀 네포무츠키 성인을 만지며 소원을 빌면 된다.

08

에베라르트 세르클래스 동상

Everard't Serclaes

브뤼셀

벨기에의 수도 브뤼셀에도 소원을 비는 장소가 있다. 그랑 플라스 근처에 있는 에베라르트 세르 클라스 동상인데, 이 동상의 주인공인 에베라르 트 세르클래스는 브뤼셀의 장군이었다.

그는 적군에게 붙잡혀 비참하게 팔과 혀를 잘린 채 브뤼셀로 보내져 돌아오자마자 죽었다. 이에 분노한 브뤼셀 시민들이 전쟁을 일으켜 승전했 고, 이 승전을 기념하기 위해 이 동상을 세웠다. 동상을 쓰다듬으면 행운이 온다고 하는데, 동상 의 팔과 함께 다리 옆에 있는 개의 코도 함께 만 지면 행운이 온다고 한다.

09

아야소피아 성당

Hagia Sophia
Museum

이스탄불

이스탄불의 대표 관광지인 아야소피아 성당은 콘스탄티누스 2세 때인 360년에 세워진 비잔틴 양식의 성당이다. 하지만 이후 오스만 제국의 지배를 받으면서 성당으로서의 역할은 사라지고, 4개의 미나레가 세워져 이슬람 사원으로 사용되었고, 지금은 박물관으로 사용되고 있다.

내부에 들어서면 아름다운 비잔틴 시대의 모자이크를 만날 수 있고, 오스만 시대의 이슬람 미흐랍도 만날 수 있어 그리스도교와 이슬람교의 묘한 어울림이 특징이다.

아야소피아 성당 내부에는 여행자들에게 특별히

인기가 있는 장소가 있는데, 바로 소원이 이루어
진다는 기둥이다. 성당 내부 왼쪽 복도 앞에 있
는 이 기둥의 움푹 패인 곳에 엄지손가락을 넣고
손가락이 기둥에서 떨어지지 않게 손을 한 바퀴
돌리면 소원이 이루어진다고 한다.

막상 해 보면 상당히 어렵지만, 소원이 이루어진
다는 마음에 여행객들이 줄을 서서 손을 돌리며
소원을 빈다. 아야소피아 성당을 방문한다면 꼭
해 봐야 할 것 중 하나다.

10

그레고리우스 닌의 동상
Gregory of Nin Statue
스플리트

스플리트의 '황금문'이라고 불리는 북문 앞에 서있는 거대한 그레고리우스 닌의 동상 역시 소원을 비는 장소로 잘 알려져 있다. 그레고리우스 닌은 크로아티아의 종교 지도자로, 크로아티아인들에게 모국어로 미사를 할 수 있도록 노력했던 인물로 알려져 있다.

이 동상의 엄지발가락을 만지면서 소원을 빌면 소원이 이루어진다고 한다. 얼마나 많은 사람들이 소원을 빌었는지 많이 닳아 있는 엄지발가락을 보면 알 수 있다.

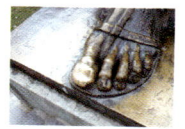

11

성모 마리아 승천 교회

Church of the Assumption

블레드 섬

알프스의 눈동자라고 불리는 슬로베니아의 블레드 호수 속에는 작은 섬이 또 하나 있는데, 바로 블레드 섬이다.

이 섬에 가려면 블레드 호수의 명물인 플레타나 배를 타고 들어가야 하며, 이 섬 안에서는 작은 성모 마리아 승천 교회를 만날 수 있다. 이곳 교회에 있는 종을 세 번 치면 소원이 이루어진다고 하는데, 줄을 잡아당겨 종을 치는 것이 쉽지는 않으니 소원을 향해 힘껏 당겨 보자.

Theme 16

유럽 여행
사진 찍기

유럽 여행을 멋진 사진으로 남기고 싶어 하는 사람들이 많다. 그래서 좋은 카메라와 좋은 장비들을 가지고 여행을 떠나 보지만, 막상 여행 중에는 우리가 인터넷에서 쉽게 찾아 보던 멋진 사진을 담아 내는 것이 생각처럼 쉽지 않다. 유럽에서 여행 사진을 잘 찍기 위한 몇 가지 노하우를 알아 보자.

유럽 여행을 위한 카메라 준비

좋은 카메라를 가지고 사진을 찍으면 좋은 사진을 담을 수 있다는 것은 누구나 아는 얘기지만, 아무리 좋은 카메라라고 하더라도 카메라를 잘 다루지 못한다면 절대 좋은 사진을 담을 수 없다. 그래서 유럽 여행을 위한 가장 좋은 카메라는 바로 자신이 가장 잘 다룰 수 있는 카메라라고 할 수 있다.

만약 카메라를 새로 구입할 예정이라면, 적어도 여행 전 한 달 이상의 여유를 두고 카메라를 구입해 충분히 사용법을 익히고 나서 출발할 것을 권한다. 하지만 여성이나 15일 이상의 장기 여행이라면 되도록 작은 카메라를 선택하는 것이 좋다.

또한, 카메라 준비를 위해 무엇보다 중요하게 생각해야 하는 것은 여분의 배터리와 메모리 카드다. 여행 전에 자신이 가지고 갈 카메라를 들고 하루 종일 사진을 촬영해 보면, 대략 하루에 어느 정도의 배터리와 메모리가 필요한지 알 수 있다. 배터리와 메모리는 넉넉하게 준비하는 것이 좋고, 장기 여행일 경우 백업 장치도 꼭 챙겨야 한다.

더불어 삼각대는 가져가도 후회, 안 가져가도 후회되는 물건 중 하나다. 야경이 아름다운 도시들을 여행하게 될 때, 사진을 찍을 충분한 시간이 있다면 되도록 삼각대는 가져가는 것이 좋다.

여행 사진을 잘 찍으려면

여행 사진을 찍는 것은 멋진 풍경 사진이나 관광지의 모습을 디테일하게 담는 것도 중요하지만, 여행하는 동안 일어났던 순간순간을 담는 것도 중요하다. 즉, 멋진 사진보다는 나의 추억이 담긴 사진에 초점을 맞춰 촬영을 해 보자. 그러려면 카메라는 늘 준비되어 있어야 한다.

순간의 포착을 위해 언제나 촬영을 할 수 있는 상태로 만들어 놓고, 복잡한 수동 모드의 촬영보다 순간 포착을 할 때 간편하도록 자동 모드나 반자동 모드를 활용하는 것이 좋다. 시간적 여유가 있어서 특별한 사진을 만들어 내기 위해 많은 노력을 기울이는 때가 아니라면 아무리 좋은 카메라를 가지고 여행한다고 해도 자동 모드가 수동 모드보다 순간 포착에서는 건질 사진이 많다. 아무리 좋은 카메라라도 흔들린 사진을 담거나 노출이 오버되거나 다운되는 등의 문제가 있는 사진은 좋은 사진이라고 할 수 없기 때문이다.

순간을 포착해야 하는 여행 사진의 특성상, 여러 가지를 조작해야 하는 수동 모드는 중요한 순간에 사진을 망쳐 놓을 수 있다. 한 장의 사진을 잘 담을 것인가, 여러 장의 사진을 무난하게 담을 것인가는 촬영자가 결정해야 할 몫이다.

❶ 카메라는 늘 전원을 켜 두거나, 손에 들고 있어야 한다.

❷ 여행을 하면서 담는 사진은 자동 모드나 반자동 모드(AF)를 활용한다.

❸ 최근에 출시된 카메라는 노이즈에 대한 걱정이 없으므로 되도록 ISO는 오토를 활용한다.

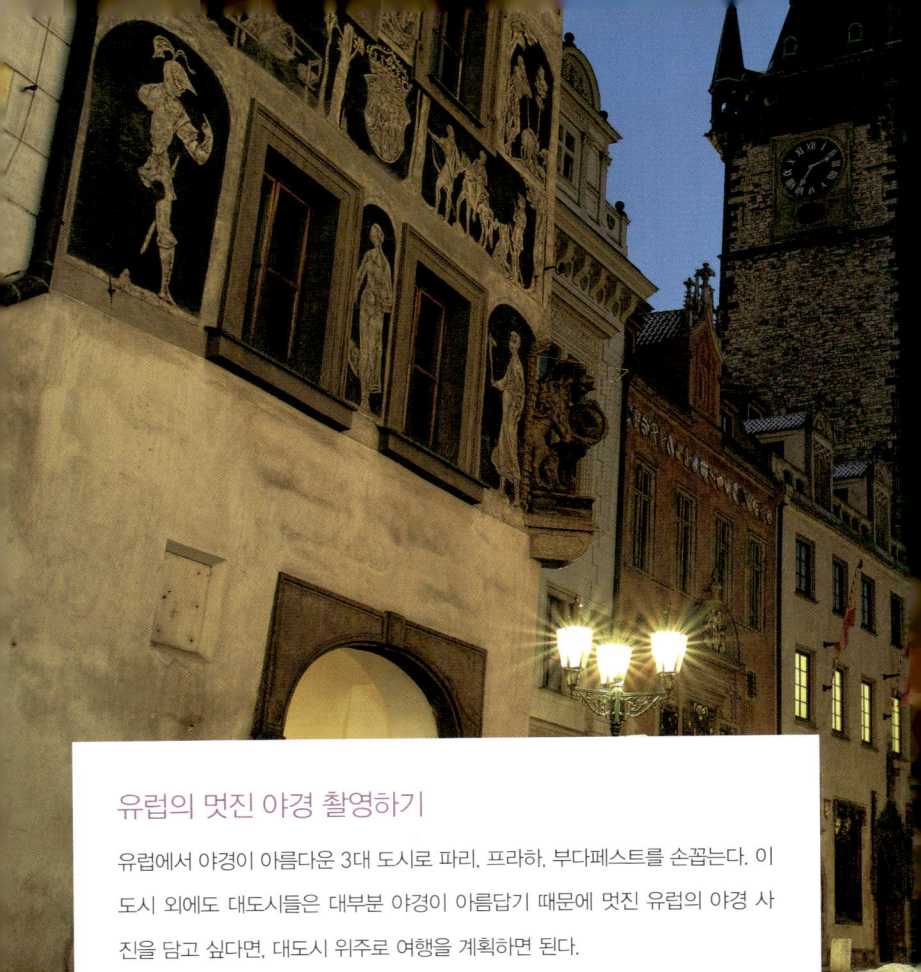

유럽의 멋진 야경 촬영하기

유럽에서 야경이 아름다운 3대 도시로 파리, 프라하, 부다페스트를 손꼽는다. 이 도시 외에도 대도시들은 대부분 야경이 아름답기 때문에 멋진 유럽의 야경 사진을 담고 싶다면, 대도시 위주로 여행을 계획하면 된다.

단, 유럽은 여름에는 해가 늦게까지 떠 있기 때문에 야경을 만나기가 어렵다. 그래서 여름을 제외한 봄, 가을, 겨울에 여행을 계획할 때가 멋진 야경 사진을 담기 좋을 때다. 특히 크리스마스가 다가오는 시즌은 도시별로 조금 더 화려한 야경을 만날 수 있으니 특히 더 추천한다.

멋진 야경 사진을 담기 위해서는 삼각대를 사용하는 것이 필수다. 아무리 좋은 카메라를 사용해 사진을 찍는다고 해도, 어두운 곳에서는 셔터 스피드가 확보되지 않기 때문에 흔들리는 사진을 찍게 되는데, 이 경우 삼각대를 사용하면 흔들

림 없는 사진으로 담을 수 있기 때문이다.

야경 사진을 선명하게 담기 위해서는 되도록 ISO는 100에 가깝게, 조리개는 7~11 정도로 세팅을 하는 것이 좋다. 그리고 렌즈의 필터는 불필요한 빛을 사진에 담을 수 있으므로 되도록 필터를 제거한 후 촬영하도록 하자.

유럽의 풍경 사진 촬영하기

유럽은 산과 강, 바다 등 멋진 풍경 사진을 담을 수 있는 곳들이 많다. 스위스의 멋진 알프스 산을 배경으로 한 풍경 사진을 담아 보거나, 지중해변의 바닷가에서 바다의 풍경을 담아 보는 등 유럽을 여행하면서는 다양한 풍경 사진을 담을 수 있다. 멋진 풍경 사진을 찍기 위해서는 풍경 사진을 위한 여행 시기를 잘 선택하는 것이 좋은데, 대체적으로 꽃이 있고, 푸르름이 있는 봄 시즌이 풍경 사진을 찍기에 가장 좋은 시기다. 물론, 눈이 많이 내리는 겨울에도 겨울 풍경 사진을 찍기 위한 좋은 시즌이기는 하다.

풍경 사진을 담는 방법은, 어디서부터 어디까지 사진에 담을지 구도만 잘 잡아도 절반은 성공이다. 찍고자 하는 사진의 주제가 무엇인지를 잘 생각해서, 피사체에 어울리는 구도를 잡는 것이 중요하다. 예를 들어, 바다를 찍고자 한다면 바다가 잘 표현되는 사진으로 담아야 하고, 산을 담고 싶다면 산을 잘 표현할 수 있는 사진이 좋은 풍경 사진이라고 할 수 있는 것이다. 바다 사진을 찍을 때도 바다 전체를 담을지, 바다의 파도만 표현할지, 모래사장을 표현할지에 따라 다양한 구도의 사진을 표현할 수 있다.

풍경 사진을 찍는 기본적인 카메라 세팅은 조리개는 7~11 정도로 세팅하고, ISO는 100에 가까운 것이 좋다. 그리고 되도록 해를 등지고 촬영을 해야 멋진 풍경 사진을 담을 수 있다.

또한 풍경 사진을 담을 때는 넓게도 담아 보고, 클로즈업해서도 담아 보는 등 다양한 구도와 프레임으로 사진을 촬영해 보도록 하자. 같은 장소에서 같은 피사체를 촬영한다고 해도 어떻게 찍느냐에 따라 느낌이 많이 달라진다.

나만의 테마를 가지고 촬영하기

여행 사진을 담을 때 특별한 주제를 가지고 같은 느낌의 사진을 많이 찍게 된다
면, 나만의 테마가 있는 유럽 여행 사진을 담을 수 있게 된다. 예를 들어, '유럽
의 하늘'이라는 주제로 도시별로 만나게 되는 전망대 위에서 사진을 담는다든
지, '유럽의 바닥'이라는 주제로 맨홀 뚜껑을 촬영하는 등 자신만의 주제를 가지
고 촬영을 할 수 있다. 혹은 나만의 상징과 같은 아이템을 가지고 다니면서 여행
지에서 인증샷을 담아 보는 것도 좋다.

간혹 인형 같은 것을 가지고 다니면서, 다니는 장소마다 인증샷을 남기는 것도 재미있다. 특히 혼자 여행하는 경우, 내 사진을 담기 어려울 때 나를 대신하는 무언가가 있다면 다양하고 재미있는 여행 사진을 남길 수 있어서 좋다.

필자의 인증 인형 '바람이'

유럽
크리스마스
여행

유럽은 크리스마스를 대부분 가족과 함께 시간을 보낸다. 그렇기 때문에 크리스마스 당일은 거의 대부분의 관광지와 레스토랑, 상점들이 쉬는 경우가 많다. 하지만 크리스마스 전에 열리는 유럽의 크리스마스 마켓은 유럽에서 보내는 크리스마스를 더욱 행복하게 만들어 준다. 크리스마스 시즌에는 아름다운 조명이 더해져 멋진 야경도 만날 수 있기 때문이다. 유럽에서 크리스마스를 제대로 즐기려면 멋진 야경이 있고, 크리스마스 마켓이 유명한 도시를 선택하는 것이 좋다.

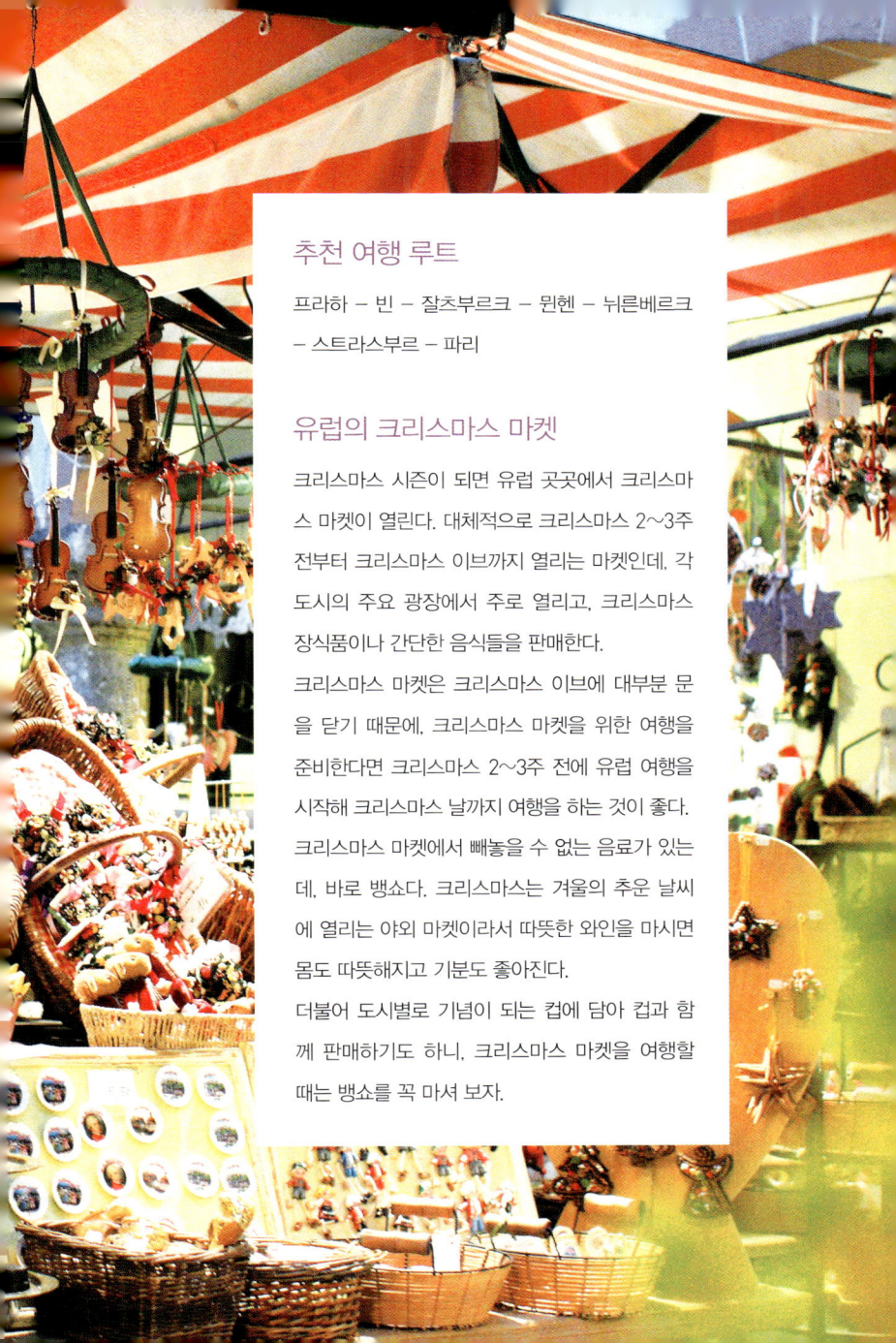

추천 여행 루트

프라하 – 빈 – 잘츠부르크 – 뮌헨 – 뉘른베르크
– 스트라스부르 – 파리

유럽의 크리스마스 마켓

크리스마스 시즌이 되면 유럽 곳곳에서 크리스마
스 마켓이 열린다. 대체적으로 크리스마스 2~3주
전부터 크리스마스 이브까지 열리는 마켓인데, 각
도시의 주요 광장에서 주로 열리고, 크리스마스
장식품이나 간단한 음식들을 판매한다.

크리스마스 마켓은 크리스마스 이브에 대부분 문
을 닫기 때문에, 크리스마스 마켓을 위한 여행을
준비한다면 크리스마스 2~3주 전에 유럽 여행을
시작해 크리스마스 날까지 여행을 하는 것이 좋다.
크리스마스 마켓에서 빼놓을 수 없는 음료가 있는
데, 바로 뱅쇼다. 크리스마스는 겨울의 추운 날씨
에 열리는 야외 마켓이라서 따뜻한 와인을 마시면
몸도 따뜻해지고 기분도 좋아진다.

더불어 도시별로 기념이 되는 컵에 담아 컵과 함
께 판매하기도 하니, 크리스마스 마켓을 여행할
때는 뱅쇼를 꼭 마셔 보자.

01

뉘른
베르크

Nuremberg

독일

유럽에서 크리스마스 여행을 떠날 때 가장 먼저 떠올리는 곳이 바로 독일의 뉘른베르크. 뉘른 베르크의 크리스마스 마켓이 유럽에서 가장 큰 마켓으로 유명하기 때문이다.

뉘른베르크 크리스마스 마켓의 상징은 '크리스 트킨트'인데, 이름이 알려지지 않은 선물 운반인 을 의미하는 말이다. 보통 크리스트킨트는 날 수 있는 흰색 옷을 입은 여인으로 표현된다. 그래서 이 모습을 한 기념품들을 뉘른베르크 크리스마 스 마켓에서 많이 만나게 된다. 또한 오프닝 행

사를 비롯해, 여러 행사에서 크리스트킨트로 분
장한 여인을 만날 수 있다.

유럽 최대 규모의 크리스마스 마켓이 열리고, 볼
거리도 많고 먹거리도 많아서 유럽에서 가장 추
천하는 크리스마스 마켓이 바로 뉘른베르크 크
리스마스 마켓이다. 뉘른베르크는 뮌헨이나 프
랑크푸르트에서 기차로 가깝기 때문에 당일치기
여행도 가능하다.

02

스트라스부르
& 콜마르

Strasbourg
& Colmar

프랑스

뉘른베르크 크리스마스 마켓이 유럽에서 가
장 규모가 큰 마켓이라면, 프랑스의 스트라스
부르와 콜마르는 유럽에서 가장 아름다운 크
리스마스 마켓이 열리는 곳으로 유명하다.
스트라스부르는 파리에서 당일치기로도 충분
히 여행이 가능하기 때문에, 크리스마스 시즌
에 파리를 여행하는 사람들에게 크리스마스
여행지로 인기가 높다.
더불어 콜마르는 스트라스부르에서 다녀올
수 있는 작은 소도시다. 아기자기한 작은 마을
에서 크리스마스 마켓을 즐겨 보자.

03

빈

Wien

오스트리아

오스트리아의 여러 도시에서도 크리스마스 마켓을 만날 수 있다. 특히 오스트리아 수도인 빈의 시청 광장에서 크리스마스 마켓을 만날 수 있다. 시청 광장에서 일년 내내 열리는 다양한 행사 중 큰 규모의 행사 중 하나가 바로 크리스마스 마켓이다. 그리고 시청 광장에서 열리는 크리스마스 마켓이 오스트리아 최대 규모의 크리스마스 마켓이기도 하다.

04

잘츠부르크

Salzburg

오스트리아

잘츠부르크는 도시 곳곳에서 크리스마스 마켓이 열린다. 잘츠부르크 성 안에서도 크리스마스 마켓을 만나게 되고, 중앙 광장에서도 역시 크리스마스 마켓을 만날 수 있다.

대성당 앞 광장에서 열리는 크리스마스 마켓이 잘츠부르크 마켓에서는 가장 큰 규모의 마켓이다. 하지만 잘츠부르크는 골목 골목에서도 크리스마스 마켓을 많이 만나게 되니, 도시 전체가 크리스마스 분위기라고 할 수 있다.

05

인스부르크

Insburg

오스트리아

인스부르크에서도 역시 멋진 크리스마스 마켓을 만나게 되는데, 황금 지붕이 있는 광장에서 열리는 마켓이 인스부르크 크리스마스 마켓의 하이라이트라고 할 수 있다. 규모는 작지만 아기자기하고 매력적인 마켓이다.

인스부르크는 특히 동계 스포츠가 발달한 곳이기 때문에 크리스마스 시즌이면 동계 스포츠를 즐기는 사람들과 크리스마스를 즐기고 싶은 사람들로 붐빈다.

06

프라하

Praha

체코

프라하의 크리스마스 마켓은 크리스마스가 지나도 문을 여는 크리스마스 마켓으로도 유명하다. 유럽 대부분의 크리스마스 마켓이 크리스마스 이브 날 문을 닫는데, 프라하는 1월 1일경까지 크리스마스 마켓을 열기 때문에, 조금 늦은 크리스마스를 만끽할 수 있다.

크리스마스 시즌에 맞춰 휴가를 잡아 크리스마스 여행을 떠났지만, 크리스마스 마켓 여행을 제대로 하지 못한 사람들에게 체코의 프라하를 추천한다.

프라하의 크리스마스 마켓은 구시가지 광장에서 열린다. 다른 도시의 크리스마스 마켓과 같이 먹거리와 더불어 다양한 소품들을 판매한다.

프라하 크리스마스 마켓에서는 따뜻한 와인뿐 아니라 따뜻한 애플주스도 판매하니 한 번 마셔보자. 한겨울의 추위를 녹여줄 것이다.

유럽
기차 여행

유럽으로 장기 배낭 여행을
떠나는 것이 가능한 이유는 유럽 전역에 기차가 잘
연결되어 있기 때문이다. 그래서 기차 여행은 유럽
여행에서 가장 기본이 되고, 가장 많이 이용하는
여행 방법이다. 유럽의 초고속 열차, 혹은 클래식
열차를 타고 멋진 풍경을 바라보는 것은, 평소 기
차 여행을 동경해 온 사람들에게는 가장 로맨틱한
장면이 아닐까 싶다. 영화 〈비포 선 라이즈〉에서처
럼 기차에서 우연히 나의 인연을 만나게 될지도
모른다는 로맨틱한 상상에 빠지게 된다.

유레일 패스란

유럽 기차 여행에 있어서 대부분의 여행객들이 선호하고 있는 열차 패스가 바로 유레일 패스다. 유레일 패스는 정해진 기간이나 정해진 나라에서 자유롭게 쓸 수 있는 열차 패스로, 유레일 패스가 통용되는 전체 유럽, 혹은 원하는 나라만 셀렉트하는 등 다양한 패스가 존재한다. 다만 유효한 구간의 열차 패스를 가지고 있다고 하더라도 간혹 반드시 예약을 해야 하는 열차가 있다면 좌석 예약 티켓을 따로 구매해야 한다. 좌석 예약을 해야 하는 열차와 그렇지 않은 열차를 구분하는 방법은 생각보다 간단하다.

우선, 유레일 타임 테이블을 살펴보는 방법이 있는데, 2014년부터는 유레일 구매 시 타임 테이블 책자가 제공되지 않고, 스마트폰 어플리케이션인 '레일 플래너(Rail Planner)'로 대체되었다. 그래서 유레일로 이용 가능한 열차와 예약해야 하는 열차를 살펴보기 위해서는 스마트폰에 어플을 설치해야 한다. 열차 스케줄과 유레일 패스가 제공하는 혜택 등은 '레일 플래너 어플'을 통해 확인할 수 있다.

유레일 패스를 직접 사용해 보기 전에는 이러한 설명이 굉장히 복잡하게 느껴질 수 있겠지만, 한 번만 경험해 보면 유레일 패스가 얼마나 편리한 기차 패스인지 잘 알게 될 것이다.

01

레일 플래너
어플
사용하기

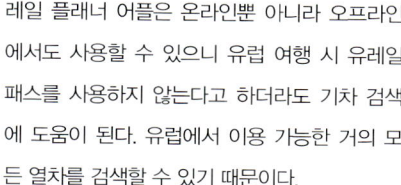

레일 플래너 어플은 온라인뿐 아니라 오프라인에서도 사용할 수 있으니 유럽 여행 시 유레일 패스를 사용하지 않는다고 하더라도 기차 검색에 도움이 된다. 유럽에서 이용 가능한 거의 모든 열차를 검색할 수 있기 때문이다.

먼저 앱스토어에서 '유레일' 또는 '레일 플래너'로 검색하여 어플을 설치한다. 레일 플레너 어플을 실행한 후, Trip Planner 부분에서 From/To(출발지/도착지)를 넣은 후, 출발 시간을 넣어서 열차를 검색해 보자. 검색한 화면에서는 몇 시에 출발해 몇 시에 도착하고, 몇 시간 걸리며, 몇 번 갈아타는지에 대한 정보를 확인할 수 있으며, R 표시 여부에 따라 반드시 예약해야 하는 열차인지 아닌지도 확인할 수 있다.

02

유레일 패스
좌석
예약하기

기차역 티켓 판매소에서 유레일 패스를 보여 주고, 가고자 하는 구간을 말하거나 혹은 글로 적어 보여준 후, 언제 출발할지를 알려 주면 좌석 예약을 도와준다.

좌석을 예약하는 경우는 좌석 예약비가 추가로 필요하며, 이 비용은 유레일 패스 홈페이지 등을 통해 확인할 수 있다.

홈페이지 kr.eurail.com

유레일 패스 종류와 가격

유레일 패스는 정해진 기간 동안 연속으로 사용할 수 있는 연속 패스와 정해진 기간 동안 정해진 날수만큼 사용할 수 있는 패스가 있으며, 정해진 국가에서 정해진 날수만큼 사용할 수 있는 패스, 그리고 나라별로 사용 가능한 패스 등 다양한 종류가 있다.

01

유레일 글로벌 패스

Eurail Global Pass

유레일 패스로 이용할 수 있는 유럽의 24개국을 정해진 기간 동안 자유롭게 이용할 수 있는 연속 패스다. 주로 짧은 기간 동안 많은 나라를 여행하거나 도시별로 머무는 시간이 짧고 이동이 많은 사람들이 주로 이용한다.

유레일 연속 패스 가격

기간	성인 (1등석)	세이버 (1등석)	어린이 (1등석)	유스 (1등석)
15일	567	482	243	369
21일	731	622	312	476

1개월	899	765	384	586
2개월	1,268	1,078	541	825
3개월	1,564	1,330	667	1,018

단위는 유로(1유로 = 약 1,500원)

02

유레일 플렉시 패스

Eurail Flexi Pass

유레일 패스로 이용할 수 있는 유럽 24개국에서 자유롭게 열차 이용이 가능하지만, 글로벌 패스와 달리 지정된 기간 내에 지정된 날수만큼만 사용 가능한 패스다.

유레일 연속 패스가 짧은 기간 동안 열차를 자주 이용하는 사람들이 이용하는 패스라면, 플렉시 패스는 유럽 여행 기간이 대체적으로 길며, 도시별로 머무는 시간이 많아서 연속적으로 열차를 이용하지 않는 사람에게 적합하다.

유레일 플렉시 패스 가격

기간	성인 (1등석)	세이버 (1등석)	어린이 (1등석)	유스 (2등석)
10일 (2개월 내)	668	568	286	435
15일 (2개월 내)	876	745	374	571

단위는 유로(1유로 = 약 1,500원)

03

유레일
셀렉트
패스

Eurail Select Pass

유럽 23개국 중 인접해 있는 국가를 선택하여 정해진 기간 동안 열차를 자유롭게 이용할 수 있는 패스다. 프랑스는 셀렉트 패스로 이용이 불가능하기 때문에 프랑스 여행을 원한다면 글로벌 패스나 프랑스 1개국 패스를 이용해야 한다.

여행 국가별 선택 가능한 인접 국가들

오스트리아 : 크로아티아/슬로베니아, 독일, 헝가리, 이탈리아, 스위스, 체코

베네룩스 : 독일, 아일랜드

불가리아/몬테네그로/세르비아 : 크로아티아/슬로베니아, 그리스, 헝가리, 루마니아

크로아티아/슬로베니아 : 오스트리아, 불가리아/몬테네그로/세르비아, 헝가리, 이탈리아

체코 : 오스트리아, 독일

덴마크 : 독일, 노르웨이, 스웨덴

핀란드 : 독일, 스웨덴

독일 : 오스트리아, 베네룩스, 체코, 덴마크, 핀란드, 스웨덴, 스위스

그리스 : 불가리아/몬테네그로/세르비아, 이탈리아

헝가리 : 오스트리아, 불가리아/몬테네그로/세르비아, 크로아티아/슬로베니아, 루마니아

아일랜드 : 베네룩스

이탈리아 : 오스트리아, 크로아티아/슬로베니아, 그리스, 스페인, 스위스

노르웨이 : 덴마크, 스웨덴

포르투갈 : 스페인

루마니아 : 불가리아/몬테네그로/세르비아, 헝가리

스페인 : 이탈리아, 포르투갈

스웨덴 : 덴마크, 핀란드, 독일, 노르웨이

스위스 : 오스트리아, 독일, 이탈리아

터키 : 불가리아, 그리스

유레일 셀렉트 패스 종류

인접한 국가를 선택해서 사용 가능한 셀렉트 패스는 3개국 셀렉트 패스, 4개국 셀렉트 패스, 5개국 셀렉트 패스가 있으며 각각 지정된 날짜 만큼 열차를 자유롭게 이용할 수 있다.

유레일 셀렉트 패스 가격

유레일 3개국 셀렉트 패스

기간	성인 (1등석)	세이버 (1등석)	어린이 (1등석)	유스 (2등석)
5일 (2개월 내)	359	305	154	234
6일 (2개월 내)	396	337	170	258
8일 (2개월 내)	468	398	200	305
10일 (2개월 내)	542	462	232	354

유레일 4개국 셀렉트 패스

기간	성인 (1등석)	세이버 (1등석)	어린이 (1등석)	유스 (2등석)
5일 (2개월 내)	400	341	172	262
6일 (2개월 내)	438	373	188	286
8일 (2개월 내)	510	434	219	332
10일 (2개월 내)	583	496	250	380

유레일 5개국 셀렉트 패스

기간	성인 (1등석)	세이버 (1등석)	어린이 (1등석)	유스 (2등석)
5일 (2개월 내)	441	375	189	288
6일 (2개월 내)	478	407	205	312
8일 (2개월 내)	552	469	236	360
10일 (2개월 내)	623	530	266	406
15일 (2개월 내)	789	671	337	514

단위는 유로(1유로 = 약 1,500원)

유레일 패스 사용 방법

유레일 패스를 구입한 후, 사용하기 전까지는 아무것도 기재되어 있지 않은 패스 그대로 유럽에 가지고 가야 한다. 패스는 처음 사용하기전에 패스가 유효한 기차역에서 개시를 해야 하는데, 개시를 할 때 아무것도 적혀 있지 않은 유레일 패스와 여권을 보여 주면, 철도 역무원이 유레일 패스에 내용을 기재한 후, 개시 도장을 찍어 유레일 패스를유효하게 만들어 준다. 이렇게 역무원이 개시해 준 유레일 패스는 이후 어떠한 일이 있더라도 본인이 수정하면 그 순간 패스는 유효하지않게 되며, 패스도 빼앗기게 되니 반드시 주의하자.

연속으로 사용하는 패스와 달리 셀렉트 패스는 이용하는 날짜에 본인이 탑승 전에 날짜를 직접 기재해야 하는데, 이 날짜 역시 한번 기재한 후, 잘못 기재했다고 해도 수정하면 절대로 안 되니 주의한다.

이렇게 개시된 유레일 패스(셀렉트 패스라면 날짜가 기재된)를 가지고 열차를 이용하게 되는데, 만약 이용하려는 열차가 좌석을 반드시

예약해야 하는 열차라면, 유레일 패스 이외에 좌석을 예약한 열차 티켓을 별도로 구매해야 한다. 예약이 필수인 열차를 확인하는 방법은 레일 플래너 어플의 R 표시 여부를 확인하면 된다. R 표시가 적혀 있는 열차라면 반드시 좌석 예약표를 가지고 탑승해야 한다. 잘 모르겠다고 생각되면, 탑승 전에 역무원에게 반드시 좌석을 예약해야 하는 열차인지를 확인하도록 하자.

열차를 이용할 때는, 유레일 패스와 함께 붙어 있는 Journey Details 란(스위스 패스는 Journey Details란이 없으므로 기입하지 않아도 됨)에 열차 정보도 함께 기입한다. 간혹 열차 정보를 기입하지 않고 탑승했을 경우 무임 승차로 간주해 버리는 승무원도 있으니 반드시 주의하자.

스위스 기차 여행

기차 여행의 하이라이트는 바로 스위스다. 스위스는 여러 특급 열차들이 각 도시들을 연결하고 있고, 기차와 더불어 유람선, 등산 철도, 로프웨이와 같은 다양한 스타일의 교통수단을 함께 즐길 수 있어서 더 매력적이다.

스위스에는 파노라마 열차 노선이 대표적으로, 일곱 개의 라인이 있다. 골든 패스 라인, 빙하 특급, 초콜릿 트레인, 메르니나 익스프레스, 몽블랑 익스프레스, 첸토발리 철도, 윌리엄텔 익스프레스다. 이 중에서 스위스를 여행하는 사람들이 가장 많이 이용하는 열차는 골든 패스 라인과 빙하 특급이다. 이유는 그 두 개의 라인이 대표적인 스위스 관광 도시들을 연결해 주고 있기 때문이다.

골든 패스 라인 루체른~몽트뢰
초콜릿 트레인 브록~몽트뢰
베르니나 익스프레스 쿠어~루가노
윌리엄텔 익스프레스 루체른~로카르노/루가노

빙하 특급 체르마트~생모리츠
몽블랑 익스프레스 마티니~샤모니
첸토발리 철도 로카르노~도모도쏠라

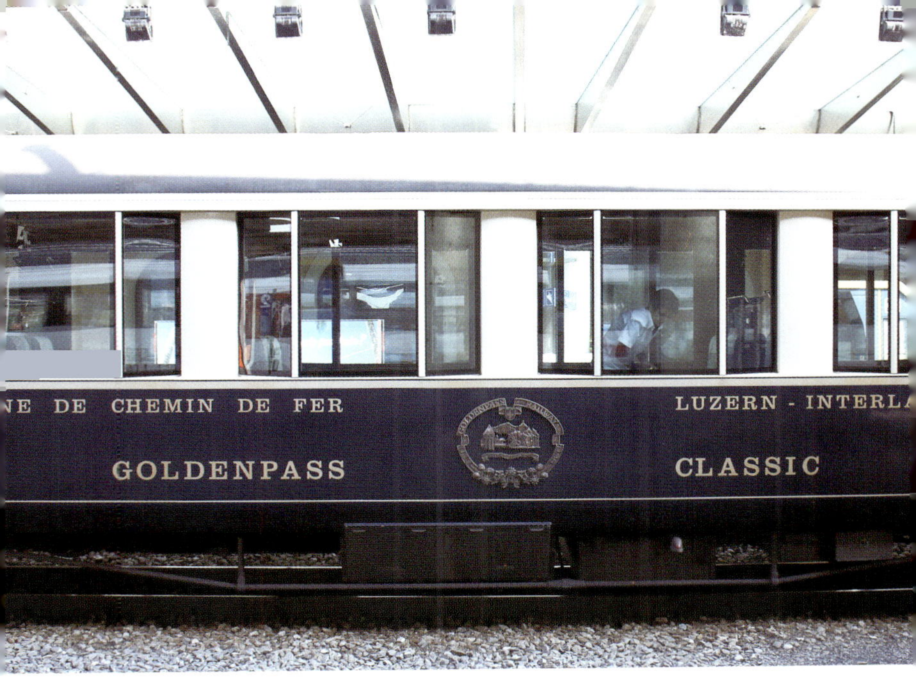

NE DE CHEMIN DE FER
LUZERN - INTERLA
GOLDENPASS
CLASSIC

01

골든 패스 라인

Golden Pass Line

GOLDEN PASS
PANORAMIC

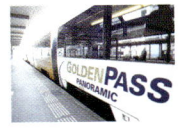

골든 패스 라인은 하나의 노선이 아니라, 루체인~인터라켄, 인터라켄~츠바이지멘, 츠바이지멘~몽트뢰를 연결해 주는 3개의 기차 노선을 말한다. 만약 3개의 노선을 갈아타기만 해서 그대로 이동하면 편도 약 5시간이 소요된다. 하지만 시간적 여유를 가지고 느긋하게 여행을 하는 것이 가장 좋다.

루체른~인터라켄 구간은 브리엔츠 호수를 지나가기 때문에 호수의 평화로운 모습을 보며 느긋한 기차 여행을 즐길 수 있으며, 인터라켄~츠바이지멘 구간은 계곡과 숲을 지나가서 격동적

이면서도 평화로운 스위스의 전원 풍경을 만나게 되고, 츠바이지멘 ~몽트뢰 구간은 레만 호수와 포도밭 등을 지나가서 호수와 전원 풍경의 평화로움을 느낄 수 있다.

비슷해 보이지만 세 구간이 각기 다른 매력이 넘치기 때문에 절대 지루하지 않은 기차 여행이 될 것이다. 하지만 만약 시간적 여유가 없는 여행자라면, 적어도 몽트뢰~츠바이지멘 구간만이라도 반드시 탑승해 보자. 특히 이 구간은 1930년대식 풀먼 스타일의 기차인 골든 패스 클래식 열차가 운행된다.

이 열차는 유레일 패스나 스위스 패스가 있으면 무료로 탑승이 가능하지만, 성수기에는 좌석을 미리 예약해야 할 정도로 인기가 높다.

홈페이지 www.goldenpass.ch

02

빙하 특급
Glacier Express

골든 패스 라인에 이어 인기가 높은 파노라마 열차 노선은 빙하 특급이다.

빙하 특급은 체르마트부터 브릭을 지나 생모리츠까지 연결되는 열차로, 무려 7시간 30분에 걸쳐 열차가 이동한다. 빙하 특급을 이용하고 싶다면, 유레일 패스나 스위스 패스가 있어도 반드시 예약을 해야 한다.

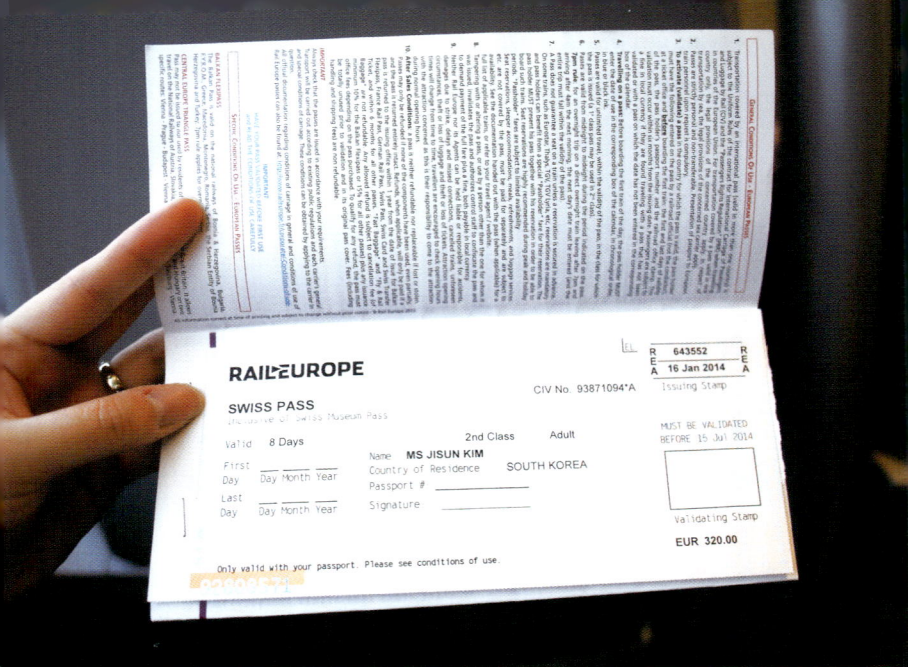

03

스위스
패스

Swiss Pass

만약 유럽 기차 여행을 스위스만 하고 싶다고 한다면, 유럽 여러 나라를 통합하는 유레일 패스를 구입하는 것보다 스위스 패스를 구입하는 것이 훨씬 유리하다. 예를 들어, 융프라요흐 전망대에 오르려면 유레일 패스는 특별 할인을 받아도 135프랑인데, 스위스 패스는 120프랑에 다녀올 수 있는 등 혜택이 훨씬 많다.

특히 만 26세 이상이 되어서 유레일 패스를 일등석으로만 구매해야 하는 사람들에게 스위스 패스는 2등석 요금으로 구입할 수 있기 때문에 훨씬 저렴하게 이용할 수 있다.

✛ Plus Tip 스위스 패스 4일권을 활용한 스위스 여행 추천 루트

1일 취리히 → 루체른 → 리기 산 → 루체른 숙박

2일 루체른 → 인터라켄 → 쉴트호른 전망대 → 뮈렌 → 인터라켄 숙박
(추가 요금 : 쉴트호른 케이블카 왕복 38.50프랑)

3일 인터라켄 → 융프라요흐 전망대 → 인터라켄 → 체르마트 숙박
(추가 요금 : 융프라요흐 등산 열차 왕복 120프랑)

4일 체르마트 → 고르너그라트 전망대 → 체르마트 → 쥬네브 숙박
(추가 요금 : 고르너그라트 등산 열차 왕복 37프랑)

✛ Plus Tip 스위스 패스 8일권을 활용한 스위스 여행 추천 루트

만약 스위스 패스 4일권이 아닌 8일권으로 여행을 하게 된다면, 큰 이동은 취리히 → 루체른 → 인터라켄 → 체르마트 → 주네브 순으로 하되, 머무는 숙박 일수를 조금씩 늘려서 근교 도시 혹은 전망대를 추가해서 다녀오면 된다.

예를 들어, 취리히 1박을 더 늘려서 취리히에서 스위스 패스를 이용해 가볍게 다녀올 수 있는 라인 폭포 지역을 추가한다든지, 루체른에서 1박을 더 늘려서 리기 산 이외에 필라투스 산도 오른다든지, 인터라켄에서도 1박을 늘려 피르스트 전망대에 다녀온다든지, 혹은 베른이나 바젤과 같은 도시를 중간에 추가해서 일정을 잡는 것도 좋다.

Theme 19

유럽
자동차 여행

유럽 여행은 보통 기차 여행으로 떠나는데,
최근에는 자동차 여행도 인기가 높다. 자동차로
여행을 하게 되면, 기차 여행에 비해 조금 더 다
양한 지역을 여행할 수 있다는 장점이 있다. 특
히 3인 이상이 함께 여행을 할 때는, 기차 여행
에 비해 여행 경비를 절약하는 효과도 볼 수 있
으며, 아이가 있는 가족 여행이라면 더더욱
자동차 여행이 매력적이다.

유럽은 여러 나라가 있는 대륙이지만, 나라별로 이동할 때 특별한 제약이 없다. 국경이 정해져 있긴 하지만, 실제로는 국경이 없는 듯 여행을 하게 된다. 그래서 유럽 자동차 여행은 더욱 매력적이다. 또한 대중교통을 이용한 여행에서 제약이 많았던 작은 소도시들을 쉽게 여행할 수 있다는 것이 자동차 여행의 가장 큰 장점이기도 하다. 게다가 캠핑을 좋아하는 사람이라면, 자동차로 여행하면서 캠핑장을 이용하는 등 아웃도어 여행도 함께 즐길 수 있다는 것이 큰 매력이다. 게다가 그만큼 숙박비도 절약할 수 있다.

유럽 자동차 여행은 흔히 렌터카를 이용한 여행과 리스카를 이용한 여행으로 구분이 되는데 단기 여행이라면 렌터카 여행을, 장기 여행이라면 리스카를 이용한 여행이 가능하다. 단, 리스는 프랑스에서만 가능하기 때문에 리스 자동차로 장기 자동차 여행을 원한다면 프랑스에서 출도착하는 것이 좋다.

자동차 여행 준비하기

한국에서 운전면허가 있고 운전 경험이 풍부하다고 해도, 유럽에서 자동차를 운전하는 것은 환경이 다르기 때문에 쉽지만은 않다. 그렇기 때문에 무작정 자동차 여행을 떠나기보다는, 여행을 떠나기 전 미리 유럽의 자동차 운전 환경이 어떻게 다른지 살펴보는 것이 좋다. 자동차 여행에서 무엇보다 중요한 것은 안전이기 때문이다.

01

국제 운전 면허증 준비하기

유럽에서 운전할 때 가장 필요한 것은 바로 국제 운전면허증이다. 국제 운전 면허증은 운전면허 시험장이나 경찰서 민원실 등에서 발급 받을 수 있는데, 여권과 운전면허증, 증명 사진(반명함판 혹은 여권 사진) 1장, 수수료 7,000원을 준비하면 된다.

발급 시간은 약 30분 정도 소요되기 때문에, 어렵지 않게 발급 받을 수 있고, 국제 운전면허는 발급일로부터 1년간 유효 기간을 갖는다. 또한 유럽에서 운전할 때는 여권과 운전면허증, 국제 운전면허증을 모두 지니고 있어야 한다.

02
네비게이션
준비하기

자동차 여행을 할 때, 가장 중요한 것은 네비게이션이다. 차를 렌트할 때 네비게이션이 포함되어 있는 차량인지 반드시 확인하는 것이 좋으며, 유럽 전역에서 사용할 수 있는 것인지도 확인하자. 만약 네비게이션이 없는 자동차를 대여 받게 되었다면, 유럽 현지에서 또는 한국에서 중고 네비게이션을 구매한 후 가져가는 것이 좋다. 유럽에서 사용하는 네비게이션은 대부분 탐탐과 가민이 있으니 참고하자.

스마트폰 로밍 데이터를 사용한다면, 스마트폰을 이용한 네비게이션을 활용해도 좋다.

자동차 렌트하기

유럽 자동차 여행을 준비할 때 가장 먼저 해야 할 것이 자동차를 렌트하는 것이다. 원하는 자동차를 렌트하려면 시간적 여유를 갖고 미리 예약을 해야 하기 때문에, 자동차 여행은 되도록 미리 예약을 하고 여유롭게 준비를 하는 것이 좋다. 17일이 안 되는 단기 여행에서는 일반 자동차 렌트가, 17일 이상의 장기 여행에서는 리스 자동차가 더 저렴하다.

01

리스
자동차

유럽 자동차 여행에서의 가장 매력적인 자동차 렌탈이 바로 리스 자동차다. 리스 자동차는 그 해에 출시된 최신 모델만을 이용하며, 새 자동차를 픽업 받아 운전할 수 있기 때문에, 중고차로 운전하는 일반 렌트 자동차 여행보다 훨씬 좋다. 최신형 자동차이기 때문에 연비에서도 더 유리하고, 엔진 상태도 최상이기 때문에 쾌적한 드라이브를 즐길 수 있다. 리스 자동차로는 씨트로엥, 푸조 등의 자동차를 이용하게 된다.

씨트로엥 리스 www.europass-citroen.com
푸조 리스 www.eurocar.giveu.net

02

렌트
자동차

짧은 자동차 여행이거나, 프랑스를 중심으로 한 리스 자동차 여행보다 조금 멀리 있는 나라들을 여행하게 된다면, 자동차 렌트를 이용하는 것이 좋다.

자동차 렌트를 할 수 있는 회사로는 Hertz, Sixt, Avis, Europcar 등의 회사가 있으며, 아래 사이트에서 예약을 할 경우 조금 더 편리하고 저렴하게 예약이 가능하다.

드라이브트래블 cafe.naver.com/drivetravel
(Hertz, Sixt, 리스자동차 등)
rentalcars.com www.rentalcars.com

프랑스 남부
프로방스 소도시들

유럽 자동차 여행을 매력적으로 만들어 주는 것 중 하나가 바로 대중교통으로는 어려운 작은 소도시를 찾아가는 것이다. 작은 소도시들 중에는 특히 아름다운 곳들이 많아 자동차 여행이 더욱 매력적이다. 프랑스에서는 Les Plus Beaux Villages de France라고 해서 아름다운 마을들을 선정해 소개하고 있는데, 이런 아름다운 마을을 찾아 여행을 떠나 보자. 유럽 자동차 여행에서는 특히 남부 프로방스 지역을 아름다운 드라이브 코스로 손꼽는데, 남부 프로방스 지역과 더불어 프랑스에서 가장 아름다운 도시들이 더해지면 최고의 드라이브 코스가 만들어진다.

프랑스의 아름다운 마을 선정 www.les-plus-beaux-villages-de-france.org/fr

01

고르드

Gordes

고르드는 프랑스 남부 아비뇽에서 38km 떨어져 있는 마을로, 언덕의 꼭대기에 고성이 있고 그 아래 능선을 따라 돌로 쌓아 만든 집들이 옹기종기 모여 있다. 프랑스 남부의 아름다운 소도시 중 가장 유명한 곳이 바로 고르드다.

언덕 위로 가득한 마을의 모습을 바라보면, 프로방스의 하이라이트가 왜 고르드인지 실감하게 된다. 고르드는 한적하면서도 아름다운 도시 내부를 걸어다니는 것도 좋지만, 도시 외곽을 둘러보며 먼 발치에서 도시를 바라보는 모습이 더욱 매력적이다.

02

브나스크

Venasque

브나스크 마을은 12개의 성곽으로 둘러싸여 있는 마을로, 높은 언덕에 위치하고 있어 예전에는 전략상 요충지였다고 한다. 아름다운 프랑스 남부 지역의 작은 골목들이 더해진 마을로, 마을 중심에는 노트르담 성당이 있어 오래된 마을의 역사를 보여 준다.

브나스크는 이 지역의 다른 마을보다 특히 오래된 마을로 더 알려져 있다. 오래된 성곽과 골목, 계단 등을 둘러보다 보면 프로방스의 오래된 풍경에 사로잡히게 된다.

03

루씨용
Roussillon

붉은 황토와 와인 산지로 유명한 루씨용도 남부 프로방스 지역의 아름다운 마을 중 한 곳이다. 이 마을은 붉은 절벽과 붉은 황토로 만든 집들이 어우러져 어느 곳을 찍든 작품 사진이 나올 정도로 아름답다. 해질녘이면 황토빛 토양은 붉은빛으로 물들어 더욱 묘한 느낌을 준다.

황토빛 토양 덕분인지는 몰라도, 루씨용은 이 부근에 있는 다른 마을들과는 다른 매력이 넘친다. 마을 내부에서 마을을 바라보는 것도 좋고, 마을에서 마을 바깥 풍경을 바라보는 것도 아름답다.

04

레보드
프로방스

Les Baux-de-
Provence

프로방스 지역의 하이라이트라고 할 수 있는 도
시로 레보드 프로방스를 빼놓을 수 없다. 이 마
을은 알필 산맥에 위치하고 있어 산과 마을의 경
관이 매우 아름답다. 마치 바위산 위에 있는 것
같은 마을의 가장 높은 곳에는 성이 있어서 성에
서 내려다보는 마을 풍경도 아름답다.

마을 자체는 굉장히 작아서 30분이면 다 둘러볼
수 있지만, 마을 꼭대기에 있는 성을 둘러보는
데만 한 시간 이상 걸려 다른 소도시보다는 조금
더 여유롭게 시간을 잡고 여행하는 것이 좋다.

유럽
도보 여행

유럽 여행의 또 하나의 즐거움, 도보 여행!
유럽에는 도보 여행을 위한 다양한 코스가 마련
되어 있어, 도보 여행만을 위한 여행을 계획하지
않았다고 해도 중간중간 도보 여행을 곁들일 수
있어 유럽의 매력을 더욱 가까이에서 느낄 수 있
다. 가장 대표적인 유럽의 트레킹 여행지로는 스
페인의 산티아고 순례길을 손꼽을 수 있지만, 가
벼운 마음으로 트레킹을 잠시 체험해 보는 것으
로는 이탈리아의 친퀘테레를 걸어 보는 것도 추
천한다. 이 외에 산악 트레킹을 좋아한다면,
알프스 산 트레킹에도 도전해 보자.

유럽 도보 여행을 위한 준비

조금 걷든 많이 걷든 도보 여행을 위해서는 준비가 필요하다. 걷기 전, 걷고 난 후에 반드시 스트레칭을 해서 몸을 풀어 주는 것도 중요하다. 걷는 중간 중간 발에 물집이 생기지 않도록 발이 건조하거나 습기가 많지 않게 적절한 습도를 유지해 주는 것이 좋다.

평소에 많은 길을 걸어 봤다고 해도, 트레킹에서 자만은 금물이다. 적절한 속도와 호흡이 중요하며, 수분 보충도 필요하다. 특히 늘 겸손한 마음을 가지고 걷는 것이 좋다. 누군가 함께 걷는다면, 상대방과 속도를 맞춰 걷는 방법을 익히고, 장기간 걸어야 할 때면 자신의 페이스에서 너무 벗어나지 않는 보폭을 유지하는 것이 장기적으로 유리하다.

신발을 선택할 때는 아무리 좋은 트레킹화라도 새로 사서 가져가는

것은 좋지 않으며, 적어도 한 달 이상은 신어서 내 발에 잘 맞는 상태가 된 신발이라야 한다. 또한 신발은 발 사이즈에 맞게 구매하는 것이 좋은데, 두툼한 트레킹용 양말을 착용하는 것이 좋으므로, 양말을 신는 것까지 고려해서 신발을 선택해야 한다.

만약 발에 물집이 잘 생기는 사람이라면, 두툼한 양말을 신기 전에 스타킹이나 얇은 양말을 하나 더 겹쳐 신는 것이 좋다.

✚ Plus Tip 물집에 좋은 밴드 챙기기

발에 물집이 생길 것을 대비해 미리 물집에 좋은 밴드를 구매해 둘 것을 권한다. 많이 걸어 본 사람이라도 늘 크고 작은 상처에 대비하는 것이 좋으므로, 도보를 시작하기 전에 미리 약국에서 필요한 용품들을 챙겨 놓자.

01

친퀘테레

Cinque Terre
이탈리아

'친퀘테레'는 이탈리아어로 '5개의 마을'이라는 뜻으로, 이탈리아 북서부 라구리아 주에 위치하는 라스페치아 지역의 해안 마을이다. 친퀘테레는 유네스코에서 지정한 세계문화유산으로, 한국인들이 가장 살고 싶어 하는 곳으로 뽑히기도 했다.

아름다운 5개의 마을을 천천히 걸으며, 지중해와 자연을 느껴 보는 것은 유럽 여행에서만 느낄 수 있는 최고의 선물이 될 것이다. 친퀘테레의 다섯 마을은 각각 리오마지오레(Riomaggiore), 마나롤라(Manarola), 코니글리아(Corniglia), 베르

피렌체에서 가는 방법
피렌체에서 피사까지 이동
후, la spezia centrale 역
에서 친퀘테레행 열차로 갈
아타면 된다.
혹은 피렌체에서 라스페치
아까지 한 번에 이동할 수
있는 열차도 있으니 시간표
에 따라 움직이자.

밀라노에서 가는 방법
기차가 밀라노에서 제노바
를 거쳐, 몬테로소 혹은 라
스페치아까지 한 번에 연결
된다.

나차(Vernazza), 몬테로소 알 마레(Monterosso al Mare)로, 10여km의 바다 절벽을 따라 도보 길이 마련되어 있다. 물론 걷지 않고 기차를 타고 돌아보는 것도 충분히 매력적이다.

혼자 걸어도 좋고, 함께 걸어도 좋고, 걷지 않아도 좋다. 게다가 피렌체나 밀라노에서 당일치기 여행으로 쉽게 다녀올 수 있는 곳이기에, 간단하게 유럽의 트레킹을 체험해 볼 수 있다.

친퀘테레 여행은 지중해를 바라보며 산책하듯 걸으며 여유를 만끽하는 것이다. 하지만 비수기인 겨울에는 대부분의 트레킹 코스가 닫혀 있는 경

우가 많으므로, 트레킹을 하려고 한다면 늦봄에서 초가을 시즌에 해야 한다.

다섯 마을은 모두 각각의 아름다움이 있지만, 바닷가를 겸하고 있고, 절벽 위에 집이 있고, 포도밭이 있다는 것은 거의 동일하다. 다섯 마을을 모두 걸어 보지 않고 한두 마을만 걸어서 이동하는 것도 좋다. 다섯 마을을 모두 도보로 이동한다면 5~6시간 정도 소요된다.

친퀘테레 여행 방법

기차 이용 : 라스페치아 역 혹은 친퀘테레 어느 역에서든 친퀘테레 패스를 구입할 수 있다. 티켓은 창구에서 구입할 수 있으며, 친퀘테레 패스가 있다면 유효한 시간 동안 자유롭게 친퀘테레 구간 열차에 무제한 탑승이 가능하다.

기차를 이용할 때는 열차 시간이 자유롭지 않기 때문에, 열차 시간표를 받아서 반드시 열차 시간에 맞춰서 여행을 하는 것이 좋다. 각 마을에서 아무것도 하지 않고 그냥 둘러만 보는 데는 30분이면 충분하다.

트레킹 : 트레킹을 하고 싶다면, 첫 번째 마을인 리오마지오레에서 몬테로소까지는 약 9km로 총 5~6시간 정도 소요된다. 바다길이 이어지기 때문에, 아름다운 지중해변을 따라 걸을 수 있다는 장점이 있고, 걷는 중간 중간에 다섯 마을을 만나게 되어 지루하지 않다.
다만 계절에 따라서, 혹은 공사중으로 인해 트레킹 코스가 막혀 있을 수 있으니, 트레킹을 준비한다면 인포메이션에서 트레킹이 가능한지 여부를 문의한 후 시작하자.

02

알프스 산 트레킹

Alps trekking

스위스

유럽의 중남부에 위치하고 있는 알프스는 프랑스, 스위스, 오스트리아, 이탈리아 등 여러 나라에 걸쳐 있는 광활한 산이다. 그래서 알프스에 오를 수 있는 곳도 여러 나라에 있으며 더불어 알프스 산맥을 넘어 나라와 나라 간의 이동도 가능하다. 알프스 산은 높은 것에 비해 바위산으로 이루어진 산이 아니라서 가볍게 트레킹이 가능하다. 등산이라는 말보다 트레킹이라는 표현이 더 어울리는 곳이다. 물론 경우에 따라서 초급, 중급, 고급 코스로 나뉘지만, 어느 곳이든 가볍게 트레킹할 수 있는 코스는 있다. 그래서 무거운 등산화보다

는 가벼운 트레킹화만으로 충분하다. 다만, 스틱
은 반드시 준비할 것을 추천한다. 또한 알프스는
높은 산이라 여름이라도 산 위는 날씨가 쌀쌀하
니, 보온이 되는 재킷을 챙기는 것이 좋다.

고산병에 대비해 물을 많이 마시고, 음식은 되도
록 적게 먹고 걷는 것이 좋다. 특히 걷고 난 후에
는 바로 음식을 섭취하는 것보다 약간의 휴식을
취한 후 음식을 먹는 것이 좋다.

겨울에도 알프스 트레킹은 가능하다. 다만 겨울
트레킹을 생각한다면 날씨 변화를 확인하고 겨울
용 장비를 미리 준비하는 것이 좋다.

피르스트(First) → 바흐알흐제(Bachalpsee)

추천할 수 있는 알프스 트레킹 코스로는 초보자들도 쉽게 걸을 수 있는 피르스트 지역이 있다. 피르스트까지 케이블카로 올라간 후, 바흐알흐제 호수까지 왕복 2시간 정도 걸어 보는 것도 좋고, 시간적 여유가 된다면 천천히 걸어 내려오는 것도 괜찮다.

멘리헨(Männlichen) → 클라이네 샤이데크(kleine Scheidegg)

또 추천할 수 있는 알프스 트레킹 코스로는 그린덴발트의 멘리헨 전망대부터 클라이네 샤이데크 전망대까지 걸어 보는 것이다. 이 구간 역시 산책에 가까워 여행자들도 무리 없이 걸을 수 있다. 그린덴발트에서 멘리헨 전망대까지는 WAB 등산 열차와 GGM 로프웨이를 이용해 갈 수 있다. 이곳부터 클라이네 샤이데크 전망대까지는 도보로 약 2시간 정도 소요된다.

03

산티아고
순례길

Camino de
Santiago

스페인

'산티아고'는 스페인어로 '성 야고보'를 의미하는 말이다. 그 말에서 알 수 있듯이 산티아고 순례길은 예수님의 열두 제자 중 한 명인 성 야고보의 발자취를 따라 걷고, 야고보의 무덤이 있는 곳까지 걸어가는 긴 순례길을 의미한다.

보통 산티아고 순례길 하면 생 장 피데포르에서 시작해 산티아고 데 콤포스텔라까지의 약 800km의 길만 생각하는데, 사실 많은 유럽 도시에 성 야고보의 무덤이 있는 산티아고 데 콤포스텔라까지 걸어가는 길들이 있다. 유럽인들은 자기 집 문앞을 나서면서부터 산티아고 순례길이 시작되기 때문이다.

어디를 어떻게 걷든 산티아고 순례길은 모두 하나의 목적지를 향해 걷는다. 그 누구도 뒤돌아보지 않고, 되돌아가지 않으며, 같은 길을 향해 자신이 정한 목표를 가지고, 자신만의 속도로 걷는다. 얼마를 걸었든, 얼마 동안 걸었든 중요하지 않다. 그저 같은 길을 걷고 하나의 목적지를 향해 걷는 것 외에는 생각하지 않는다. 그래서 도보 여행을 하고 싶다면, 우선적으로 산티아고 순례길을 걸어 볼 것을 추천한다.

산티아고 순례길의 가리비 문양

야고보 성인이 숨을 거둔 후, 그의 시신이 바닷가 마을인 피스테라 지역
에서 발견되었는데, 발견 당시 가리비를 몸에 감은 채 발견되었기 때문
에, 가리비는 야고보 성인을 의미하는 것이 되었다.

그래서 순례객들은 저마다 순례객이라는 표시로 가리비 모양을 하나씩
달고 걷는다. 그리고 산티아고 순례길에는 이 길이 순례길이라는 것을
알려 주기 위해 가리비 문양으로 방향을 표시해 놓았다.

가리비가 야고보 성인만을 의미하는 것은 아니다. 가리비의 모양을 잘
보면, 하나의 점을 향해 많은 줄무늬가 뻗어 있는데, 이처럼 산티아고 데
콤포스텔라로 향하는 여러 길을 의미하고 있기도 하다. 여러 길이 모여
하나가 되는 곳, 바로 산티아고 데 콤포스텔라를 말한다.

산티아고 순례자 여권

산티아고 순례길을 걷기 시작하면, 어느 도시에서 시작을 하든지 순례자 여권(크레덴시알)을 만들게 된다. 순례자 여권은 기념품 가게, 혹은 근처 상점, 혹은 카페나 호텔 등에서 쉽게 만들 수 있다. 순례자 여권을 가지고 거쳐 가는 모든 카페나 호텔, 그리고 기념품 가게 등에서 도장을 찍을 수 있다. 차로 다닐 수 없는 작은 가게들에서 받은 도장으로 각 순례객들이 순례길을 따라 걸어온 것을 증명할 수 있기 때문이다. 그래야 마지막 도시인 산티아고 데 콤포스텔라에서 순례길 수료증을 받을 수 있다.

순례길 수료증을 받는 조건은 산티아고 순례길을 최소 100km 이상 걸었거나, 200km 이상 자전거로 여행을 한 경우에 해당한다. 만약 수료증을 받을 수 있는 최소한의 거리만을 걷고 싶다면, 사리아에서 시작해서 약 5일 정도 걸어서 산티아고 순례길에 도착하는 루트를 잡으면 된다.

알베르게

산티아고 순례길을 걷다 보면, 자주 이용하게 되는 숙소가 바로 알베르게라고 불리는 순례자 쉼터다. 알베르게는 순례자 여권을 가지고 있다면 이용할 수 있는 곳인데, 순례자의 길을 걷는 동안 숙박비를 저렴하게 이용할 수 있어서 순례객들을 위한 숙소로 인기가 높다.

알베르게는 공립과 사립으로 나뉘는데, 시설이 크게 차이가 나지는 않지만, 가격에서는 차이가 있다. 공립 알베르게는 5유로부터 사립 알베르게는 평균적으로 10유로선에 숙박을 할 수 있다.

알베르게 특성상 미리 예약을 할 수 없으므로, 도착하는 순서에 따라 숙박 여부가 결정된다. 성수기가 아니라면 공립 알베르게에 쉽게 숙박이 가능하지만, 성수기에는 공립이 빨리 차는 편이라 사립 알베르게를 이용해야 하는 경우가 많다.

산티아고 데 콤포스텔라

산티아고 순례길의 마지막 종착지인 산티아고 데 콤포스텔라는 야고보 성인의 무덤이 있는 산티아고 데 콤포스텔라 대성당이다. 매일 이곳으로 걸어오는 순례객들을 맞이하기 위해 거대한 향을 이용한 향미사를 진행하고 있으며, 순례객이 아니어도 일반 스페인 여행객들도 산티아고 데 콤포스텔라 대성당을 방문한다.

✚ Plus Tip 산티아고 순례길을 걷기 좋은 시기

일반적으로 산티아고 순례길을 걸을 때는 야고보 성인의 축일에 맞춰서 끝을 맺기 위해 6~7월에 가장 많은 순례객들이 몰린다. 하지만 여름에는 덥기 때문에 걷기가 매우 힘들다. 개인적으로 날씨가 조금 더 선선한 3~5월경, 그리고 9~11월을 추천한다.

Interview 1

순례자의 길을 완주한 이태호 군 인터뷰

Q 산티아고 순례길을 걷게 된 계기 및 준비 기간은?

30대 중반에 접어들면서 회사원 생활을 정리하고, 창업을 준비하고 있던 중에, 예전부터 꿈꾸던 산티아고 순례길을 가 봐야겠다 싶었다. 산티아고 순례길을 처음 알게된 것은 산티아고 순례길에 관한 책을 읽으면서였다.

준비 기간은 약 1년 반 정도 걸렸는데, 이 기간은 대부분 산티아고 순례길을 걷기 위한 자금을 모으는 것에 시간을 투자했다. 평소 몸 움직임이 많았던 편이라 따로 체력적인 준비는 하지 않았다.

Q 산티아고 순례길을 걸었던 첫날의 느낌은?

내가 걸은 길은 책에서도 많이 소개가 되었던 프랑스 길이다. 순례길의 처음 시작 도시인 생장으로 가기 위해서 한국에서 파리로 출국했다.

파리에서 생장까지는 열차로 이동한 후 생장에서 걷기 시작했는데, 생장은 프랑스의 도시이기 때문에 이곳에서 프랑스와 스페인 국경을 넘어 스페인으로 향하는 피레네 산맥을 넘어야 했다.

준비 과정에서 체력적인 준비를 전혀 하지 않았던 나는 체력에 너무 자만을 했나 싶은 생각이 들었다. 첫날부터 거리와 고도, 그리고 피레네 산맥이라는 험한 지형 때문에 무척 힘이 들었다.

산이라는 것은 한국의 산처럼 오르막길과 내리막길이 다양하게 나와서 걷기 좋을 것이라고 생각했는데, 피레네 산맥은 오르막은 끝이 없는 오르막이고, 내리막이면 끝이 없는 내리막이 나타나는 극단적인 코스가 많았다.

첫날부터 고생을 하고 나니, 산티아고 순례길을 무사히 완주할 수 있을까 하는 두려움이 앞섰다. 이대로 포기하기에는 준비한 시간이 아깝다는 생각이 들었고, 체력적인 준비를 제대로 하지 않고 온 것에 대한 후회가 막심했다.

Q 산티아고 순례길을 걸으면서…

산티아고 순례길을 걸어 나가면서 차츰 걷는 것에 익숙해지고 걸을 수 있는 용기가 생기고 속도도 어느 정도 안정이 되었다. 그러자 이제는 외로움과의 싸움이 시작되었다. 평소 한국에서 혼자 하는 생활을 많이 해서 외로움을 느낄 거라고는 생각하지 못했는데, 이곳에서 외로운 기분이 느껴지자 기분이 묘했다. 특히 메세타 지방을 걸을 때는 계속 반복되는 같은 풍경을 바라보며, 더더욱 외로움이 느껴졌다.

4~5일간 같은 풍경을 보며 걷다 보면 누구라도 외로움과의 싸움을 해야 할 것이다. 그래서 많은 사람들이 이 길은 버스를 타고 지나가는 경우가 많은데, 나는 어렵게 온 산티아고 순례길의 완주 기회를 놓치고 싶지 않았다. 외롭다는 기분을 느꼈다는 것을 빼고는 산티아고 순례길은 나를 행복하게 해 주었다.

특히 메세타 지방을 지나고 난 후 중간중간 만나는 도시들에서 작은 축제들을 접하게 될 때는 매우 즐거웠고, 산티아고 순례길을 완주하고 돌아온 지금도 가장 기억에 남는 순간이다.

Q 산티아고 순례길을 걸은 가장 마지막 날의 느낌은?

마지막 33일째 되는 날, 처음 느꼈던 두려움이나 외로움과는 달리 순례길에서 아무것도 찾지 못한 것 같다는 압박감이 느껴졌다. 길을 걷고 난 후에는 무언가를 얻을 수 있으리라는 막연한 기대감을 가지고 있었던 것 같다.

하지만 마지막 날 다시 처음의 기분으로 돌아가 생각을 해 보았다. 나는 무엇을 얻기 위해 온 것이 아니니 33일간 잘 걸었다는 것만으로도 만족스러운 도보 여행이었다고 생각하게 되었다.

산티아고 순례길을 걸으며 많은 사람들을 만났고, 그 사람들과 함께 밥을 먹고, 술을 마시고, 이야기를 나누었던 순간들이 떠올라 기분이 좋았다.

Q 산티아고 순례길을 마치고 돌아온 지금은?

되돌아보면 산티아고 순례길을 통해 조금은 변한 것 같다는 생각이 든다. 예전에는 나의 기분을 잘 표현하지 못했는데 지금은 더 잘 웃고, 더 잘 울고, 화도 잘 내고, 속마음도 잘 이야기할 수 있게 되었다. 솔직해진 것이 가장 큰 변화라고 할 수 있다.

Q 순례길 걷기를 준비하는 사람들에게 하고 싶은 말은?

산티아고 순례길은 유럽 여행의 한 부분이기도 하지만, 흔히 생각하는 유럽 배낭 여행이라고 생각하고 준비를 하는 것은 좋지 않다. 왜, 무엇을 위해 산티아고 순례길을 걸으려고 하는지에 대한 충분한 생각을 하는 것이 가장 좋은 준비 과정이다.

체력적인 문제는 아무리 체력이 좋은 사람이라도 처음 걷는 길이기에 누구에게나 닥칠 수밖에 없는 문제다. 이런 문제를 걱정하는 시간보다 마음의 준비에 더 많은 시간을 투자하자.

Q 가장 필요했던 용품과 가장 필요 없었던 용품은?

9월~10월경에 산티아고 순례길을 걸었는데, 10월 초부터는 낮은 더운 날씨였지만 밤에는 추워서 침낭이 필요했다. 봄과 가을에 걷기를 원하는 사람들은 침낭을 반드시 챙기는 것이 좋다.

비상약들은 의외로 크게 도움이 되지 않아서, 처음부터 아플 것에 대비해 많은 약을 챙겨 가지 않아도 된다. 아플 경우 현지에서 현지 약국을 이용하는 것이 가장 좋다. 산티아고 순례길을 걸으며 약이 필요 없었던 이유는 걷는 것 때문에 몸은 힘들었을지 몰라도 마음이 편해서인지 아플 것이 없었다. 그래도 물집약이나 파스 종류는 조금 챙기는 것이 좋다.

비싼 장비나 비싼 옷들은 되도록 가져가지 말자. 산티아고 순례길은 시골길을 걷는 것이지만 마을을 지나가기 때문에 대부분의 물품은 현지에서도 구입이 가능하다.

Q 산티아고 순례길 여행 일정과 기간, 대략의 경비는?

원래 처음 계획은 총 30일간 산티아고 순례길을 걷는 것이었지만, 중간에 약 7일 정도 비가 내리는 바람에 쉬엄쉬엄 걷느라 총 33일간 걷게 되었다. 그리고 산티아고 순례길을 포함한 유럽 총 여행 기간은 60일로 잡았다.

다른 유럽 여행은 제외하고 산티아고 순례길의 여행 경비는 하루에 숙소 10유로 미만, 식비 10~15유로 정도로, 하루 평균 35유로 정도를 지출했다.

Interview 2

순례길을 완주한 베비 양 인터뷰

Q 산티아고 순례길을 걷게 된 계기 및 준비 기간은?

지난 유럽 여행 중 우연하게 들르게 된 산티아고 대성당을 보고는 왠지 모르게 가슴이 먹먹한 기분을 느꼈다. 그곳에 배낭을 메고 지팡이를 짚고 온 사람들을 보면서 그들이 순례자라는 것을 알게 되었고 언젠가는 이 길을 꼭 걸어 보리라 마음을 먹었다.

그 후 서른이 되던 때, 인생의 1/3을 달려온 나를 위해 조금 쉬어 가는 의미로 휴식 여행을 계획하면서 지난 유럽 여행 중에 알게 된 순례길이 생각났고, 결국 떠나게 되었다.

Q 산티아고 순례길을 걷기 전 준비했던 방법은?

두 번에 걸쳐 산티아고 순례길을 걸었는데, 처음 산티아고 순례길 여행을 떠날 때의 준비 기간은 고작 한 달이었다. 한 달이라는 기간도 당시에는 야근에 야근을 하면서 인터넷으로 조금 검색을 했던 것이 전부였다. 겁도 없이 무작정 산티아고행 비행기에 오르고 그렇게 아무것도 모른 채 순례길 여행이 시작되었다.

Q 산티아고 순례길을 걸었던 첫날의 느낌은?

회사, 집, 회사만 반복하는 직장인들이 운동을 얼마나 했겠는가. 거기에 10kg이 넘는 배낭을 이고 지고 피레네 산맥을 넘으니, 숨도

턱턱 막히고 중간 오리손 산장에서는 주저 앉아 포기하려고도 했었다. 산맥을 넘어 첫 마을인 론세스바예스에 도착했을 때, 알베르게 앞에서 집으로 전화해서 펑펑 울며 통화를 했다. 울고 나니 개운함을 느꼈고, 그때부터는 힘들어도 끝까지 걸으리라는 생각이 들었다.

Q 산티아고 순례길을 걸은 가장 마지막 날의 느낌은?

산티아고 데 콤포스텔라 대성당을 바라보고 오르비에토 광장에 서노라니 그간 걸어온 것들도 생각나고 왜인지 모를 눈물이 왈칵 쏟아졌다. 후련도 하고 긴장도 풀렸지만 왠지 다음날 또 길을 걸어야 할 것 같다는 생각이 들었다.

Q 산티아고 순례길을 걸을 때 가장 어려웠던 부분은?

나를 제치고 앞서 가는 외국인들 때문에 나도 모르게 걷는 속도가 빨라졌다. 나만의 속도로 조바심 내지 않고 한 발 한 발 내딛는 것이 가장 어려웠다. 어쩌면 남보다 빨리, 더 먼저라는 경쟁 사회에서 길들여진 나 스스로의 모습일지도 모르겠다.

Q 산티아고 순례길을 걸으며 가장 행복했던 순간은?

초반 이틀을 제외하고는 매일 매일이 행복했다. 가장 행복했던 때는 도네이션으로 운영되는 알베르게에서 그날 묵은 순례자들을 위해 한국 음식으로 저녁 식사 50인 분을 준비했던 일이다. 외국인들과 서로 요리 준비도 하고, 퓨전이지만 닭볶음탕과 계란찜, 볶음밥을 함께 나눠 먹으며 행복함을 느꼈다.

Q 가장 기억에 남는 순간은?

산티아고에 도착 후 다시 피스테라까지 걸어서 가는데 비가 엄청 내렸다. 화살표를 따라 걸었지만 아까 지나온 길이 나오기를 두어 번. 비가 너무 세차게 내려서 빗물인지 눈물인지 알 수 없었다. 산티아고 이후 긴장이 풀린 후라 체력적으로도 힘들었다. 도착할 때쯤 반짝이는 해와 함께 눈앞에 나타난 쌍무지개. 그렇게 선명한 무지개를 난생 처음 보았다.

Q 산티아고 순례길을 마치고 돌아온 지금은?

낯설고 말도 안 통하는, 관광지도 아닌 곳에서 짐 하나 들쳐 메고 800km(실제 걸은 거리는 100km 이상)를 걸었다는 것은 모든 일에 엄청난 자신감을 갖게 해 준다. 또한 길을 걷고 난 후 봉사할 곳을 찾아 봉사를 하게 되었다.

Q 알베르게 이용과 식사 해결 방법은?

알베르게는 먼저 도착한 순서대로 침대를 배정 받고, 자기 물건들은 남에게 방해되지 않도록 잘 정리해 두어야 한다. 샤워실도 공용이고, 부엌도 공용이니 함께 사용한다는 점을 염두에 두고 독점해서 사용하지 않도록 해야 한다.

부엌이 있어 취사 가능할 경우에는 사용 가능한 조리 도구 확인이 필수. 냉장고에 전 날 묵은 순례자들이 남긴 식재료 파악, 그리고 슈퍼마켓의 위치와 영업 시간 파악이 관건이다. 관광이 아니기에 여비를 아끼려면 직접 식사를 해 먹는 게 가장 좋다.

외부의 음식점에서는 샐러드 + 메인 메뉴 + 디저트 + 물 or 와인을 포함한 순례자 정식 메뉴를 판매한다. 부엌이 없는 알베르게에 묵거나 슈퍼가 문을 닫는 공휴일 등에 이용한다.

Q 가장 필요했던 용품과 가장 필요 없었던 용품은?

가장 필요했던 것은 침낭! 여름에도 새벽에는 춥기 때문에 온몸이 달달 떨릴 지경이다. 잠을 잘 자야 잘 걸을 수 있다. 가장 필요 없었던 것은 들고 가서 한 번도 쓰지 않았던 각종 화장품(선크림 제외)과 전자 제품들.

Q 산티아고 순례길 여행 일정과 기간, 대략의 경비는?

순례길만 걷는다면 가장 유명한 프랑스 길의 경우 생장 피드포르에서 산티아고까지 30~32일이면 모두 걸을 수 있다.

여행 경비는 천차 만별이라고 하겠다. 순례길은 사리아~산티아고 구간은 물가가 비싸서 초반에 긴축 정책으로 평균을 유지했다. 하루 숙박 및 식비 20유로선으로 30일 하면 한달 경비 총 600유로가 나온다. 뷔페도 가고, 와인도 마시고, 알베르게에 기부도 하고, 비상금까지 해서 총 700유로 정도를 썼다.

Q 기타 하고 싶은 말

젊다면 무조건 도전해 보자. 새로운 것을 만나고 경험하는 것은 그 어떤 것보다도 당신의 앞날에 소중한 밑거름이 될 것이다.

나를 돌아볼 겨를도 없이 쉴 새 없이 달려오기만 했다면, 당장 떠나 보길. 휴식은 또 다른 무언가를 시작할 마음을 선물해 준다.

유럽 테마 여행

초판 1쇄 발행 2014년 7월 20일

지은이 김지선 | 편집 양정희 | 디자인 조은해
발행인 양정희 | 발행처 낭만판다

출판 신고 2011년 10월 25일 | 등록 번호 제396-2011-000310호
주소 경기도 고양시 일산동구 백석로 71번길 14-13, 4층
전화 070-8848-2608 | 팩스 0303-0942-2608
이메일 nangmanpanda@naver.com
홈페이지 www.nangmanpanda.com

ISBN 979-11-950601-3-9 13980

이 도서의 국립중앙도서관 출판시도서목록(CIP)은 서지정보유통지원시스템 홈페이지
(http://seoji.go.kr)와 국가자료공동목록시스템(http://www.nl.go.kr/kolisnet)에서
이용하실 수 있습니다.
(CIP제어번호: CIP2014020612)